Ernst Peter Fischer

Laser

Ernst Peter Fischer

LASER

Eine deutsche Erfolgsgeschichte
von Einstein bis heute

Siedler

Dieses Buch ist auf Initiative und mit Unterstützung der Berthold Leibinger Stiftung zustande gekommen und zum 50. Jubiläum des Lasers geschrieben worden. Weiter gefördert wurde das Projekt mit Mitteln des Bundesministeriums für Bildung und Forschung (BMBF) im Rahmen des Forschungsprogramms Optische Technologien.

FSC
Mix
Produktgruppe aus vorbildlich bewirtschafteten Wäldern und anderen kontrollierten Herkünften
Zert.-Nr. SGS-COC-001940
www.fsc.org
© 1996 Forest Stewardship Council

Verlagsgruppe Random House FSC-DEU-0100
Das für dieses Buch verwendete FSC-zertifizierte Papier
Munken Premium Cream liefert Arctic Paper Munkedals AB, Schweden.

Erste Auflage

Umschlaggestaltung: Rothfos + Gabler, Hamburg
Lektorat: Annalisa Viviani, München
Satz: Ditta Ahmadi, Berlin
Zeichnungen: Peter Palm, Berlin
Reproduktionen: Mega-Satz-Service, Berlin
Druck und Bindung: GGP Media GmbH, Pößneck
Printed in Germany 2010
ISBN 978-3-88680-946-2

www.siedler-verlag.de

Für Conor,
der zu uns gekommen ist,
als dieses Buch
geschrieben wurde.

Inhalt

EINFÜHRUNG

Neue Worte

Der Laser, den Wissenschaftler als »Strahlquelle« bezeichnen, ist »ein Gerät zur Verstärkung von Licht oder zur Erzeugung eines scharf gebündelten Lichtstrahls«, und seine Erfindung hat viele wichtige Fortschritte der letzten fünfzig Jahre ermöglicht. »Laser« ist schon längst als ein aus dem Angelsächsischen stammendes Substantiv in den deutschen Wortschatz aufgenommen worden. Es wird zudem als Tätigkeitswort immer geläufiger werden, wenn nicht nur der therapeutische Einsatz dieses erstaunlichen Lichts zunehmen, sondern sich auch die Palette der alltäglichen Gebrauchsgüter erweitern wird, zu deren Fertigung es eingesetzt werden kann.

Der Laser wird in Wissenschaft und Technik, in der Medizin, Biologie, Chemie, in der Messtechnik und in der Materialbearbeitung eingesetzt. Zur digitalen Speicherung von Musik, Bildern und Daten für Computer wird der Laser ebenso verwendet wie für Operationen am Auge. So wurde beispielsweise dem zweijährigen Enkel des Autors ein Hämangiom, ein organisch überflüssiges, die Sicht beeinträchtigendes Geflecht von Blutgefäßen unterhalb einer Augenbraue, mithilfe des Lasers entfernt beziehungsweise »weggelasert«, wie es umgangssprachlich heißt. Der behandelnde Arzt konnte den Laserstrahl so präzise einstellen und lenken, dass lediglich eine kaum sichtbare Narbe zurückblieb.

Und was das allgemeine Konsumverhalten angeht, so können Laserstrahlen mit harten Materialien längst ebenso gut umgehen wie mit weichen. Sie fügen zum Beispiel nicht nur massive Karosserieteile beim Autobau zusammen, sondern verschweißen auch die lebensrettenden Airbags. Sie bohren die passenden Löcher sowohl in winzige kristalline Uhrensteine als auch in die flexiblen, biegbaren Sauger auf den Babyflaschen. Und so lassen sich noch viele alltägliche Anwendungen von Lasern nennen, die inzwischen die Tastaturen von Computern beschriften und mit ihren Strahlen sogar dafür sorgen, dass Designerjeans ihre unverwechselbaren Muster durch Ausbleichen der Farbe aufgeprägt bekommen.

Laserstrahlen ermöglichen günstige und raffinierte Fertigungen und fördern auf vielfältige Weise schwierige Heilungsprozesse – alles segensreiche Auswirkungen, die in auffallendem Gegensatz zu dem stehen, was viele Menschen leider immer noch mit dem Wort Laser assoziieren, wenn sie es mit den Laserschwertern aus dem Film *Star Wars* oder dem militärischen Einsatz von Laserstrahlen in Verbindung bringen, wie es politische Programme der USA noch in den achtziger Jahren – zu Zeiten des Kalten Kriegs – vorgesehen hatten. Damals war unter US-Präsident Ronald Reagan die Strategic Defense Initiative (SDI) ins Leben gerufen worden, eine Initiative zum Aufbau eines Abwehrschirms, zu dem Röntgenlaser gehören sollten, mit denen man feindliche Raketen abzufangen hoffte, um die als global angelegt verstandene kommunistische Strategie der alten sowjetischen Führungsriege zu durchkreuzen.

Im Jahrhundert der Photonik

Es besteht kein Zweifel daran, dass es stets militärisches Interesse am Laserlicht gibt, und man darf auch nicht übersehen, dass man sich zumindest im Pentagon bis heute – in der Abteilung für Non-Lethal-Weapons – Gedanken über die Gebrauchsfähigkeit von Lasern macht. Derzeit wird zum Beispiel an einer Art von Gewehr gearbeitet, mit dem ein Laserpuls auf den Weg gebracht werden soll, der auf der Haut einen stechenden Schmerz bewirkt, ohne dabei Verbrennungen mit bleibenden Schäden zu verursachen. Aber wer daraus den Schluss zieht, dass Laser »Todesstrahlen« produzieren, wie der deutsche Titel der ersten historischen Darstellung dieses besonderen Lichts in den sechziger Jahren lautete, der behindert sich selbst. Er blockiert seinen Blick auf das, was die Zivilgesellschaft mit dem Laser tatsächlich zustande gebracht hat – nämlich Licht als Mittel der Therapie zu liefern und Strahlen als Werkzeuge der Fertigungstechnik bereitzustellen –, und er verbaut sich die Perspektive auf das, was mit dieser raffinierten Form von Energie künftig möglich wird.

»Licht« wird auf Griechisch als »Phos« oder »Photos« bezeichnet, und wir alle kennen und verwenden die Fotografie als Lichtmalerei, die früher noch »Photographie« geschrieben wurde. Die optischen Verfahren und Technologien der Übertragung, Speicherung und Verarbeitung des Lichts werden als »Photonik« bezeichnet – ein verhältnismäßig junges Wort griechischen Ursprungs, das an die Stelle der »Optik« rückt, die sich vorwiegend mit Linsen und Spiegeln befasst. Griechische Wurzeln weisen auch die uns längst vertrauten Begriffe »Gen« und »Genetik« oder »Elektron« und »Elektronik« auf, aus denen wir in unserem Alltag gängige Ausdrücke wie »genetische Krankheit« oder »elektronische Datenverarbeitung« ableiten.

Das 20. Jahrhundert stand – zumindest in seiner zweiten Hälfte – im Zeichen der Elektronik, das heißt der Erfassung und Bearbeitung von Daten durch elektronische Maschinen oder Rechner. Jeder Verstärker, jeder Computer und jedes Mobiltelefon und viele andere Gebrauchsgegenstände, die in Elektronikmärkten feilgeboten werden, bestätigen diese Einschätzung, und es scheint, dass die Elektronik ihren Siegeszug ungebrochen fortsetzt.

Doch es gibt Experten, die anderer Ansicht sind und damit rechnen, dass sich ein neuer Trend abzeichnet und wir Zeugen eines grundlegenden Wandels werden, bei dem die Elektronik ihre führende Rolle abgibt – wenngleich sie weiterhin stark bleibt. Verantwortlich für diesen Wechsel des technischen Mediums werden der Laser und seine Strahlen sein. Die besonderen Eigenschaften und die Energie des von ihm ausgehenden Lichts – so die Prognose – haben im 21. Jahrhundert das Zeitalter der Photonik eingeläutet.

Das vorliegende Buch möchte auf dieses neue technologische Zeitalter vorbereiten. Es erläutert die Grundlagen des Lasers und seine praktische Anwendbarkeit und versucht, zur Vertiefung unseres Verständnisses vom Licht beizutragen. Für eine umfassende Geschichte des Lasers und seines Einflusses auf unser alltägliches Leben ist es sicher noch zu früh. Wir können jedoch skizzieren, wie das Licht allgemein durch den Laser an Bedeutung gewonnen hat. Unser Ziel ist es, zu verdeutlichen, wie man insbesondere in Deutschland mit der kohärenten Strahlung umgegangen ist, wie zum Beispiel die Maschinen- und Anlagenbauer hierzulande sie in Kooperation mit akademischen Laserinstituten übernommen haben und in Lasersysteme einsetzten, um ihre angestammte Führungsrolle in der Fertigungstechnik zu festigen und zu erweitern. Der Laser kommt zwar aus den USA, aber er hat seinen wirksamen Platz in unseren Breiten gefunden, und es lohnt sich, beide Geschichten zu kennen und zu erzählen.

Eine erste Besonderheit von Laserlicht

Laserlicht gibt es seit fünfzig Jahren – seit dem 16. Mai 1960 –, und wenn es auch merkwürdig klingt: Am Anfang schien niemand etwas damit anfangen zu können. Es wird immer wieder erzählt, dass der Physiker Irnee J. D'Haenens, der dabei war, als Theodore H. Maiman einem rötlich schimmernden Rubinkristall den ersten Laserpuls entlocken konnte, lächelnd seinen Triumph mit dem Satz kommentiert haben soll: »Jetzt haben wir eine Lösung, die nach ihrem Problem sucht.«

Dieser Ausspruch wird heute noch mit Vorliebe in den Ansprachen zur Eröffnung von Laserfabriken oder Photonikmessen zitiert. Er bildet den Ausgangspunkt für die daran anschließende Erfolgsgeschichte und macht zudem wunderbar die Absichtslosigkeit von Grundlagenforschung beziehungsweise die reine Neugier ihrer Betreiber deutlich. Als in den späten fünfziger Jahren in verschiedenen

Abb. 1: Die beiden Wissenschaftler, denen es 1960 gelungen ist, einen ersten Laserpuls mit einem Rubinkristall zu erzeugen. Das Bild zeigt Theodore H. Maiman (links) und Irnee J. D'Haenens (rechts) im Jahr 1984 mit einer Nachbildung ihres ursprünglichen Lasers.

Laboratorien versucht wurde, Laserlicht zu produzieren, dachte niemand an konkrete Anwendungen, sondern nur an die Möglichkeit, einen solchen Strahl entstehen zu lassen (natürlich auch mit dem Hintergedanken, auf diese Weise zu Ruhm und Ehre zukommen). Zu Beginn des Jahrzehnts hatten die Forscher theoretisch erkannt, wie sich elektromagnetische Wellen geeignet koordinieren lassen, um einen gebündelten Strahl zu erzeugen, und am Ende der fünfziger Jahre galt es, diese Erkenntnisse in die Praxis umzusetzen.

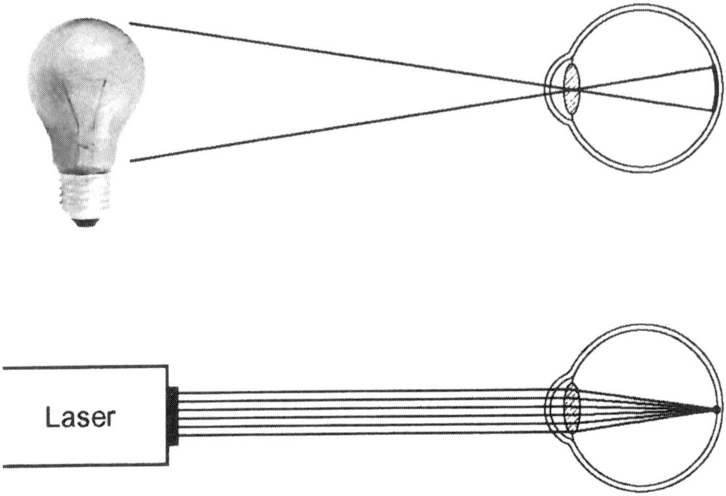

Abb. 2: Licht kommt im Auge auf unterschiedlichen Wegen an, je nachdem ob es von einer Glühbirne oder von einem Laser ausgeht. So kann man zwar auf eine Glühbirne schauen, sollte aber nicht direkt in einen Laserstrahl blicken.

Wissenschaft erkundet und eröffnet Möglichkeiten, die danach den Menschen zur Realisierung offen stehen. Der Forscher hat mit ihrer Bereitstellung zwar seine Schuldigkeit getan, doch das entbindet ihn nicht von der Verpflichtung, als Bürger der Gemeinschaft, in der er lebt, zu helfen, mit den neuen Möglichkeiten umzugehen und gemeinsam Chancen gegen Risiken abzuwägen. In Bezug auf den Laser erkannten zum Beispiel die Mediziner bald dessen Einsatzmöglichkeiten am Auge, etwa wenn es galt, eine Netzhautablösung zu korrigieren oder zeitig zu verhindern. Doch durch die Anwendung von Laserstrahlen droht dem Auge auch Gefahr. Mit seinem Licht muss man sorgfältiger als mit dem einer Glühbirne umgehen, weil Laser ihre Strahlen nicht kreuz und quer, sondern präzise und nahezu parallel auf die Reise schicken. Sie können daher vorzüglich vom Auge auf einen Punkt zusammengezogen (fokussiert) werden, der dann genau das ergibt, was eine Lupe mit Sonnenlicht erreicht, nämlich einen Brennfleck. Wenn das Laserlicht auf solch eine winzige Fläche konzentriert wird, kann es selbst bei geringen Intensitäten zu Verletzungen und bleibenden Schäden führen, und zwar schon dann, wenn seine Leistung nur ein Hundertstel von der einer Glühbirne beträgt.

Wenn jetzt gefragt wird, ob Laserlicht heilt oder verletzt, lautet die Antwort, dass es heilt, wenn man vorsichtig und sachgemäß mit ihm umgeht. Das ist aber keine Besonderheit, sondern etwas, das bei jedem wirksamen Instrument zu beobachten ist und sich unter anderem mittels eines Messers veranschaulichen lässt, mit dem man sich selbst oder ein Stück Käse schneiden kann.

Das alltägliche Risiko und die erwähnten politischen Implikationen haben dafür gesorgt, dass in dem Wort »Laserstrahlen« eine Bedrohung mitschwingt. Darum ziehen manche Fachleute es vor, von der »Laserbeleuchtung« zu sprechen, die sie zum Beispiel mit einem wunden Gewebe vornehmen. Die Energien, die dabei eingesetzt werden, liegen auf jeden Fall so niedrig, dass die milde Bezeichnung gerechtfertigt erscheint, was sie aber nicht unbedingt gut und gebrauchsfähig werden lässt. Beleuchtung klingt aber eher nach Straßen und Bahnhöfen als nach Menschen. Vielleicht könnte unsere Sprache dem alten Wort von der Belichtung eine neue Bedeutung verleihen, um zu beschreiben, was Laser machen – sie liefern Licht und belichten ihren Gegenstand, nicht nur in der Medizin, sondern auch in der industriellen Fertigung und bei vielen anderen Gelegenheiten, bei denen man Oberflächen behandeln oder besondere fotografische Abbildungen erstellen will. Wann immer auch Laser zum Einsatz kommen, entfalten sie ihre Wirkung mithilfe der Energie in Form von Licht. Im Rahmen der Wissenschaft gibt es kaum etwas Spannenderes als die Frage, was eigentlich das Licht ist, das zu unserer Freude die Dunkelheit vertreibt, uns die Welt zeigt und seine Spuren in den Dingen hinterlässt, mit denen wir umgehen.

Wenn vom Laser die Rede ist

Wir nutzen die Möglichkeiten des Lasers schon seit geraumer Zeit. Die zuverlässigen und längst kostengünstigen Lichtquellen finden sich zum Beispiel in Stereoanlagen, auf denen man CDs abspielt, man trifft auf sie an den Kassen im Supermarkt, an denen Angestellte mit einem Instrument die Barcodes abtasten, man nutzt sie als Laserpointer, die an die Stelle des Zeigestocks aus alten Schultagen getreten sind, oder man bedient sich ihrer bei den Druckern, die an Computer angeschlossen werden und ausdrücklich Laserdrucker heißen.

Auch wenn wir uns an diese Produkte gewöhnt haben, ist es erstaunlich, dass sie mittels Lichts funktionieren. Licht leuchtet und wärmt nicht nur, es überträgt auch Informationen, tastet Oberflächen ab und bearbeitet sie, es schneidet, bohrt und fügt zusammen, und es kann all das und mehr, wenn es von Lasern erzeugt wird.

Das Wort LASER ist ein Akronym und erfasst einen physikalischen Prozess, bei dem es um das Aussenden (Emission, E) von elektromagnetischer Strahlung (Radiation, R) geht, die wir im Alltag als Licht kennen. Seit Ende des 19. Jahrhunderts weiß man, dass in einer Glühbirne ein erhitzter Draht diese Art Strahlung aussendet. In der Zwischenzeit haben die Physiker gelernt, ihre Emission auf trickreiche Weise anzuregen (stimulieren, S) und das dadurch erzeugte Licht massiv zu verstärken (amplifizieren, A). Das Kunstwort LASER vereint also folgende Vorgänge: die Verstärkung (Amplification, A) von Licht (Light, L), das durch Stimulation (S) zur Emission angeregt worden ist: »Light Amplification by Stimulated Emission of Radiation« – Lichtverstärkung durch stimuliertes Aussenden von Strahlung.

Genauer müsste es heißen, dass die Physiker bei der Erfindung dieses Akronyms insbesondere an die Verstärkung von sichtbaren Lichtwellen gedacht haben, denn das heute so eingängige Wort ist nach dem weniger populär gewordenen Vorbild »Maser« gebildet worden, das denselben Vorgang in den fünfziger Jahren des 20. Jahrhunderts für sogenannte Mikrowellen (»Microwaves«) erfasst hatte, die trotz der ersten beiden Silben sehr viel größere Wellenlängen als

Licht aufweisen. Solche Mikrowellen bleiben unseren Augen zwar unzugänglich, sie sind den meisten von uns aber inzwischen trotzdem vertraut, vor allem durch den Mikrowellenherd (kurz Mikrowelle genannt), ein Haushaltsgerät zum schnellen Erwärmen von Speisen und Flüssigkeiten.

Die Verstärkung von Mikrowellen durch Stimulation ist von Forschern in den frühen fünfziger Jahren erfolgreich anvisiert worden, nachdem das Wort »Radar« populär geworden war, das man im Zweiten Weltkrieg ersonnen hatte. Inzwischen benutzen wir diesen Ausdruck ganz selbstverständlich – wir kennen zum Beispiel den Radarschirm, auf dem sich der Weg von Flugzeugen verfolgen lässt, und viele haben Angst vor den Radarfallen, mit denen die Polizei den Verkehr überwacht und zu schnell fahrende Verkehrsteilnehmer zur Kasse bittet. Dank dieser Vertrautheit hat ein besonderer technischer Fortschritt allgemeine sprachliche und folglich kulturelle Spuren hinterlassen, die sich zum Beispiel darin äußern, dass wir verstehen, was gemeint ist, wenn jemand sagt, er habe seinen Radar ausgefahren, um wahrzunehmen, ob sich um ihn herum etwas zusammenbraut.

Erfolgreiche wissenschaftliche Erkenntnisse finden tatsächlich auf diese Weise Eingang in unser Denken, wobei dies eher individuell unauffällig und kollektiv unbewusst geschieht. Wer weiß denn überhaupt noch, wofür die Abkürzung RADAR steht? Dieses primär technische Kurzwort setzt sich aus den Anfangsbuchstaben von »Radio Detection and Ranging« zusammen, was man als »Funkortung und Abstandsmessung« übersetzen könnte. Um das Wort Radar zu benutzen, braucht man weder über seine Wortgeschichte informiert zu sein, noch zu wissen, dass es denselben Wortstamm wie »Radio« aufweist. Diese technische Entwicklung, die ursprünglich Radiotelegrafie hieß, bezeichnete die mehr oder weniger kreisförmige Ausstrahlung von elektromagnetischen Wellen zur Übertragung von Nachrichten, wobei der Ursprung der ersten beiden Silben im lateinischen »radius« steckt, das Strahl bedeutet.

Wie gesagt – man braucht diese Details nicht parat zu haben.

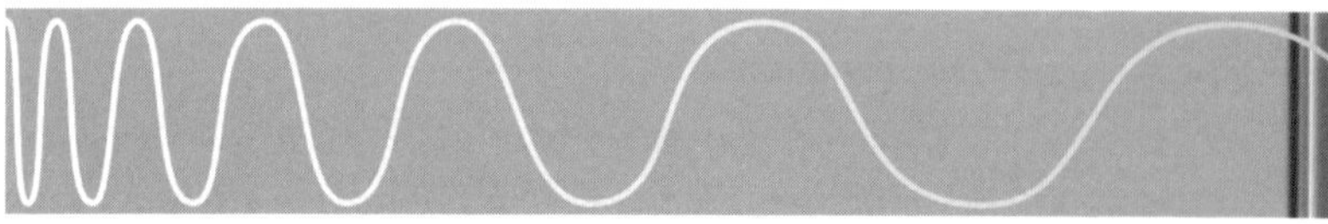

Abb. 3: Das Spektrum der elektromagnetischen Strahlung reicht von den langwelligen (und energiearmen) Radiowellen bis zu der extrem kurzwelligen (und hochfrequenten) Röntgen- und Gammastrahlung. Mittendrin liegt ein winziger Bereich, der von unserem Auge wahrgenommen wird und folglich das sichtbare Licht umfasst. Er wird durch die Klammer markiert, auf die

Man sollte aber doch einsehen, dass unsere Sprachkultur durch Wissenschaft und Technik beeinflusst wird und dass die Handhabung von Strahlung seit der Mitte des 20. Jahrhunderts große Fortschritte gemacht hat – von den langwelligen Radiosignalen über die kürzeren Mikrowellen bis hin zu den sichtbaren Strahlen der Sonne, die wir im engeren Sinne Licht nennen (vgl. »Umgang mit Wellen«, S. 19f.).

Am Beispiel von Radio und Radar und im kulturellen Ganzen lässt sich verdeutlichen, dass sich unsere Sprachgewohnheiten seit dem Zweiten Weltkrieg geändert haben: So findet die Beschreibung wissenschaftlicher Erkenntnisse seitdem vor allem auf Englisch statt. Und darüber hinaus hat sich die Gesellschaft daran gewöhnt, technische Ausdrücke aufzunehmen und einzusetzen – Information und Energie etwa wurden ebenso früh populär wie Transistor und Kybernetik –, und sie verwendete sogar gern Wortneubildungen, wenn sie nur hübsch klangen und etwas von Nutzen bezeichneten – Radio und Radar zum Beispiel. Kein Wunder, dass sich die Wissenschaft darin gefiel, die Wortspiele fortzusetzen, und so kamen erst der Maser und dann der Laser in Gebrauch, wobei der Ausdruck Laser eine weitere bemerkenswerte Wendung deutlich macht.

Ursprünglich erfasste er – wie erwähnt – die physikalischen *Vorgänge*, mit denen eine bestimmte Form von Licht erzeugt wird. Doch sobald diese Prozesse funktionierten – zum ersten Mal im Jahr

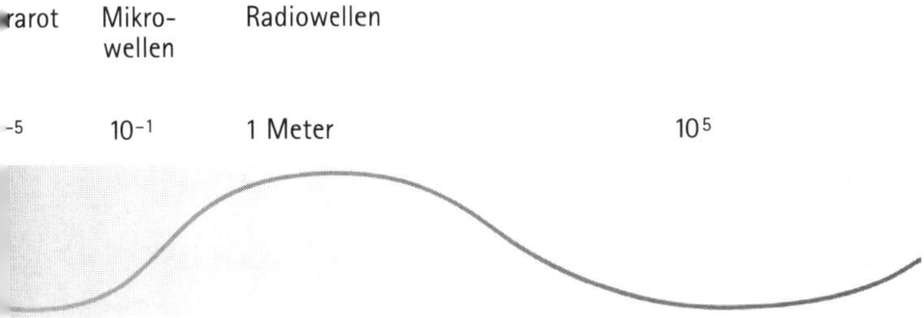

ein Pfeil verweist. Es war eine erstaunliche Entdeckung des 19. Jahrhunderts, dass es auch unsichtbares Licht gibt – zum Beispiel Infrarotstrahlung oder den ultravioletten Bereich – und dass beide mit denselben physikalischen Mitteln erzeugt werden, nämlich mit elektrischen und magnetischen Feldern, die sich gegenseitig bedingen.

1960 –, wechselte das Wort seine Zuordnung. Es bezeichnete von nun an den *Apparat*, aus dem das Licht kam. In dieser Bedeutung benutzen wir das Wort Laser bis heute, wobei wir beginnen, dessen Leistungsfähigkeit – und die des von den dazugehörigen Geräten produzierten Lichts – in anderen Wortzusammensetzungen zu nutzen, etwa wenn etwas laserscharf oder lasergenau ausgeführt wird beziehungsweise wenn wir etwas auf- oder weglasern wollen.

Umgang mit Wellen

Es gibt viele verschiedene Wellenbewegungen in der physikalischen Wirklichkeit – Wasserwellen, Schallwellen, La-Ola-Wellen, Hirnwellen, Dauerwellen und mehr. Wir kümmern uns in diesem Buch nur um Wellen, die das Spektrum ausmachen, das wir oben erwähnt haben und zu dem nicht zuletzt die Lichtwellen gehören, die wir mithilfe unserer Augen und unseres Gehirns sehen können. Dieses Spektrum enthält zum Beispiel die Radiowellen, bei denen die Sender Lang- von Mittel- und Kurzwellen bis hin zu ultrakurzen Wellen unterscheiden. Hier finden wir auch die Mikrowellen sowie die Wellen, die mit Wärme verbunden sind, nur dass sie als »Strahlung« bezeichnet werden. Wir sprechen dann auch von UV-Strahlen (ultraviolett) oder von Röntgenstrahlen; allerdings darf nicht vergessen werden, dass es sich physikalisch immer um dieselbe Erscheinung handelt, die zum ersten Mal im 19. Jahrhundert beschrieben werden konnte. Wärmestrahlen sind in dieser

Darstellung ebenso Wellen wie Licht- oder Röntgenstrahlen, und sie entstehen durch eine Wechselwirkung von elektrischen und magnetischen Feldern. Licht – auch das von Lasern – breitet sich als eine elektromagnetische Welle aus und kann auch auf diese Weise verstanden werden.

Das Spektrum von den Radio- bis zu den Röntgenwellen ist als ein einheitliches physikalisches Phänomen zu verstehen, und wir können uns nun daranmachen, die einzelnen Wellen zu unterscheiden und zu charakterisieren. Physikern gelingt dies durch die Größen, die sie als Frequenz oder Wellenlänge bezeichnen und mit griechischen Buchstaben benennen, nämlich ν (»Nü«) beziehungsweise λ (»Lambda«). Wellen sind durch Aufwärts- und Abwärtsbewegungen charakterisiert, und die Entfernung von einem Wellenberg zum nächsten (oder von einem Wellental zum nächsten) wird als Wellenlänge bezeichnet. Die Frequenz gibt an, wie oft in einer gegebenen Zeiteinheit – etwa in einer Sekunde – eine Welle schwingt, das heißt, wie oft ein Berg zum Tal und umgekehrt wird.

Die beiden Größen – Wellenlänge und Frequenz – sind fest und unverrückbar verknüpft. Sie sind verbunden über die Geschwindigkeit der Wellenbewegung, die zumeist c genannt wird (nach dem lateinischen Wort »celera«). Die Geschwindigkeit einer Welle – die Schnelligkeit ihrer Ausbreitung – kann man als Produkt aus ihrer Frequenz und ihrer Wellenlänge berechnen:

$$c = \nu \cdot \lambda$$

So einfach diese Relation ist, sie hat eine weit reichende Folge, weil die Geschwindigkeit von elektromagnetischen Wellen wie die von Licht konstant ist, wie man seit Albert Einstein weiß (und was durch einen glücklichen Zufall der Buchstabe c mit ausdrückt, wenn man das englische »constant« benutzt). Die Konstanz der Lichtgeschwindigkeit bedeutet, dass Wellen mit großer Wellenlänge – die beim Radio – kleine Frequenzen haben (siehe »Strahlen in Zahlen«, S. 21). Und Wellen mit sehr hohen Frequenzen – wie die Röntgenstrahlen – zeichnen sich durch sehr kleine Wellenlängen aus. Was den sichtbaren Bereich angeht, so hat rotes Licht eine größere Wellenlänge als blaues. Umgekehrt bedeutet das, dass blaues Licht eine höhere Frequenz hat als rotes, und damit passiert etwas, über das sich der gesunde Menschenverstand erneut wundert. Eine höhere Frequenz bedeutet nämlich, wie im nächsten Kapitel dargelegt wird, eine höhere Energie, und damit wird blaue Strahlung, die gewöhnlich als kühl gilt, energiereicher (»heißer«) als rote Strahlung, der eher das Attribut warm zugewiesen wird.

Strahlen in Zahlen

Das Produkt aus Frequenz und Wellenlänge muss die Lichtgeschwindigkeit ergeben, die den unvorstellbar großen Wert von rund 300 000 km/sec annimmt. Mit dieser Konstante lassen sich folgende Zahlen berechnen, wobei die Frequenz in Schwingungen pro Sekunde (Hertz) und die Wellenlängen individuell angegeben werden. Die Tabelle führt nur Beispielzahlen an und berücksichtigt nicht den gesamten Bereich, den Wissenschaftler mit Bezeichnungen wie Röntgenstrahlen oder Mikrowellen erfassen.

Name	**Wellenlänge**	**Frequenz (Namen)**
Gammastrahlen	Milliardstel mm	10^{20} (100 Exahertz)
Röntgenstrahlen	Millionstel mm	10^{17} (100 Petahertz)
Licht	Tausendstel mm	10^{14} (100 Terahertz[1])
Infrarote Wärmestrahlen	Hundertstel mm	10^{13} (10 Terahertz)
Radar	Millimeter (mm)	10^{12} (Terahertz)
Mikrowellen	Zentimeter (cm)	10^{11} (100 Gigahertz)
Fernsehen	Dezimeter	10^{9} (Gigahertz)
Ultrakurzwellen (UKW)	Meter	10^{8} (100 Megahertz)
Mittel-, Langwellen	Kilometer	10^{5} (100 Kilohertz)

Das geheimnisvolle Licht

Der Laser verändert unseren Alltag und unsere Sprache, auch wenn mit ihm nur ein – inzwischen allerdings sehr aufwändiger – Apparat gemeint ist, der ein fantastisches Licht mit wunderbaren Eigenschaften aussendet. Es lohnt sich zu verstehen, was überhaupt das Besondere von Licht ausmacht und was die zahlreichen Anwendungen erlaubt, die den Laser aus dem Bereich der Wissenschaft und Grundlagenforschung in die kommerzielle Sphäre des industriellen Wirtschaftens geführt haben und ihm darüber hinaus die Möglichkeit geben, neue Kunstwerke zu generieren und alte zu reinigen.[2]

Es gibt kaum noch einen Bereich des Alltags, in dem das Laserlicht keine Spuren hinterlässt, und es ist zu erwarten, dass seine Präsenz und Wirksamkeit in der Zukunft zunehmen wird: »Der Laser steht erst am Anfang«, wie etwa aus Industriekreisen und aus dem

Bundesministerium für Bildung und Forschung zu vernehmen ist. Der Leiter des Referats Optische Technologien, Frank Schlie-Roosen, weist gerne darauf hin, dass »in der Produktion schätzungsweise weniger als die Hälfte der Anwendungen erschlossen« ist. In seiner Sicht wird der Laser zunehmend zum Werkzeug der Wahl »für eine grüne Produktion«, die »vom Energie sparenden Leichtbau bis zur Herstellung von Solarzellen« reicht. »Der Laser ist immer dabei«, und er wird uns in die Lage versetzen, die derzeitig erkennbaren »Herausforderungen im Klimaschutz, bei der Gesundheit und bei der Zukunft der Produktion zu meistern«.

Wir sollten uns darauf einstellen, dass die Zeit der Photonik bereits angebrochen ist und der Laser und sein Licht immer für Überraschungen sorgen werden – wie beispielsweise die, die als merkwürdiges Paradoxon anzusehen ist. Sie besteht in der Erkenntnis, dass wir seit einigen Jahrzehnten zwar immer besser mit dem Licht der Laser umgehen können, jedoch nicht besser als die Physiker aus dem letzten Jahrhundert verstehen, was das Wesen dieses Lichts ausmacht.

Der erste Physiker, der diese Schwierigkeit zum Ausdruck brachte und Licht als das offene Geheimnis begriff, war Albert Einstein. Ihm wurde 1922 der Nobelpreis für Physik für seine 1905 veröffentlichten Beiträge zum Verständnis von Licht verliehen, was den Gedanken nahelegt, dass er verstand, was das Licht ist. Dies trifft aber zur allgemeinen Überraschung nicht zu. Gerade Einstein hat nämlich im Alter resigniert feststellen müssen, dass ihn fünfzig Jahre des Grübelns der Antwort auf die Frage nach der Natur des Lichts keineswegs näher gebracht hatten. »Heute glaubt zwar jeder Lump, er wisse es«, wie Einstein einem Freund im Jahr 1951 schrieb, »aber er täuscht sich.«

Wir sollten uns – in diesem Punkt – nicht täuschen lassen und zugeben, dass wir bis heute nicht wissen, was Licht ist. Daraus folgt nicht, dass wir nicht viel damit machen und sein Verhalten unter gegebenen Umständen beliebig genau berechnen können – vor allem dann, wenn es aus einem Laser kommt und auf ein bestimmtes Ziel gelenkt wird. Wie es zu dieser Möglichkeit kommen konnte, wird auf den folgenden Seiten geschildert. Nicht ohne Grund beginnt die Darstellung mit Einstein. Durch eine merkwürdige Überlegung hat er in den Jahren des Ersten Weltkriegs den Weg zum Laserlicht gewiesen, wobei er nach seiner Einsicht auch nicht den kleinsten Schritt in diese Richtung gegangen ist. Dennoch hat sich Einstein als ein guter Wegweiser erwiesen, und der geht bekanntlich nicht in die Richtung, die er weist, sondern bleibt vielmehr stehen. So kann er all jenen, die nach einem Weg suchen, zeigen, wo es langgeht.

KAPITEL 1

Einsteins Einsichten

Die Geschichte des Lichts beginnt mit der Entstehung des Universums und weist zwei Stränge auf. Der ältere Strang geht auf die Bibel zurück: Der Genesis zufolge hat Gott bei der Erschaffung der Welt das Licht als Erstes werden lassen und es für gut befunden. Seitdem macht es die Welt sichtbar und einsichtig zugleich. Der jüngere Strang betrifft den Beitrag des Menschen zur Erzeugung und zum Einsatz von Licht und verdankt sich maßgeblich den Naturwissenschaften und den dazugehörigen Techniken.

Das abendländische Abenteuer der Wissenschaft hat mit dem Blick auf die Sterne und in den Kosmos begonnen und sich schon früh mit seiner Entstehung befasst. Orientiert man sich an modernen Kosmologien, findet man am Anfang einen zur biblischen Geschichte analogen Schritt, bei dem der Lauf der uns bekannten Dinge mit einem schöpferischen Urknall beginnt. Durch ihn bildet sich ein anfänglich undurchlässiges und lichtloses Plasma, in dem dann die Bausteine der Materie entstehen, die seit der griechischen Antike Atome genannt werden. Diese Gebilde können Energie aufnehmen und abgeben, und bei diesem Treiben kommt Licht ins Spiel. Es kommt sichtbar als die Form der Energie auf uns zu, die ein Atom abgibt, wenn es seinen Zustand ändert.

Unabhängig davon, ob die Sonne scheint, eine Neonröhre leuchtet, ein Feuer brennt oder ein Schwarm von Glühwürmchen blinkt – das Licht, das bei diesen Vorgängen freikommt und in unser Auge fällt, entsteht mithilfe von Atomen oder Molekülen, wie heute allgemein bekannt ist. Diese Grundelemente der materiellen Realität können Energie auf verschiedene Weise erst aufnehmen und dann als Licht abgeben. Diese Vorgänge werden als Absorption und Emission bezeichnet. Es hat lange gedauert, bis sich den Physikern erschloss, was bei dieser Umwandlung von Energie passiert. Dies wurde erst möglich, als es einigen Wissenschaftlern zu Beginn des 20. Jahrhunderts gelang, ein zugleich merkwürdiges und erfolgreiches Verständnis der physikalischen Abläufe auf der atomaren Bühne zu entwickeln, zu dem ganz wesentlich die Quantensprünge gehören, die heute gern in politischen Festansprachen bemüht werden (auch wenn die Redner zumeist nicht genau wissen, worum es dabei geht).

Vorgaben

Nur mithilfe der Quantensprünge kann man verstehen, was in Lasern passiert und weshalb sich das von einem solchen Gerät ausgesendete Licht unter anderem durch eine feste Wellenlänge beziehungsweise Energie charakterisieren lässt. Wir müssen uns deshalb vor Augen führen, welches Bild der physikalischen Wirklichkeit in der ersten Hälfte des 20. Jahrhunderts entwickelt wurde, als Kapazitäten wie Albert Einstein, Niels Bohr, Max Planck, Max Born, Erwin Schrödinger, Wolfgang Pauli, Werner Heisenberg und Paul Dirac ein überraschendes und völlig ungewohntes Verständnis von Atomen, Licht und den dazugehörigen Wechselwirkungen aufbrachten, das sich bis heute millionenfach in allen nur denkbaren Experimenten bewährt hat.

Die damals aufgestellte Theorie der physikalischen Wirklichkeit ist die Quantenmechanik, und bei ihrer Vorstellung dürfen wir aus mindestens zwei Gründen nicht zu oberflächlich vorgehen. Der erste beruht auf der Tatsache, dass die neue Sicht der Dinge mehr oder weniger eine Beleidigung des gesunden Menschenverstands darstellt. Wir müssen uns an viele Beschreibungen der Quantenwelt erst gewöhnen, etwa die, dass sich Atome nicht so unterscheiden lassen wie Billardkugeln, oder die, dass die elementaren Bauteile der

Materie einige ihrer Eigenschaften erst bekommen, wenn sie vermessen werden. Der Ort eines Atoms bleibt zum Beispiel unbestimmt, solange keine Messung erfolgt, die ihn ermittelt. Einen Ort bekommt ein Quantenobjekt erst, wenn jemand – ein Mensch mit einem Gerät – ihn bestimmt, und diese Rolle von eingreifenden Subjekten ist in der Tat gewöhnungsbedürftig.

Der zweite Grund, weshalb wir uns hier mit Quantenphysik befassen, bevor wir zum Laser vordringen, liegt in der Überzeugung des Autors, dass die Frage der Fachwelt, warum es so lange gedauert hat, einen ersten Laserstrahl zu produzieren – nämlich bis 1960 –, ihre Antwort zumindest teilweise darin findet, dass die große Gemeinde der Physiker und Ingenieure selbst Zeit gebraucht hat, um sich in dem neuen Weltbild zurechtzufinden, dessen Entwurf mit Planck und Einstein kurz nach 1900 begonnen hat. Erst als die Vorstellung von Quantenübergängen zum Lehrstoff gehörte, sich als Paradigma etablieren und sich also im Denken vieler Wissenschaftler und Techniker verankern konnte, war es möglich, in der nötigen Breite über die Erzeugung von Laserlicht nachzudenken. Das dauerte über eine Generation und folglich über den Zweiten Weltkrieg hinaus.

In der Tat: Erst seit den frühen fünfziger Jahren des 20. Jahrhunderts ist allen produktiven Physikern die Quantenwelt vertraut, in der Atome über stabile Zustände verfügen, zwischen denen sie springend hin und her wechseln können, während sie dabei Energie aufnehmen oder abgeben – oftmals eben in Form von Licht, das eine eigentümlich stimulierende Wirkung entfalten kann, wie bereits in den Jahren des Ersten Weltkriegs erkannt wurde. Zwar ist es diese »ansteckende« Wirkung, die den Lasereffekt des gebündelten Lichts ermöglicht, aber die oft vorgebrachte Behauptung, man hätte deshalb direkt nach 1917 beginnen können, Laserlicht zu generieren beziehungsweise einen Laser zu bauen, wirkt willkürlich und wenig überzeugend. Um Laserlicht zu erzeugen, mussten nämlich nicht bloß technische Voraussetzungen erfüllt sein. Vielmehr musste das quantenmechanische Denken selbstverständlich werden. Und was für die Physiker gilt, die Laser ersonnen haben, trifft sicher auch auf uns zu, also auf diejenigen, die die dazugehörige Entwicklung verstehen wollen.

Was ist mit Verstehen gemeint?

Die moderne Physik ist in der Lage, mithilfe der Quanten genau zu verstehen, über wie viel Energie ein Atom oder Molekül in einem gegebenen Zustand verfügt und welcher Anteil davon in Form von Licht abgegeben werden kann. Sie versteht diesen Vorgang deshalb so gut, weil sie dafür eine eigene mathematische Sprache entwickelt hat, in der sich mittels Gleichungen präzise angeben und prüfbar ausrechnen lässt, welche Wellenlänge dem Licht zukommt, das Atome in einem bestimmten Zustand abgeben. Die entsprechenden Messungen stimmen stets bestens mit den Berechnungen überein, und daher verstehen die Physiker, was passiert – und dies klingt überzeugend.

Doch stimmt das? Könnte es nicht sein, dass die Physiker in ihrer Fachsprache mit mathematischen Symbolen – bei aller Raffinesse der Formeln – letzten Endes doch nur mehr oder weniger beschreiben, was in der Quantenwelt passiert? Bleibt es nicht eher geheimnisvoll, wie sich die Energie dort im Detail verwandelt, um von einem Atom freizukommen und als Licht sichtbar zu werden? Wissen wir überhaupt, was die Energie ist, die sich da in unterschiedlichen Formen zeigt? Und was meint jemand im Detail, wenn er sagt, er weiß, was Energie ist (und nicht nur, wie viel von ihr vorhanden ist)?

Möglicherweise überschätzen wir unsere Fähigkeiten, wenn wir in philosophischem Sinn sagen, wir verstehen, wie Licht erzeugt wird. Vielleicht sollten wir bescheidener sagen, wir können mit physikalischen Theorien vorhersagen, welches Licht ein Atom aussendet, wenn es eine messbare Menge an Energie freigibt. Das reicht jedenfalls unter der Vorgabe von Quantenzuständen aus, um Laser vorzustellen. Ob ihr Wirken jemand in der Tiefe versteht, könnte eine spannende philosophische Debatte werden. Jedoch an dieser Stelle reicht es uns, wenn Laser funktionieren, und es stört nicht, wenn sie ihr Geheimnis vor uns hüten. Das macht ihr Licht höchstens noch interessanter für uns.

Erste Quantensprünge

Atome und Moleküle können verschiedene Zustände annehmen und zwischen ihnen hin und her springen. Sie können sich aber nicht kontinuierlich ändern, sondern nur diskrete Werte annehmen – so wie jemand, der einen Aufzug benutzt, nicht an einem beliebigen Ort aussteigen kann, sondern nur in den Stockwerken, in denen gehalten und die Tür geöffnet wird. Der Unterschied zwischen atomaren Gebilden und den Passagieren in einem Lift besteht darin, dass wir zwar wissen, was die Personen zwischen den Haltepunkten machen, dass wir aber nicht sagen können, was mit den Atomen oder Molekülen in der analogen Situation geschieht. Wir kennen sie nur vor oder nach einem Quantensprung, der seinen Namen dem lateinischen Wort »quantum« verdankt, das nach der Größe von etwas fragt. Das Quantum ist das kleinste Etwas, das es gibt, ohne Nichts zu sein, woraus folgt, dass Quantensprünge das Mindeste sind, was man erwarten kann, wenn sich etwas ändert (woraus weiter folgt, dass nicht zu verstehen ist, warum sie von Managern so emphatisch beschworen werden).

Atome und Moleküle können nicht sein, was sie wollen, sondern nur diskrete Zustände an- und einnehmen, zwischen denen wiederum nur diskrete Übergänge – Quantensprünge – möglich sind. Unterschiedliche Zustände verfügen über unterschiedliche Energien, und wenn ein Atom oder Molekül Energie zum Beispiel in Form von Licht aufnimmt, kann es aus einem Zustand mit geringerer Energie in einen Zustand mit höherer Energie übergehen. Dies geschieht aber nur, wenn die Energie des Lichts genau der Differenz

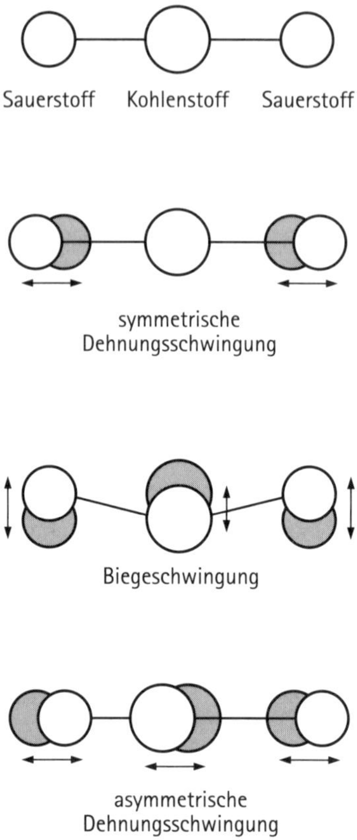

Abb. 4: Ein CO_2-Molekül besteht aus einem Kohlenstoffatom (C) und zwei Sauerstoffatomen (O), die man sich im Grundzustand auf einer Linie vorstellen kann (oben). Wenn dem Molekül Energie zugeführt wird, ändert es seine Form (Gestalt), wobei verschiedene Möglichkeiten bestehen. Bei geringer Energiezufuhr schwingen die beiden Sauerstoffatome zunächst in der ursprünglichen Ebene um ihre Ausgangslage (symmetrische Dehnungsschwingung), und dieser Bewegung kann sich der Kohlenstoff anschließen, wobei sich die drei Atome nicht gleichförmig bewegen müssen (asymmetrische Dehnungsschwingung). Die Atome können sich auch senkrecht zur Verbindungsachse bewegen und in sogenannte Biegeschwingungen versetzt werden. Erkennbar ist, dass CO_2-Moleküle neben dem Grundzustand über verschiedene angeregte Zustände verfügen, zwischen denen sie Quantensprünge ausführen können. Damit werden sie lasertauglich, wie im Verlauf des Buches noch deutlich wird. Wichtig ist, dass die gezeigten Schwingungszustände nicht kontinuierlich ineinander übergehen können. Die Moleküle und ihre Atome müssen Quantensprünge ausführen, um von einem Zustand zu einem anderen zu kommen. Wenn dabei Energie frei wird, erscheint sie als elektromagnetische Strahlung.

entspricht, die beide Zustände voneinander trennt. Weicht sie davon ab, passiert nichts, denn Zwischenzustände hat die Natur ausgeschlossen. Diese Feststellung muss man einfach hinnehmen, solange es kein Experiment gibt, das dieser Sicht widerspricht. Ob und wie sie wirklich zu verstehen ist, bleibt offen. Atome und Moleküle können auf jeden Fall nur in Zuständen existieren, die sie durch Quantensprünge erreicht haben. Zu jedem Zustand gehört eine bestimmte Form oder Gestalt, weshalb die Schöpfer dieser Physik auch darauf hingewiesen haben, dass sie mit der Quantenphysik wieder an die Lehre von den Gestalten (Morphologie) anknüpfen konnten, die es seit dem 18. Jahrhundert gibt.

Was gerade für die Aufnahme von Licht (Absorption) beschrieben worden, ist, gilt auch für dessen Aussendung (Emission). Denn wenn Atome oder Moleküle von einer energiereichen in eine energiearme Form wechseln, senden sie eine für sie charakteristische Strahlung aus, deren Energie sich durch die Differenz der Zustände angeben lässt, zwischen denen der Quantensprung stattgefunden hat.

Gewöhnlich halten sich Atome (oder Moleküle) in ihrem Grundzustand auf, der durch die kleinste Energie charakterisiert ist, die etwa ein Wasserstoffatom oder ein Kohlendioxid annehmen kann. (Um sich das Konzept des Grundzustands in unserer Lebenswelt zu veranschaulichen, kann man sich einfach einen Menschen vorstellen, der zufrieden in einem Sessel sitzt.) In diesem Grundzustand sind die physikalischen Gebilde höchst stabil, das heißt, sie bleiben in ihrer gemütlichen Lage, und es passiert nichts, solange sie nicht gestört werden. Kommt es zu Änderungen, so werden die Atome und Moleküle angeregt, ihren Grundzustand zu verlassen, und es drängt sie zurück in die Ausgangslage, die sie in kürzester Zeit mit einem spontanen Quantensprung erreichen. (Der oben erwähnte Mensch im Sessel setzt sich auch sofort wieder hin, nachdem er etwa durch ein Klingeln an der Haustür angeregt wurde, den Zustand des Sitzens vorübergehend aufzugeben.)

Die eben geschilderte unstete Art von Atomen und Molekülen wird durch eine physikalische Theorie untermauert, die Mitte der 1920er Jahre begründet wurde und als Quantenmechanik bezeichnet wird. Sie gehört zu den erfolgreichsten wissenschaftlichen Theorien und liegt den Prozessen zugrunde, die das Licht von Lasern ermöglichen.

Ein Problem, das die Quantentheorie für das gewöhnliche Alltagsdenken darstellt, besteht darin, dass es so etwas wie verbotene Zonen gibt. Anders ausgedrückt: Atome und Moleküle können nur Zustände annehmen, die von der Physik (beziehungsweise der Theorie) erlaubt werden, was konkret heißt, dass sie niemals in einer Zwischenform zu finden sind. Wenn etwa ein Atom einen Quantensprung unternimmt, fragt man sich, wie es zwischen seinen Zuständen aussieht. Wenn jemand erst in einem Sessel sitzt und dann aufsteht, kann man ja sehen, wie er langsam die Füße in Position bringt, die Knie durchdrückt, den Rücken aufrichtet und zuletzt aufrecht steht. Bei den Atomen sind keine Zwischenzustände zu erkennen, der Vorgang des Aufstehens – um im Bild des Alltags zu bleiben – ist nicht nachvollziehbar. Der Wechsel von einem Zustand in einen anderen erfolgt direkt (instantan). Ein solcher unmittelbarer Übergang wurde und wird Quantensprung genannt. Diese Entdeckung widersprach der herkömmlichen Vorstellung, dass in der Natur alle Abläufe kontinuierlich sind und die Natur keine Lücken kennt.

Das Quantum selbst und seine Wirkung

Max Planck hatte bereits im Jahr 1900 den Begriff der quantisierten Wechselwirkung zwischen Licht und Atomen eingeführt, um mit ihrer Hilfe erklären zu können, welches farbige Licht ein fester Körper – zum Beispiel ein Eisendraht – aussendet, wenn man ihm immer mehr Wärmeenergie zuführt und dabei erhitzt. Er leuchtet erst rot, dann gelblich und glüht zuletzt weiß, bevor er schmilzt. Planck konnte diese eher einfach wirkende Farbenfolge erst ableiten, als er annahm, dass sich die Energie des ausgestrahlten Lichts nicht kontinuierlich, sondern sprunghaft änderte – eine gewagte Annahme, die sich aber sofort als tragfähig und inzwischen als unentbehrlich erwiesen hat.

Physiker bezeichnen die Energie mit dem Buchstaben E, und als Planck sich Gedanken über die erwähnten Farben von erwärmten Festkörpern machte, kam er erst weiter, als er es riskierte, die Energie von Licht mit seiner Frequenz zu verknüpfen:

$$E = h \cdot \nu$$

Die Verbindung wird durch die Größe h hergestellt, die seitdem als das Quantum der Wirkung bekannt ist und die Dimension einer »Wirkung« hat. So nennen die Physiker das Produkt aus Energie und

Zeit, das im Fall des Quantums verschwindend klein ist. In der Wissenschaft wird Energie gern in einer Einheit gemessen, die nach dem britischen Physiker James Prescott Joule (J) genannt wird, und wenn man die Zeit in Sekunden (s) angibt, dann schlägt das Quantum der Wirkung mit dem gemessenen Wert von rund $6{,}626 \times 10^{-34}$ Js (Joulesekunden) zu Buche.

Es fällt zunächst schwer, sich ein Bild davon zu machen. Da ist zum einen die unvorstellbar kleine Zahl von 10^{-34}, die wir zwar aussprechen können – »zehn hoch minus 34« –, für die wir aber keinen Namen haben. Es gibt das Quantum als reale und messbare Lücke im Weltganzen, und mit ihm beziehungsweise ihr sieht die Physik völlig anders aus, wie man in den ersten Jahrzehnten des 20. Jahrhunderts begriff. Zum anderen ist da die Energieeinheit Joule, die im Alltag kaum auftaucht. Da ist eher das Maß geläufig, das nach dem schottischen Erfinder James Watt benannt ist, der zur Entwicklung der Dampfmaschine beigetragen hat. So weiß man zum Beispiel, mit wie viel Watt die Glühbirnen im Haushalt betrieben werden – meist zwischen 40 und 100 –, wobei Watt die Einheit für die Angabe von Energie ist, die in einer festgelegten Zeiteinheit geliefert und in der Physik als Leistung bezeichnet wird. Eine Wattsekunde (Ws) entspricht dabei einem Joule.

Seltsamerweise werden Laserstrahlen heutzutage ebenfalls mit dieser Einheit charakterisiert, und so tauchen im Lauf der folgenden Darstellung 100-Watt-Laser oder 20-kW-Laser auf, wobei das Kürzel kW für Kilowatt steht – 1000 Watt –, was uns von Stromrechnungen her vertraut ist. Unser Elektrizitätsverbrauch wird in Kilowattstunden (kWh) berechnet, womit die Energie angegeben wird, die wir im Lauf der Rechnungsperiode verbraucht haben.

Was die Wattzahlen angeht, so sind sie für Glühbirnen und Laser ebenso wenig zu vergleichen wie die Wirkung der beiden Lichtquellen auf das Auge. Denn während die Glühbirne ihre Leistung in den ganzen Raum abstrahlt, konzentriert sich die eines Laserstrahls auf einen engen Bereich. Für den von ihm ausgeübten Effekt kommt es dabei auf seine Intensität an, die sich als Dichte seiner Leistung berechnet – zum Beispiel als Watt pro Quadratzentimeter. Wenn wir uns der Einfachheit halber einen Laser vorstellen, der eine Leistung von einem Kilowatt schafft und dessen Strahl auf einen Durchmesser von 1 Millimeter fokussiert werden kann (reale Laserstrahlen sind energiereicher und enger begrenzt), dann liegt dessen Intensität bei runden 10 000 Watt/cm^2. Fokussiert man den Strahl um den Faktor 10, steigert man die Intensität um den Faktor 100 auf eine runde Million Watt/cm^2. Im Vergleich dazu ein Beispiel aus dem Alltag: In einer Küche erzeugt eine Herdplatte mit zwanzig Zentimetern Durchmesser 1 Kilowatt Leistung. Die dazugehörige Dichte lässt sich dann auf einige wenige Watt/cm^2 errechnen, was die Platte trotz ihrer rot glühenden Hitze neben dem vorgestellten Laserstrahl extrem schwach erscheinen lässt. Laser überschreiten mühelos diese Intensität, folglich kann man sich ebenso leicht vorstellen, dass ihr Licht (mit seiner Energie) nicht nur Wasser zum Kochen und Verdampfen bringen kann wie eine Herdplatte, sondern dass dem Laser auch ganz andere Materialien weichen – Metalle zum Beispiel.

Einsteins erste Einsicht

Wir kehren zu der Verknüpfung von Energie und Frequenz zurück, die heute schlicht wirkt und von Physikern mit Erfolg eingesetzt wird. Den Erfindern dieser Relation versetzte aber dieser Zusammenhang einen Schock, den sie erst 1912 zu überwinden imstande waren, als der Däne Niels Bohr Plancks Formel nutzen konnte, um die Stabilität der Atome – und damit die Existenz unserer Welt – verständlich zu machen.

Der Schrecken, den die neue Darstellung der Lichtenergie mit sich brachte, befiel 1905 als Ersten Albert Einstein, der mit Plancks Überlegungen hinsichtlich der sprunghaften Änderung der Lichtenergie, um die Farben von erhitzten Körpern zu erklären, ernst machte. In diesem Fall erfasste die kleine Formel nicht die Energie eines ganzen Lichtstrahls, sondern nur die seiner Teile. Und tatsächlich gelang es Einstein zu zeigen, dass die traditionelle Vorstellung der Physik, die das Licht als Wellenbewegung verstand, das Phänomen nicht vollständig erfasste. Einstein konnte nachweisen, dass es so etwas wie Lichtatome – Lichtteilchen – geben musste, und damit brachte er einen Grundpfeiler seiner Wissenschaft zum Einsturz, die sich seit mehr als einhundert Jahren in der Gewissheit sonnte, Licht als kontinuierliche Wellenbewegung verstanden zu haben.

Das für diese traditionelle Deutung entscheidende Experiment war bereits im frühen 19. Jahrhundert gelungen, als gezeigt wurde, dass bei Licht genau das passiert, was nur mit Wellen möglich ist, dass nämlich Licht plus Licht Dunkelheit ergeben kann. Die Wissenschaft spricht dabei von der Interferenz, und niemand stellte sich damals vor, dass auch Teilchen mit Masse sich gegenseitig auslöschen konnten. Licht war eine Welle, wie dann hundert Jahre lang immer wieder bestätigt und zur festen Überzeugung der Physiker wurde – bis Einstein Plancks Vorgabe aufgriff und alles zum Einsturz brachte.

Niemand verstand das Revolutionäre seines Tuns besser als der junge Einstein selbst, der äußerst erschrocken war, als sich die Existenz von Lichtteilchen nicht mehr leugnen ließ. Er notierte daraufhin zum einen voller Sorge, der Physik sei nun jeder Boden unter den Füßen weggezogen worden, ohne dass ein neuer Grund erkennbar sei. Aber er ließ sich von solchen bedrückenden Gefühlen nicht beeinträchtigen, machte sich Gedanken über »die Erzeugung und Verwandlung des Lichts« und bezeichnete die Lichtatome in diesem Zusammenhang als Photonen. Hier taucht zum ersten Mal das Wort auf, aus dem sich heute das aufstrebende Tätigkeitsfeld der Photonik ableitet, die der Ansicht vieler Zeitgenossen zufolge der Elektronik als maßgeblicher Technologie unserer Zeit den Rang ablaufen soll.

Doch so erfolgreich das Konzept des Photons augenscheinlich ist – Einsteins Zeitgenossen hatten erhebliche Schwierigkeiten mit seiner Einführung. Licht verfügt damit nämlich über eine Doppelnatur. Es zeigt sich nicht nur als Welle, sondern auch als Teilchen, und diese Dualität ist seit über einhundert Jahren anerkannt. Es ist heute unbestreitbar und im Detail nachweisbar, dass Licht, wenn es sich ausbreitet und dabei gespiegelt, gebrochen oder gebeugt wird, nur dann umfassend verstanden werden kann, wenn wir seine Eigenschaften sowohl im Bild einer Welle als auch unter der Vorgabe von Teilchen (Partikeln) erfassen. Die Wissenschaft kommt mit dieser Zweiteilung (Dichotomie) gut zurecht. Das Licht zeigt nicht nur historisch, sondern auch aktuell einen dualen Charakter, und nach dieser Auskunft geht man normalerweise zur Tagesordnung über – und übersieht dabei, was Einstein wirklich erschüttert hat. Dies steckt in seiner Einsicht, dass wir jetzt zwar alles Mögliche über das Licht herausfinden und an ihm messen können, dass wir aber nicht mehr zu sagen vermögen, was es wirklich ist. Wie soll man sich denn etwas vorstellen, das zugleich Welle und Teilchen sein kann? Wie kann man sich ein Bild von etwas machen, das sich so lange die beiden Möglichkeiten offenhält (und unbestimmt bleibt), bis eine Messung erfolgt, die etwa eine Wellenlänge – und mit ihr das Phänomen Licht – bestimmt?

Gar nicht, sagt Einstein, und das ist der Schock, denn die Antwort bedeutet, dass wir nur erklären können, dass wir Licht nicht erklären können. Die Physiker können mit ihm anstellen, was sie wollen – und wir werden noch eine Menge ihrer Tricks und Vorrichtungen kennen lernen –, und sie können an ihm messen, was sie wollen. Dennoch können sie nicht sagen, was Licht wirklich ist.

Man muss diese Situation nicht negativ sehen und kann dem eben beschriebenen Sachverhalt eine positive Seite abgewinnen. Denn wenn wir nicht sagen können, was Licht ist. dann bleibt es ein Geheimnis, das uns keine Ruhe lässt. Und gibt es etwas Schöneres als das Gefühl für das Geheimnisvolle?

Bohrs Bahnen

Woher rühren die diskreten Energiewerte des Lichts? Wie kommen sie zustande? Wo finden denn Quantensprünge statt?

Die Antwort findet sich in den Vorstellungen, die Niels Bohr im Gefolge von Planck und Einstein über den Aufbau der Atome entwickelte. Als Planck und Einstein ihre erwähnten Vorschläge hinsichtlich des Quantums der Wirkung und der Doppelnatur des Lichts machten, glaubten die Physiker noch, dass Atome wie eine Art Rosinenteig zu verstehen seien. Man wusste, dass es in Atomen negativ geladene Bausteine – die Elektronen – sowie positiv geladene Bereiche (Teile) gab, die sie festhalten mussten und das gesamte Gebilde nach außen neutral machten. So stellte man sich die Elektronen als Rosinen vor, die in einem Ladungsbrei (einer Art Pudding) steckten – bis ein Experiment mit diesem Bild aufräumte.

Um 1911 zeigte sich, dass das Atom zweigeteilt war, und zwar in einen Kern und eine Schale. Im Atomkern befanden sich der größte Teil der Masse und die positive Ladung, und das Zentrum wurde von Elektronen umkreist. Das Atom sah demzufolge wie ein Planetensystem in Miniatur aus, und so stellen wir es uns vielfach bis heute noch vor. Aber damit hatten die Physiker große Probleme, denn Elektronen, die auf einer Kreisbahn unterwegs sind, die durch ein elektrisches Feld führt – das der positiven Ladungen im Atomkern –, stellen so etwas wie einen Sender dar, der kontinuierlich Energie abstrahlt. Wenn das aber der Fall ist, können die Elektronen ihre Bahn nicht halten. Sie bewegen sich vielmehr auf den Kern zu und stürzen in ihn hinein. Mit anderen Worten, das Modell des Planetensystems schien ebenso unbrauchbar wie das des Rosinenkuchens – bis Bohr kam und dasselbe wie Einstein machte. Er nahm Planck und seine Quantensprünge ernst und stabilisierte damit das Atom (und die Welt, die aus ihnen besteht).

Bohr nahm kühn und mutig an, dass es zwar die atomare Hülle mit kreisenden Elektronen gab, dass diesen negativen Bauteilen jedoch nicht alle Freiheiten zur Verfügung standen. Sie konnten sich

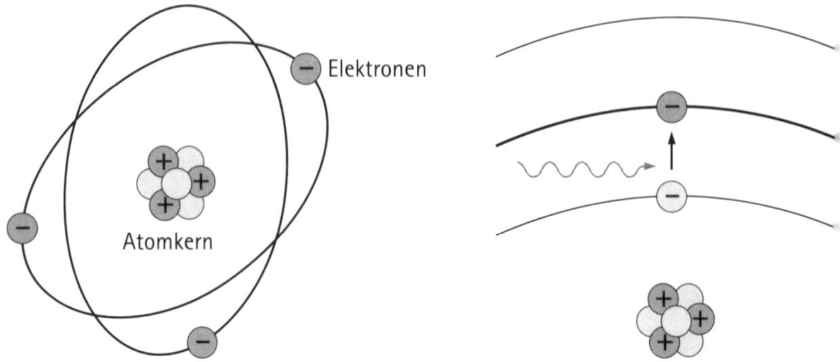

Abb. 5: In dem anschaulichen Atommodell von Niels Bohr umkreisen negativ (–) geladene Elektronen einen Kern, in dem es positiv (+) geladene und neutrale Teilchen gibt. Die für uns interessanten Zustände eines Atoms werden durch die Bahnen bestimmt, auf denen die Elektronen unterwegs sind. Die Quantennatur der Atome legt fest, dass zwischen den Bahnen Lücken bestehen, die nur durch Sprünge überwunden werden können. Ein Atom im Grundzustand kann keine Energie freigeben, wohl aber aufnehmen, um in einen angeregten Zustand zu kommen, von dem es dann durch einen Quantensprung wieder in die Ausgangslage zurückkehren kann. Dabei wird Licht ausgesendet, dessen Energie nur diskrete Werte annehmen kann. (So hilfreich Bohrs Atommodell für die Vorstellung von Quantensprüngen ist und so bedeutend es für die Entwicklung der modernen Physik war – tatsächlich sprechen die Physiker inzwischen nicht mehr von Elektronenbahnen, die auf Englisch Orbits heißen würden, sondern lieber von bahnähnlichen Zuständen – Orbitalen –, die Elektronen einnehmen und zwischen denen sie sprunghaft wechseln können. Die Vorstellungen von Zuständen und diskreten Energien, die frei werden, bleiben davon unberührt.)

nur auf separaten Bahnen befinden, und diese Konstruktion brachte zwei große Vorteile mit sich. Sie konnte zum einen erklären, dass Atome Licht in Form von Photonen aussenden, wenn ein Elektron von einer Bahn zu einer anderen springt. Die Photonen tragen dann die Energie, die dabei erübrigt und freigesetzt wird. Und zum anderen konnte sie verständlich machen, warum diese Anordnung – und damit die Materie – stabil ist, nämlich ausgerechnet durch das Quantum. Um ein Elektron aus einer Bahn zu werfen, benötigt es mindestens ein Quantum Energie (genauer: Wirkung). Bleibt die Energie aus, bleibt das Elektron, wo es ist – und die Welt bestehen so wie sie ist.

Natürlich konnte Bohrs Atommodell längst durch komplizier-

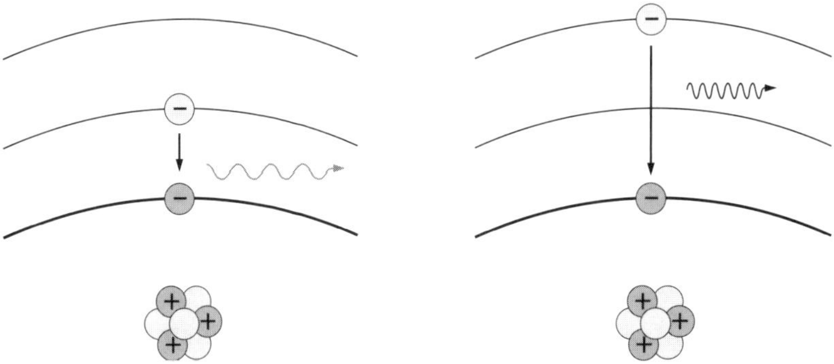

tere Konstruktionen abgelöst werden, was auch geschehen musste, da es noch zu stark mit anschaulichen Elementen durchsetzt war. Bohrs Bahnen zeigen uns aber genau das, was für das Verstehen von Laserlicht wichtig ist, nämlich die Idee von atomaren Zuständen, die durch Quantensprünge getrennt sind. In diesem Modell kann ein Atom nicht nur von einem höheren Zustand (mit größerem Energieniveau) in einen tieferen übergehen – was von selbst passieren kann. Man spricht dann von spontaner Emission. Ein Atom kann auch durch Energiezufuhr von außen von einem niedrigeren Zustand (mit geringerer Energie) in einen höheren (mit entsprechend mehr Energie) gebracht werden. Wenn dieser Vorgang sachdienlich durchgeführt wird, kann er zur Erzeugung von Laserlicht führen. Wenn die Energie dabei von einer Lichtquelle stammt, spricht man in der Wissenschaft vom optischen Pumpen. Mithilfe dieses Verfahrens ist 1960 der erste Laserstrahl hervorgebracht worden.

Einsteins zweite Einsicht

Noch bewegen wir uns in den Jahren vor dem Ersten Weltkrieg, in dessen Verlauf Einstein trotz aller politischen Unruhe in der Lage war, zwei große wissenschaftliche Ideen zu konzipieren, die als weltbewegend eingestuft werden müssen. Uns interessiert vor allem der zweite Gedanke aus den Jahren 1916/17, der jedoch für Einsteins

Zeitgenossen im Schatten der Erkenntnis stand, die heute als Allgemeine Relativitätstheorie bekannt ist, die Wechselwirkung zwischen Materie einerseits und Raum und Zeit andererseits beschreibt und zum Verständnis des Kosmos und seiner Expansion beiträgt.

Einsteins ungewöhnliche Einsichten in das Weltall, das er 1915 als endlich und zugleich unbegrenzt vorstellte, konnten 1919 durch Vermessungen von Sonnenfinsternissen bestätigt werden – ein Erfolg, der den Beginn seines Wegs zum Weltruhm markierte. Und als ob dies noch nicht genug sei, wies Einstein in dem genannten Zeitraum über das Geleistete hinaus noch auf eine Besonderheit der Strahlung (Lichtenergie) hin, die von Atomen ausgesendet wird. Damit beginnt die wissenschaftliche Geschichte des Lasers.

Nach dem Abschluss der genannten Relativitätstheorie unternahm Einstein in den Jahren 1916/17 den Versuch, die Erklärung abzuleiten, die Planck für das Auftreten der farbigen Strahlung bei erhitzten Körpern gegeben hatte. Einsteins selbst gestellte Aufgabe, das Ableiten eines physikalischen Gesetzes von Planck, bestand darin, mit einem Modell des leuchtenden Materials zu beginnen und zu fragen, welche Eigenschaften die dort versammelten Atome haben mussten, um genau die Strahlung zu erzeugen, die im Experiment – also in der Wirklichkeit – nachgemessen worden war. Einstein rechnete dabei mit Atomen, wie sie Bohr vorgeschlagen hatte. Das heißt, er versuchte, aus den Übergängen, die zwischen getrennten Elektronenbahnen erlaubt waren, und den Lichtenergien, die dabei freikamen, das Aussehen (Spektrum) der farbigen Strahlung vorherzusagen, die man beim Erhitzen beobachten kann und die von den Physikern präzise vermessen worden war.

1917 veröffentlichte Einstein eine nur sieben Seiten umfassende Arbeit, in der er seine Ergebnisse und Einsichten *Zur Quantentheorie der Strahlung* vorstellte, und er kündigte in der Einleitung an, dass seine Abhandlung »über den für uns noch so dunklen Vorgang der Emission und Absorption der Strahlung durch die Materie einige Klarheit zu bringen scheint«.

Man kann darüber streiten, ob dieser Anspruch gerechtfertigt

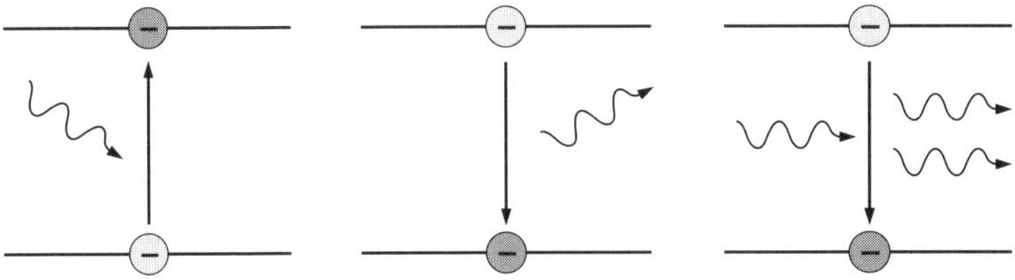

Abb. 6: Wenn Licht mit geeigneter Wellenlänge (oder Frequenz) auf ein Atom trifft, wird die Lichtenergie von einem Elektron übernommen. Es befindet sich nun in einem angeregten Zustand, von dem es spontan in den Grundzustand zurückkehren kann. Dabei wird die aufgenommene Energie wieder freigesetzt. Einsteins Einsicht besteht darin, dass es einen zweiten Weg gibt, den angeregten Zustand zu verlassen. Er wird beschritten, wenn ein stimulierendes Lichtteilchen ihn erreicht. Kommt die Stimulation in Gang, verdoppelt sich die Zahl der Lichtquanten bei jedem Schritt, und die Laserstrahlung baut sich auf.

erscheint oder nicht. Es ist jedoch unbestreitbar, dass Einstein mit dieser Abhandlung einen neuen Gedanken in die Welt der Physik einführte, der heute in Lasern genutzt wird. Einstein stellte nämlich fest, dass es neben der spontanen Aussendung von Strahlung eine zweite, höchst besondere Variante gibt, die zur Emission von Licht führt und die als erzwungene oder stimulierte Emission bezeichnet werden kann. Dieser Vorgang findet statt, wenn einem Atom, in dem zuvor ein Elektron angeregt und in eine höhere Bahn befördert wurde, genau die Energie zugeführt wird, die dies bewirkt hat. In diesem Fall kann das Elektron nicht nur von selbst, sondern zusätzlich mithilfe dieser Stimulation in seinen Grundzustand zurückkehren.

Was zunächst nicht aufregend wirkt und bloß einem Vorgang, der Licht aussendet, einen zweiten an die Seite zu stellen scheint, der ebenfalls Licht aussendet, bekommt seine besondere Bedeutung durch Einsteins Hinweis, dass es sich hierbei um »vollständig gerichtete Vorgänge« handelt. Nur unter dieser – intuitiv einleuchtenden – Annahme kann er nämlich sein Ziel erreichen und Plancks Strahlung verstehen. Das heißt aber, dass sich das Licht, das stimuliert wird, genauso bewegt wie das Licht, das stimuliert. Aus einem Lichtteilchen sind zwei Photonen geworden, die sich beide auf die

Suche nach anderen angeregten Atomen machen, die ebenfalls bereit sind, nach einer Stimulation Licht auszusenden. Und so ahnt man, dass aus zwei Photonen vier, aus vier Photonen acht und dann immer mehr werden – 16, 32, 64, 128, ... 1024, ..., 13 1072, ... 4 194 304, ... 536 870 912 ... – und das Verdoppeln immer weiter geht, bis so viele Photonen unterwegs sind, dass man sie als Lichtstrahl sehen kann. So entsteht ein Laserstrahl – in der Theorie. Bis zur Praxis sollte es allerdings noch viele Jahrzehnte dauern.

Der Nobelpreis für Physik 2001

Wissenschaft verläuft weder störungsfrei noch gradlinig, und von Einsteins Idee führt leider kein direkter Weg zu dem Laserlicht der 1960er Jahre, obwohl dabei die stimulierte Emission genutzt und eingesetzt wurde, die er eingeführt hatte. Warum mussten mehr als vierzig Jahre vergehen, um von Einsteins Vorschlag zur ersten konkreten Realisierung eines Lasers 1960 zu gelangen? Man kann sicher nicht dahingehend argumentieren, dass die Entwicklung ohne einen weiteren Beitrag von ihm auskommen musste. Vielleicht finden wir eine Antwort, wenn wir im Folgenden die dazugehörige Geschichte erzählen, wobei wir vorwegnehmen wollen, dass Einsteins Name am Ende der aktuellen Laserforschung wieder aufgetaucht ist, und zwar als Folge von Überlegungen, die am Anfang standen.

Einsteins Ziel, Plancks Erklärung der Strahlung zu verstehen, haben zu seiner Zeit auch andere Physiker verfolgt, darunter der Inder Satyendra Bose. Als er 1924 meinte, Plancks Gesetz abgeleitet zu haben, schickte er sein Manuskript an Einstein, dem sogleich etwas Seltsames auffiel. Bose hatte seinen Erfolg durch etwas erkauft, was auf den ersten Blick wie ein Fehler aussah. Er hatte die Atome so abgezählt, als ob man sie nicht unterscheiden könne, und rechnete mit ihnen wie mit Objekten, die anders waren als etwa Murmeln oder Eier. Diese Gegenstände sehen zwar auch alle zum Verwechseln ähnlich aus, aber man kann sie nummerieren und dadurch auseinanderhalten. Die Physiker um Einstein waren bei Atomen ebenso vorgegangen und hatten den elementaren Bausteinen der Materie die Art von Identität zugebilligt, die sie allen Teilchen einräumten.

Doch nun zeigte Boses Erfolg, dass man mit Atomen anders umgehen musste. Man verstand ihre Physik offenbar besser, wenn man sie als ununterscheidbar einstufte. Das blieb zwar unverständlich, aber für Einstein zählte das richtige Ergebnis, und so vermutete er, dass die fehlende Identifizierungsmöglichkeit ein Wesensmerkmal von Atomen und Elektronen ist. Er dachte weiter darüber nach und sagte – zusammen mit Bose – das Vorhandensein eines Zustands voraus, bei dem unter bestimmten Vorgaben elementare Teilchen anfangen, sich völlig gleichartig zu verhalten. Sie wachsen zu einem Klumpen zusammen, der dem Anschein nach nicht mehr aus einzelnen Teilchen besteht.

Heute spricht man von einer Bose-Einstein-Kondensation, und für ihren Nachweis wurde ihnen im Jahr 2001 der Nobelpreis für Physik verliehen. Die dazugehörigen Experimente konnten nur durchgeführt werden, weil geeignete Laser mit hoher Präzision zur Verfügung standen. Der Weg zu ihnen braucht seine Zeit. Wir werden ihn aber gehen – und dabei immer wieder Gelegenheit zum Staunen haben.

KAPITEL 2
Radio- und Mikrowellen

Es gibt innere und äußere Gründe, warum nach Einsteins früher Einsicht in die stimulierte Emission von Licht niemand angefangen hat, mit diesem Mechanismus einen Laser zu bauen. Zum einen befand sich die Wissenschaft der Physik am Ende des Ersten Weltkriegs in einem chaotischen Zustand. Nach der notwendigen Einführung der Quantensprünge war das Gebäude der alten – klassischen – Physik als brüchig erkannt und aufgegeben worden, aber etwas Neues war noch nicht in Sicht. Zwar kursierte die Idee von atomaren Zuständen mit Quantenübergängen, aber die Wissenschaft, die mit ihnen systematisch die Stabilität der Materie, das Entstehen von Licht oder die Festigkeit chemischer Bindungen erklären konnte, ließ noch auf sich warten.

Es sollte bis in die späten zwanziger Jahre des 20. Jahrhunderts dauern, bevor die alte Ordnung der klassischen Physik durch die neue Ordnung der Quantenmechanik abgelöst werden konnte, und selbst dann waren viele Physiker – unter anderem Einstein – nicht bereit, in dieser Beschreibung der Natur das letzte Wort zu sehen. In ihr tauchten imaginäre Größen auf und zeigten sich seltsame Erscheinungen wie die der Unbestimmtheit von Atomen. Es schien, als ob dieses Urgestein der Wirklichkeit seine Eigenschaften erst dann bekam, wenn jemand danach fragte und sie durch einen experimentellen Zugriff bestimmte. Das kam viel zu überraschend, um sofort eine breite Zustimmung zu finden, und viele Physiker brauchten noch etwas Zeit, um ihre Skepsis aufzugeben, und auch in den Vorlesungen wurde der neue Stoff erst zu einem späteren Zeitpunkt in der nötigen Breite geboten.

Neben der theoretischen Schwierigkeit gab es noch das praktische Hindernis, dass die anvisierte stimulierte Emission nach erster Einschätzung bestenfalls eine Randerscheinung bleiben und technisch mehr oder weniger nutzlos sein würde. Das Argument dazu lautete wie folgt:

Wenn ein stimulierendes Photon beziehungsweise ein entsprechender Lichtstrahl mit der passenden Energie auf ein Gas aus Atomen oder Molekülen oder einen anderen makroskopischen Körper trifft – eine Flüssigkeit oder einen Kristall –, dann gibt es dort zwei Arten von Atomen oder Molekülen, die empfangsbereit sind. Da sind zum einen die zahllosen Atome oder Moleküle, die sich im Grundzustand befinden, und da sind zum anderen die extrem dünn gesiedelten Atome oder Moleküle, die energetisch angeregt sind. Für die erwünschte stimulierte Emission relevant sind natürlich nur die angeregten Zustände, aber die werden in der Minderheit sein, wenn das Ganze im Gleichgewicht ist, wie es sich gehört. Die benötigten Zustände werden eine derartige Minderheit bilden, dass für ein angeregtes Atom oder Molekül so gut wie keine Chance besteht, geeignet stimuliert zu werden. Und selbst wenn ein solcher Vorgang zufällig doch einmal stattfindet, werden die erzeugten Photonen sofort von den ungeheuer vielen Atomen oder Molekülen abgefangen, die im Grundzustand verharren und gern bereit sind, Energie aufzunehmen.

Davon gibt es tatsächlich eine unübersehbare und unvorstellbare Menge, wie den Physikern bereits seit dem 19. Jahrhundert bekannt war. Damals war es ihnen zum ersten Mal gelungen, die Zahl der Atome in einem Würfel Materie auszurechnen, und nachdem eine von Einsteins Arbeiten aus dem Jahr 1905 das Ergebnis bestätigen konnte, verfügten die Naturforscher über ein neues Grundwissen.

Doch was Wissenschaftler irgendwann akzeptieren und begreifen, kann für den Laien überraschend und verwirrend bleiben, und dazu gehört die Zahl, mit der die Menge von Molekülen etwa in einem Tropfen Wasser oder die Zahl der Atome in einer Kupfermünze erfasst wird. Sie sind beide so groß, dass man sie – um mit Christian Morgenstern zu sprechen – nur als »immens« bezeichnen kann. Als dazugehörige Größenordnung findet sich in den Lehrbüchern der Betrag von 10^{23}, der weit jenseits aller Milliarden (10^9) oder Billionen (10^{12}) liegt, von denen wir ab und zu im Alltag hören. Selbst wenn wir milliardenfach eine Billion vermehren, bleiben wir mit 10^{21} unter der genannten Zahl, die in Fachkreisen als Avogadro- oder Loschmidt-Zahl bekannt ist (in Erinnerung an die Namen von zwei Physikern des 19. Jahrhunderts).

Das ist der Grund, weshalb viele Physiker glaubten, dass eine stimulierte Emission so ohne weiteres nicht funktionieren würde. Wie sollen sich auch ein paar angeregte Atome gegen eine immense Anzahl von Konkurrenten im Grundzustand durchsetzen, wenn sich alle gleichzeitig und gleichberechtigt um das passende Photon streiten? So sieht es aber im Normalfall in einem Stück Materie aus – einem Gas, einer Flüssigkeit oder einem festen Körper. Ihre Bausteine befinden sich überwiegend in dem Grundzustand, der ihnen ihre physikalischen Eigenschaften gibt. Viele Jahre hindurch erkannte niemand einen Weg, um an dieser Situation etwas zu ändern.

Der Wunsch nach Ortung

So verringerte sich bald die Zahl der Wissenschaftler, die sich um die stimulierte Emission kümmerten. Zum einen waren sie durch andere Entwicklungen abgelenkt, die sich unter dem Stichwort Radioaktivität zusammenfassen lassen und am Ende der 1930er Jahre zu der Entdeckung der Kernspaltung führten – mit den bekannten politischen und militärischen Folgen. Und zum anderen hatte das inzwischen nationalsozialistisch gelenkte Deutschland alles getan, um den Zweiten Weltkrieg zu provozieren, und viele Forscher bekamen andere – militärisch relevante – Aufgaben zugeteilt. Eine davon bestand darin, Systeme und Apparate zu konstruieren, mit denen sich erst Schiffe und dann auch Flugzeuge orten ließen. Es galt, geeignete Signale zu finden, die sich aussenden und nach Reflexion wieder empfangen ließen. Dieses Verfahren, das der Vorgehensweise von Fledermäusen entsprechen sollte, die mittels Ultraschall eine akustische Ortung vornehmen, wurde als Radarsystem bezeichnet und bald erfolgreich eingesetzt.

Doch anders als die Evolution bei den Fledermäusen griffen die Wissenschaftler für ihre technischen Entwicklungen auf die elektromagnetischen Wellen zurück, die Heinrich Hertz im späten 19. Jahrhundert erzeugen und zum Senden und Empfangen von Radiosignalen verwenden konnte. Bereits 1904 hatte ein junger deutscher Ingenieur, Christian Hülsmeyer, ein Gerät vorgestellt, das mit derartigen Wellen operierte und es Schiffen erlaubte, rechtzeitig Hindernisse zu registrieren und folglich zu meiden. Hülsmeyer nannte seine Erfindung »Telemobiloskop« (Fernbewegungsseher), er ließ das Instrument auch patentieren, aber sein Angebot blieb zunächst ohne besondere Resonanz oder Nachahmer.

Diese Lage änderte sich mit dem Zweiten Weltkrieg vor allem in amerikanischen Laboratorien, in denen die Idee, metallische Objekte mit der Reflexion von elektromagnetischen Wellen zu orten, schon in den 1920er Jahren vorangetrieben worden war. Die dazugehörigen Versuche waren mit Radiowellen vorgenommen worden, wie sie Hertz bereits generiert hatte. Ihre Wellenlänge wird in Metern angegeben, was Frequenzen in der Größenordnung von Gigahertz (eine Milliarde Hertz) ermöglicht (vgl. »Strahlen in Zahlen«, S 21).

Das amerikanische Militär erkannte sehr früh die Bedeutung der Wissenschaft, die sich mit solchen Radiostrahlen beziehungsweise Wellen befasst. Wenn man einen Blick auf die nachfolgenden Errungenschaften wirft, zu denen die Forschung im Lauf der frühen 1940er Jahre beitragen konnte – Radar, Düsenflugzeuge, elektronische Kontrollelemente, Nachrichtensysteme und mehr –, begreift man, dass in den entsprechenden Offizierskreisen sogar einiger Respekt vor der Wissenschaft aufgekommen ist. Das ist möglicherweise auch einer der Gründe, weshalb Deutschland im

Verlauf der vierziger Jahre Forschung auf einem Nebengleis betrieb, von dem aus nur zugeschaut werden konnte, wie die Wissenschaft jenseits des Atlantiks immer stärker und besser wurde. Es überrascht daher nicht, dass die ersten Lasergeräte in den Vereinigten Staaten produziert wurden. Der Erfolg bahnte sich – wie im Rückblick zu erkennen ist – bereits 1940 an, als der junge Physiker Charles H. Townes von höherer Stelle darum ersucht wurde, seine bisherigen Untersuchungen ruhen zu lassen und sich um die Weiterentwicklung von als kriegswichtig eingeschätzten Radarsystemen zu kümmern.

Zum Zeitpunkt dieser Aufforderung arbeitete Townes noch bei den inzwischen berühmten Bell Laboratories (Bell Labs), die damals in Manhattan angesiedelt waren und deren Mitarbeiter nach dem Zweiten Weltkrieg zum Beispiel den Transistor entwickelten, ohne den kein PC funktionieren würde. Townes war zwar nicht bereit, seine geliebte Wissenschaft für die Entwicklung von Apparaten oder Kampfwaffen einzusetzen, die der Zerstörung oder Vernichtung dienten. Außerdem schätzte er den militärisch orientierten Auftrag wissenschaftlich als wenig attraktiv ein. Doch es herrschte Krieg, und da galt es, persönliche Bedenken zurückzustellen und Einschränkungen der eigenen Freiheit hinzunehmen.

Was Townes inhaltlich interessierte und ihn letztlich lockte, war eine Tendenz der schon mit dem Radar vertrauten Kollegen, sich Wellenlängen zuzuwenden, die kürzer als 10 Zentimeter waren (was Frequenzen im Bereich von mehreren Gigahertz bedeutet). Mit solchen Mikrowellen sollte die Sensitivität der Ortungssysteme erhöht werden. Zugleich hoffte man, dabei Antennen einsetzen zu können, die klein und handlich genug waren, um auf Flugzeugen untergebracht zu werden. Irgendwann tauchte im Verlauf der Arbeiten der Vorschlag auf, Townes solle ein Radarprojekt ins Auge fassen, bei dem Wellenlängen von 1,25 Zentimetern eingesetzt werden konnten, und so sah sich der Physiker nach einer geeigneten Quelle für die dazu benötigten Strahlen im Mikrowellenbereich um. Im Verlauf der nun einsetzenden Suche nach einer Quelle für

Mikrowellen und mit seinen weiteren Arbeiten konnte Townes in den fünfziger Jahren den Weg bereiten, der der Menschheit den Laser – und ihm 1964 den Nobelpreis für Physik – bescherte.

An einem Morgen im Park

Zunächst funktionierte allerdings nicht viel, wie Townes es geahnt und vorhergesagt hatte, denn elektromagnetische Strahlung der genannten Wellenlänge kommt kaum durch die Luft. Sie wird massiv von dem Wasserdampf, der in der Atmosphäre vorhanden ist, aufgenommen und abgefangen. So kam zwar kein einsetzbares Radargerät zustande, aber Townes gewann die Einsicht, dass auch Ammoniak die Energie der 1,25 Zentimeter langen Wellen gut verwerten konnte (absorbierte), und als der Krieg zu Ende war, wollte er den Grund dafür erkunden und mehr über die dazugehörigen Molekülstrukturen lernen. Dazu bot sich ihm die Gelegenheit an der Columbia University in New York, an die er inzwischen als Professor berufen worden war. Hier brauchte er keine Rücksicht auf militärisch motivierte Geldgeber und ihre Anwendungsorientierung zu nehmen. Er hatte alle Zeit der Welt für die geliebte Grundlagenforschung, die nicht zweckgebunden betrieben werden musste, und das wirkte sich bald sehr praktisch aus – weil etwas Bemerkenswertes passierte.

Townes entwickelte nämlich eine Art Zuneigung zu der Struktur, die Chemiker als NH_3 kennen und bei der drei Wasserstoffmoleküle (H) ein Dreieck bilden, durch das ein Stickstoffmolekül (N) schwingen oder schaukeln kann. Das Molekül wurde »so etwas wie ein Freund, dessen Gewohnheiten ich kenne«, wie Townes in seiner Autobiographie *How the Laser Happened* eingesteht, und diesen vertrauten Begleiter wollte er nicht mehr aus den Augen verlieren.[1] Im Gegenteil! Er wollte seinen Freund – das Ammoniakmolekül – in das Zentrum all seiner Versuche stellen und als die Strahlenquelle einsetzen, die er suchte.

Die Physiker, die vor ihm danach suchten, dachten bei solchen Fragen an Hohlräume, die sie aufheizen konnten. Aber die anvisierte Strahlung kam doch von dem Ammoniak selbst, wie man wusste. Natürlich reicht es nicht, wenn ein Molekül allein aktiv ist. Es galt deshalb, einen Weg zu finden, an dessen Ende viele NH_3-Moleküle gemeinsam ihre Licht aussendende Schwingung ausüben würden. Und am 26. April 1951 fiel Townes auf einer Parkbank in Washington ein, wie dabei vorzugehen war.

Es kam darauf an, ein Verfahren zu ersinnen, die wenigen angeregten Moleküle, die sich in einem Ammoniakgas befinden, von den vielen anderen zu trennen, die sich im Grundzustand aufhalten. Townes stellte sich vor, dies könne mithilfe eines besonderen Magnetfelds geschehen, durch das man einen Strahl aus Ammoniakmolekülen schicken konnte. Alle Moleküle interagieren dank ihren Ladungen mit einem Magnetfeld, und sie tun dies in Abhängigkeit von ihrem Zustand auf unterschiedliche Weise. Townes wusste sogar, dass Ammoniakmoleküle in der angeregten Form durch magnetische Einwirkungen eine andere Richtung bekommen würden als im Grundzustand. Der Molekularstrahl würde aufgespalten, und die beiden Formen von Ammoniak könnten getrennt eingesammelt werden.

Wenn sich auf diese Weise tatsächlich eine Ansammlung von angeregten – strahlungsbereiten – Molekülen produzieren ließ, dann konnte in dieser Anhäufung die von Einstein erkannte stimulierte Emission einsetzen: Ein spontaner Quantensprung in den Grundzustand würde reichen und ein erstes Photon freisetzen, das anschließend eine stimulierende Kaskade in Gang setzen könnte, die massiv anwachsen könnte, bis sie einen Mikrowellenstrahl der gewünschten Art hervorbringen würde.

So könnte es grundsätzlich gehen, dachte sich Townes im Park. Aber wie immer bei solchen Einfällen steckte der Teufel in den Details, und von denen gab es eine Menge zu klären. Zum Beispiel galt es zu erkunden, ob die angeregten Zustände der Ammoniakmoleküle lang genug bestehen blieben, um auf ihre Stimulation zu warten. Würden sie nicht vorher spontan in den Grundzustand springen? Und wie konnte man verhindern, dass anfänglich nicht nur ein oder zwei, sondern sofort sehr viele Moleküle ihre zusätzliche Energie unvermittelt abgaben, was nur zufällig verteilt und ohne Ordnung vor sich gehen konnte und damit die nachfolgende stimulierte Emission in alle Richtungen – also im Sand – verlaufen lassen würde?

Townes besprach diese Probleme sogleich mit seinem Kollegen Arthur Schawlow, der als Sohn russischer Emigranten in New York geboren worden war, bald Townes' Schwager werden und später (1981) ebenfalls den Nobelpreis für Physik erhalten sollte. Die beiden Wissenschaftler kamen zu dem Schluss, dass Townes zwar auf dem richtigen Weg war, dass die Idee eines Mikrowellenstrahls durch stimulierte Emission von Ammoniakmolekülen aber nur funktionieren würde, wenn der ganze Vorgang in eine längliche Kammer – einen Resonator – verlegt würde, an deren Enden Spiegel angebracht waren.

Von den vielen Mikrowellen würden wenigstens einige geeignet auf eine der beiden reflektierenden Wände auftreffen, anschließend von dort auf den gegenüberliegenden Spiegel gelenkt, von da zurückprallen und so in einem dauernden Hin und Her allmählich für genügend Photonen gleicher Richtung durch stimulierte Emission sorgen. Townes und Schawlow überzeugten sich, dass ein geeigneter Resonanzkasten einen Mikrowellenstrahl produzieren könnte, der von Molekülen ausging und dadurch fantastische Qualitäten haben müsse. Alle so entstehenden Wellenzüge wären nicht nur mit derselben Wellenlänge ausgestattet, sondern der Strahl wäre darüber hinaus einfarbig (monochromatisch). Alle Wellenzüge würden zudem völlig gleichartig schwingen, wären also kohärent, und beide Eigenschaften lohnten jede Anstrengung, um die zunächst nur imaginierten Strahlen physikalische Wirklichkeit werden zu lassen. Townes machte sich umgehend an die Arbeit.

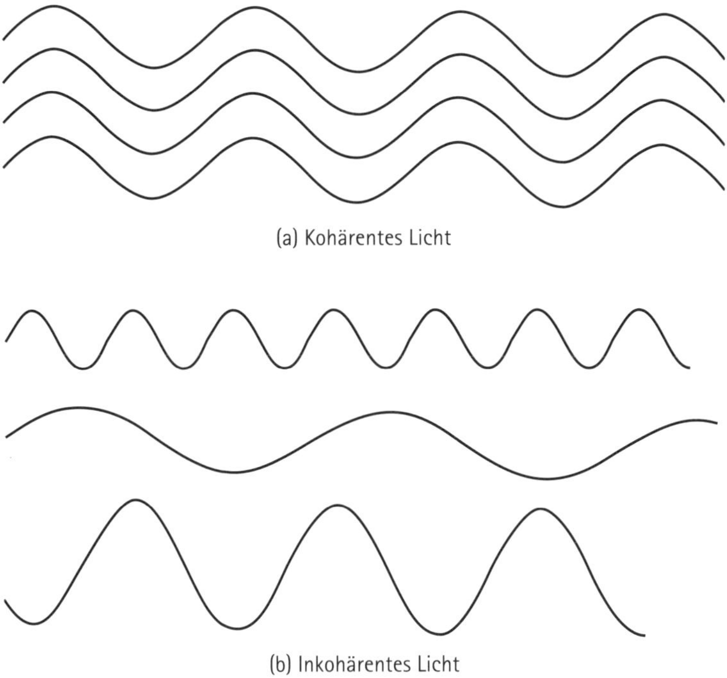

Abb. 7: Licht schwingt dann kohärent – zeigt die Eigenschaft der Kohärenz –, wenn die dazugehörigen Wellen in Phase sind (a), wie man zu sagen pflegt, wenn die Wellenzüge in ihren Tälern und Bergen übereinstimmen. Normalerweise sind wir von inkohärentem Licht (b) umgeben, also von Licht, dessen einzelne Wellen ohne Bezug zueinander schwingen.

Der Maser

Mit seinen Kollegen setzte Townes die Verstärkung von Mikrowellen durch die stimulierte Aussendung von Strahlung bald um und nannte sie MASER, »Microwave Amplification by Stimulated Emission of Radiation«. Ersetzt man die unsichtbaren Mikrowellen durch sichtbare Lichtwellen – durch Licht –, so bekommt man offenbar den LASER, was an dieser Stelle erwähnt werden muss, um die Grundbausteine dieser Strahlenquelle vorzustellen. In ihr sind tatsächlich alle in der oben vorgestellten Idee von Townes und Schawlow enthalten:

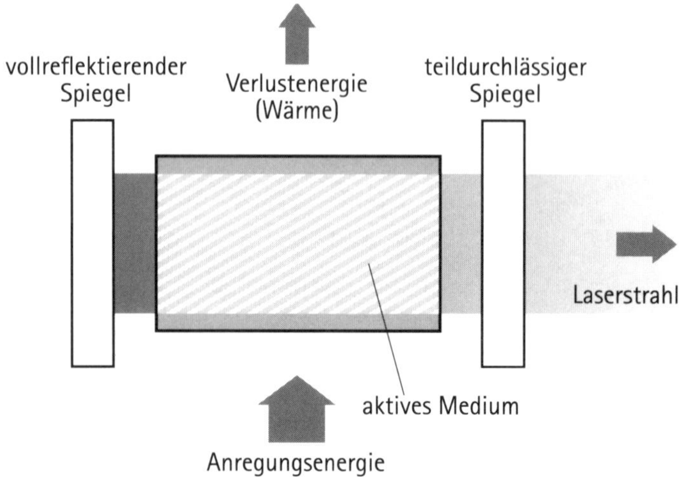

Abb. 8: Zu den grundlegenden Bestandteilen eines Lasers gehören: 1. ein aktives Medium – zum Beispiel Chrom in einem Kristall; 2. ein Resonator mit einem Spiegel, der alles Licht reflektiert, und einem zweiten, der teildurchlässig ist; 3. ein Verfahren, um dem laseraktiven Medium die Anregungsenergie zuzuführen, die den Lasereffekt auslösen kann – zum Beispiel eine Blitzlichtlampe.

Ein Maser beziehungsweise Laser benötigt drei Elemente, um zu funktionieren. Da ist zunächst ein Molekül oder ein Atom, das Strahlung mit der geeigneten Wellenlänge aussendet und gern als laseraktives Medium bezeichnet wird. Das heißt, zum Lasermedium gehört in den raffinierten Apparaten unserer Tage noch etwas mehr, nämlich eine Art Rückhalt, in dem die Licht aussendenden Strukturen verankert sind. Bei dem ersten Laser von 1960 wurde dieser Rückhalt durch einen Kristall und sein Gitter geboten.

Das Lasermedium wird seinen Dienst nur ausüben, wenn die überwiegende Zahl der atomaren oder molekularen Sender – also zum Beispiel das Ammoniak – Energie aufgenommen hat und über seinen Grundzustand angeregt ist. Wenn es mehr Moleküle beziehungsweise Atome auf hohem Niveau – also im strahlungsbereiten Zustand – als auf der Basisebene – in empfangsbereiter Form – gibt, spricht man von einer Populationsinversion. Townes konnte diese Voraussetzung in seinem Gedankenexperiment durch ein Magnetfeld erreichen. Allgemein benötigt ein Laser als zweites Element eine Energiequelle, die für die Umkehrung der Besetzungszahlen sorgt, und in vielen Fällen setzen die Physiker dazu Licht ein. Sie bedienen sich also des optischen Pumpens, das in den 1950er Jahren sorgfältig erkundet wurde und heute gut funktioniert, obwohl es seltsam wirkt: Man setzt Pumplicht ein, um Laserlicht zu bekommen, und manchmal benötigt man sogar eine sehr hohe Pumpleistung, um einen nicht besonders starken Laserstrahl zu bekommen. Was den Einsatz aber trotzdem und nahezu immer lohnt, ist die Qualität des Laserlichts.

Als drittes Element verfügt ein Laser über den optischen Resonator, der im Wesentlichen aus zwei Spiegeln besteht, von denen einer lichtundurchlässig ist, was heißt, dass er so viel wie möglich an Strahlung reflektiert. Ihm gegenüber befindet sich ein teildurchlässiger Spiegel, durch den die Strahlung, für die man den ganzen Aufwand getrieben hat, nach außen gelangen kann.

Kein Loser

Da das Licht in dem optischen Resonator sich zwischen den Spiegeln hin und her bewegt, kann man auch von einem Oszillieren sprechen. Witzbolde haben daher einmal vorgeschlagen, man müsse bei einem Laser eher von der Lichtoszillation durch stimulierte Emission von Strahlung sprechen und für das Ganze eigentlich das Kürzel LOSER wählen – ein Gedanke, der sich verständlicherweise nicht durchsetzen konnte, der uns aber einen weiteren Blick auf die Besonderheit von Wissenschaftsgeschichte erlaubt.

Als Townes sich mit den Ammoniakzuständen zu beschäftigen begann, dachten längst schon andere Wissenschaftler über Strahlungen aus molekularen oder atomaren Quellen und ihre Verstärkung nach, zum Beispiel der russische Physiker Valentin A. Fabrikant, der sich wahrscheinlich als Erster fragte, was Gasmoleküle zustande bringen könnten, wenn sich die meisten von ihnen in einem angeregten Zustand befinden. Überhaupt hat die sowjetische Wissenschaft viel zu Masern und Lasern beigetragen: Zusammen mit Townes erhielten Alexander Prochorow und Nikolai Basow 1964 den Nobelpreis für Physik. Sie haben das Konzept des optischen Pumpens entwickelt und – unabhängig von den amerikanischen Forschern – theoretisch ausgearbeitet, wie ein Maser funktionieren würde. In seiner Autobiographie beschreibt Townes seine Überraschung, als er 1955 an einer wissenschaftlichen Konferenz in England teilnahm und, wie damals üblich, unangemeldete Vorträge der beiden sowjetischen Physiker hörte, in denen sie genau das Konzept vorschlugen, das ihm gerade umzusetzen gelungen war. Er meldete sich nach den Präsentationen zu Wort, um zum ersten Mal vor internationalem Publikum über das Funktionieren eines Masers zu berichten.

Im April 1954 war es nämlich Townes in Zusammenarbeit mit James Gordon an der Columbia University gelungen, alle Anfangsschwierigkeiten bei der Konstruktion eines Masers zu überwinden. Und es gab genug davon. Sie begannen mit der Quelle für den Ammoniakstrahl und endeten mit den Abdichtungen des Resonators. Das System benötigte zusätzlich die Anbringung von zwei Dipolen, wie man sie von einem Magnetstab mit Nord- und Südpol kennt, die dann als sogenannte Quadrupole halfen, die sich aufbauenden Strahlen zu bündeln (fokussieren). Townes freute sich diebisch darüber, weil die beiden Russen darauf nicht gekommen waren. Er selbst gab bereitwillig zu, die Idee zu dieser Anordnung dem deutschen Physiker Wolfgang Paul zu verdanken, der sie bereits 1951 vorgeschlagen hatte (und der 1989 zu Nobelpreisehren kommen sollte).

Die Fokussierung der Quadrupole lässt erkennen, dass der Weg von den spielerischen Gedanken an einem Frühlingstag des Jahres 1951 bis zur mühsamen experimentellen Umsetzung voller Probleme steckte – nicht nur technischer, sondern auch persönlicher Art. Denn nicht wenige seiner Kollegen warfen Townes vor, mit den Bemühungen um kohärente Mikrowellenstrahlen Forschungsmittel zu verschwenden, die besser an anderer Stelle eingesetzt werden könnten. Sie prognostizierten, dass sein Vorschlag mit der stimulierten Emission niemals funktionieren würde, und ihre Argumente, die sich nicht nur auf praktische Probleme bezogen, sondern auch die großen Lehrsätze der Physik bemühten, beeindruckten Townes schon. Aber zum Glück hatte er eine unkündbare Anstellung an der Universität, und dieses Privileg erlaubte ihm, einen langen Atem zu haben und seinem Gefühl zu folgen, dass das Ammoniakmolekül als treuer Freund ihn nicht enttäuschen würde.

Alles kam, wie erwähnt, im April 1954 zusammen, und nachdem man den gewünschten Mikrowellenstrahl erzeugt und nachgewiesen hatte, machte sich Townes' Team auf die Suche nach einem Namen und prägte bald das längst weltbekannte Akronym Maser.

Der Blick in den Himmel

Eine umfassende Information darüber, wie Maser bald in der Wissenschaft gebraucht und eingesetzt wurden, bietet das 1955 erschienene, längst zum Klassiker gewordene Lehrbuch *Microwave Spectroscopy*, das Townes zusammen mit seinem Schwager Schawlow geschrieben hat. Dort wird ausführlich dargestellt, wie genau mithilfe dieser Wellen die Struktur von Molekülen und ihre Wechselwirkungen untersucht werden können. Das eigentliche Zauberwort ist dabei die Spektroskopie, in der Spektrum und das griechische Wort für Sehen stecken. Von Spektrum reden wir oft in Verbindung mit Farben, beispielsweise beim Regenbogen. Wer Spektroskopie mit sichtbaren Wellen treibt, schaut sich das Farbspektrum an, das von einer Lichtquelle hervorgebracht wird, um dabei etwas über sie zu lernen. Die Farben von Flammen verteilen sich anders als die von glühendem Eisen, der Sonne oder anderen Himmelskörpern. Mittels der Verteilung von Farben kann man zum Beispiel erkennen, welche Elemente in den betrachteten Lichtquellen zu finden sind.

Was vielleicht zunächst langweilig klingt, kann rasch mit Spannung gefüllt werden, wenn man sich überlegt, dass man leuchtende Körper in weiter Entfernung beobachten kann – wie die Sonne oder weit entfernte Galaxien. Und im 19. Jahrhundert stellten die Wissenschaftler bei ihren spektroskopischen Beobachtungen fest, dass ihre Daten uns den Nachweis für *eine* Welt zeigten: Die Elemente der Sterne und die unseres Planeten stimmten nämlich überein, der Himmel und die Erde bestanden aus dem gleichen Stoff. Nun war es erwiesen: Wir leben tatsächlich in *einem* Universum, so wie es die alten Alchemisten geahnt hatten, als sie verkündeten: »Was oben ist, ist auch unten.«

Spektroskopie hat also eine entscheidende Rolle sowohl in der Entwicklung unserer Kultur als auch bei dem Fortschreiten der Wissenschaft gespielt. Es verwundert also nicht, dass es viele Physiker begeisterte, als sich ihnen mit den Mikrowellen neue Sehmöglichkeiten boten und sich sogar ein neues Fenster zum Himmel öffnete. Denn wer einen Maser hat, kann ihn so einstellen, dass die stimulierte Emission erst in Gang kommt, wenn die geeignete Strahlung ihn erreicht – zum Beispiel aus dem Weltall. Tatsächlich konnten Maser eingesetzt werden, um den Himmel nach Mikrowellen abzusuchen. Sie erwiesen so der Astronomie einen großen Dienst, die mit dem sichtbaren Licht dort nicht weiterkam, wo dichte (intergalaktische) Staubwolken den Blick versperrten. Die Arbeit von Townes und seinen Kollegen hat neben vielen fachlichen Fortschritten sogar ein in der Öffentlichkeit berühmt gewordenes Resultat gezeitigt: den Nachweis der sogenannten Hintergrundstrahlung, der elektromagnetischen Strahlung aus jedem Bereich des Himmels, die wegen ihrer herausragenden Bedeutung für die physikalische Kosmologie häufig auch als kosmisch bezeichnet wird. Sie konnte in den 1960er Jahren zum ersten Mal nachgewiesen werden und gibt den bislang besten Hinweis darauf, dass die Vorstellungen der Kosmologen zutreffen, die den Anfang des Universums als Urknall beschreiben.

Darüber hinaus gibt es auch – weniger bekannt – am Himmel ganz konkrete kosmische Maser, also galaktische Quellen, die Mikrowellen mit ungewöhnlich hoher Intensität produzieren. 1965 wurde der erste kosmische Maser im Gebiet des Orionnebels entdeckt, und in den folgenden Jahren konnten zahlreiche Strahlungen mit Wellenlängen in diesem Bereich registriert werden. Sie kamen beziehungsweise kommen unter anderem aus den Gaswolken, von denen Riesensterne umgeben sind. Offenbar gibt es hier ausreichend (zumeist infrarotes) Licht, das die in den Wolken umhertreibenden H_2O-, OH- und SiO-Moleküle geeignet pumpen kann. Man kann dabei zusätzlich feststellen, dass in den Räumen zwischen den Sternen das thermodynamische Gleichgewicht die Ausnahme ist, was die für den Masereffekt nötige Inversion regelmäßig ermöglicht.

Auf dem Weg zum optischen Maser

Doch so wichtig die Maser und ihre Einsatzmöglichkeiten auch in vielen Bereichen geworden sind, ihre Bedeutung wird von dem ihm nachfolgenden Laser und seinen Qualitäten in den Schatten gestellt, dessen Entwicklung in der zweiten Hälfte der fünfziger Jahre nach und nach stärker ins Blickfeld der Physiker und Ingenieure rückte. Dabei ist anzunehmen, dass ein bemerkenswerter Erfolg der sowjetischen Wissenschaft eine Rolle spielte und für einen beträchtlichen Schub aller Forschungsbemühungen in der westlichen Hemisphäre sorgte. Die Rede ist vom »Sputnik«-Schock von 1957, der durch den gleichnamigen ersten künstlichen Erdsatelliten ausgelöst wurde, der am 4. Oktober dieses Jahres vom amerikanischen Himmel aus mit piepsenden Tönen die Fortschrittlichkeit der sowjetischen Raumfahrt und der dazugehörigen Techniken verkündete.

Die USA-Regierung reagierte unter anderem damit, dass sie ihrem Präsidenten, Dwight D. Eisenhower, ein wissenschaftliches Beraterkomitee an die Seite stellte, zu dem bald auch Townes gehörte, der auf diese Weise Washington D.C. kennen lernte. Insgesamt nahm die Wissenschaftsförderung in den USA neue Dimensionen an, und Anfang der sechziger Jahre verkündete John. F. Kennedy als neuer Präsident das Vorhaben seines Landes, bis zum Ende des Jahrzehnts einen Menschen auf dem Mond landen zu lassen und sicher zur Erde zurückzubringen. Als der Plan aufging und tatsächlich 1969 Astronauten den Erdtrabanten erreichten, stellten sie unter anderem Reflektoren auf, die von der Heimat aus mit einem Laserstrahl anvisiert werden und den Abstand Erde-Mond auf Zentimeter und die Schwankungen der Erdachse genau vermessen konnten. (Übrigens: Die Laser-Reflektoren, mit 100 Quarzprismen ausgestattet – jedes zu einem Stückpreis von 5000 US-Dollar –, waren von den in Deutschland angesiedelten Firmen Schott und Heraeus geliefert worden.)

Wie gelang es, den ersten Laser zu produzieren, der statt mit Mikrowellen mit Strahlen im sichtbaren Bereich des Spektrums operierte, weshalb man ursprünglich von einem optischen Maser sprach?

Der eigentliche Wettlauf um den Laser begann um das Jahr 1958, als Schawlow und Townes eine Arbeit publizierten, in der sie die theoretischen Bedingungen erkundeten, die erfüllt werden mussten, um Maser für den infraroten und sichtbaren Bereich des Spektrums – »infrared and optical masers« – zu bauen. Im Vergleich zu Mikrowellen besteht ein Problem mit Lichtwellen in der sehr viel kleineren Wellenlänge, die die Möglichkeit ausschließt, einen Hohlraum so genau zu konstruieren, dass er exakt auf einen Wellenzug abgestimmt ist und ihn zur Resonanz bringt. Wenn Wellenlängen in Zentimetern gemessen werden, kann man die Länge des Hohlraums entsprechend festlegen, und in ihm wird es mit geeigneten Spiegeln an den Längsseiten zu den stehenden Wellen kommen, die zuletzt als Strahl den Resonator verlassen. Doch was ist, wenn die Wellenlängen in Nanometern (nm) anzugeben sind und also weniger als ein Tausendstel Millimeter umfassen?

Wie konnte das zu verstärkende Licht in einem Kasten untergebracht werden? Als sich Townes noch Gedanken über eine Würfelform machte, erinnerte sich Schawlow an ein Gerät, das den Physikern seit 1897 zur Verfügung stand und nach seinen Konstrukteuren, den französischen Forschern Charles Fabry und Alfred Pérot, benannt ist: das Fabry-Pérot-Interferometer, das aus zwei parallelen Spiegeln besteht, zwischen denen Licht hin und her reflektiert wird. Solange die Spiegel weit genug auseinander und gut ausgerichtet sind, fangen die Lichtstrahlen an, sich in dem Medium zwischen ihnen hin und her zu bewegen, bis eine Lichtwelle entsteht, die die Energie aller angeregten Atome in dem Gerät aufnimmt, was eine kontinuierliche Oszillation zur Folge hat. Durch diesen Vorgang ließe sich die angestrebte Kohärenz erreichen, das heißt, alle Lichtquanten würden im Gleichschritt agieren und man bekäme einen Strahl mit einer Frequenz im sichtbaren Bereich, der zudem sein Medium scharf gebündelt verlassen und nur einen geringen Öffnungswinkel von wenigen Grad zeigen würde.

Es blieb noch die Frage, welches Material – welche Atome oder Moleküle – in einem Fabry-Pérot-Resonator für das Licht sorgen sollten, und dafür schlugen Townes und Schawlow in ihrer Arbeit Kalium vor. Bei diesem Element konnte man sich auf das einzelne Elektron konzentrieren, das die Außenhülle des Atoms ausmacht. Bei Kalium waren die dazugehörigen Energiezustände sehr genau vermessen worden, und die Absorption lag im sichtbaren Bereich des Spektrums.

Die beiden Physiker stellten sich einen Hohlraum vor, in dem zwei Spiegel 10 Zentimeter voneinander entfernt angebracht sein sollten und der mit Kaliumdampf gefüllt war. Natürlich benötigten sie noch eine Energiequelle, um die Alkalimetalle zur Vorbereitung der stimulierten Emission geeignet anzuregen. Für diese Aufgabe schlugen sie den Gebrauch einer Lampe vor, die möglichst viel violettes Licht mit einer Wellenlänge von 405 Nanometern aussendete. Damit sollte das Kalium in einen angeregten Zustand befördert werden, den es unter Aussendung von infrarotem Licht verlassen würde, das sich schließlich im Resonator zu dem Strahl aufschaukeln ließ, auf den es ankam.

Wie sich in den kommenden Jahren herausstellte, erwies sich die im Grund einfache Idee mit den parallelen Spiegeln als wegweisend. Aber der Vorschlag, Kalium als Medium zur Erzeugung des Lichts einzusetzen, muss als misslungen bezeichnet werden. Er wurde nie ernsthaft probiert. Trotzdem – mit dem Erscheinen der Arbeit von Schawlow und Townes im Jahr 1958 war das Rennen um den Laser eröffnet. Und wie nicht anders zu erwarten war, trug ein Außenseiter den Sieg davon.

KAPITEL 3

Rotes Laserlicht

Die Arbeit, in der Schawlow und Townes ihre theoretischen Überlegungen zur Herstellung von Masern darlegten, die, statt im Mikrowellenbereich zu operieren, infrarote Strahlung oder gar sichtbares Licht produzieren sollten, erschien offiziell am 15. Dezember 1958. Dieses Datum trägt jedenfalls die Ausgabe der Fachzeitschrift *Physical Review*, in der ihr wegweisender Artikel veröffentlicht wurde. Natürlich gab es vorher bereits Kopien des Aufsatzes, die im Sommer unter Kollegen kursierten – vor allem in den Bell Laboratories beziehungsweise an der Columbia University, wo Schawlow und Townes tätig waren –, und natürlich hatten die Autoren immer wieder Gespräche mit interessierten Doktoranden oder anderen Wissenschaftlern geführt, die Anregungen aufnahmen oder eigene Ideen beisteuerten.

Besondere Folgen hatten dabei Unterhaltungen zwischen Townes und seinem ehemaligen Doktoranden Gordon Gould, der in einem Büro auf demselben Gang in der Columbia University arbeitete. Gould ist der Vorschlag für den Begriff »Laser« statt der umständlichen Bezeichnung »optischer Maser« zu verdanken. Gould hat also als Erster das heute so berühmte Akronym aufgeschrieben, und zwar bereits 1957, als er zum ersten Mal über die Möglichkeit grübelte, sichtbares Licht durch Einsteins stimulierte Emission zu verstärken. Sein Ausdruck »Laser« ist inzwischen derart akzeptiert worden, dass in einigen historisch orientierten Arbeiten die Reihenfolge der Terminologie schon einmal umgekehrt und der ursprüngliche Maser als (dann davon abgeleiteter) Mikrowellenlaser klassifiziert wird.

Es ist leicht vorstellbar, dass es Townes ärgerte, wenn er so etwas las, und es ist erst recht vorstellbar, dass es ihn noch sehr viel mehr ärgerte, als er erfuhr, dass Gould genau einen Tag nach Publikation der erwähnten Gemeinschaftsarbeit mit Schawlow – also am 16. Dezember 1958 – in dem bei der US-Luftwaffe angesiedelten Büro für wissenschaftliche Forschungen (Office for Scientific Research) vorstellig wurde und die damals beträchtliche Summe von 300 000 US-Dollar beantragte, um einen Laser der Art zu bauen, die auch Townes sich vorstellte.

Gould hatte damals die Universität verlassen und sich in Manhattan einem kleinen Unternehmen angeschlossen, das als Technical Research Group (TRG) firmierte. Er wollte sich nicht mit den niedrigen Energien aufhalten, über die Townes und Schawlow nachdachten, sondern stellte sich vielmehr schon früh einen hochenergetischen Strahl mit großer Leistung vor, der infolge der erst stimulierten und dann verstärkten Lichtemission erzeugt und anschließend gleich für eine Kommunikation mindestens bis zum Mars oder direkt zum Durchdringen von schwerem Material eingesetzt werden konnte. Er konzipierte also etwas, das bis zu diesen Tagen bestenfalls als Sciencefiction gehandelt wurde, von dem man sich aber vorstellen konnte, dass es dem Militär sehr wohl gefallen würde. Und so beantragte die TRG Ende 1958 sehr viel Geld für die Entwicklung eines Lasers, wie Gould ihn sich vorstellte.

Drei Niveaus

Spätestens mit dem Auftauchen von Gould war eine neue Dimension in die Wissenschaft und folglich in die Laboratorien gekommen, die erst den Maser und dann den Laser hervorbrachten – die Dimension des Geldes. Gould hat von Anfang an jeden Zettel, auf dem er eine Idee skizzierte, datiert und durch einen Notar beglaubigen lassen. Townes und seine Kollegen aus dem sich seriös gebenden akademischen Bereich waren zwar mit ihren Einfällen ähnlich vorgegangen – Townes hat sein auf der Parkbank ersonnenes Verfahren zur Trennung von angeregten Ammoniakmolekülen durch seinen Schwager testieren und also zeitlich fixieren lassen –, aber die beiden Grundlagenforscher dachten dabei eher an das Feststellen ihres Primats und damit an ihre Reputation. Gould hingegen ging es mehr ums Geld, und von dem hat er – nach langwierigen Verhandlungen vor den zuständigen Gremien – zuletzt auch reichlich bekommen, wenn die Informationen stimmen. 1989 – vierzig Jahre nach den Anfängen – wurden Gould endlich nach mühsamen juristischen Auseinandersetzungen die von ihm angestrebten Patente für optisch gepumpte Laser und einige der dazugehörigen Anwendungen erteilt, und vermutlich flossen dabei viele Millionen Dollar auf seine Konten.

Das erste Medium, dem ein Laserstrahl entlockt werden konnte, bestand aus einem Mineral, dessen chemischer Grundstoff Aluminiumoxid heißt, abgekürzt mit Al_2O_3, was gewöhnlich keine Begeisterung auslöst. Das ändert sich aber, wenn dem Basismaterial etwas Chrom (Cr) beigemischt wird. Dann verfärbt sich das Mineral so, dass es zwischen Blassrot und Dunkelrot changiert. Diese Zusammensetzung bekommt den Namen Rubin. Das ist ein begehrter Schmuckstein, dessen blaue Variante mit denselben Baumaterialien ebenso verlockt und Saphir heißt. Ihm kann man seit 1986 Titan hinzufügen, und von dieser Kombination waren die Laserexperten begeistert. Titan:Saphir-Laser können mehr, als nur Licht einer Wellenlänge erzeugen und extrem kurze Pulse abgeben.

Zurück zum Rubin: Das dem Mineral hinzugefügte Chrom ist das Element, dem das Laserlicht entspringt, und seine Qualität verdankt sich der Tatsache, dass die Natur die Chromatome mit einer energetischen Eigentümlichkeit ausgestattet hat. Chrom trägt als Element des Periodensystems die Ordnungszahl 24. Das heißt, dass es 24 Elektronen gibt, die sich um einen Kern tummeln, in dem sich unter anderem 24 positiv geladene Protonen aufhalten. Für unsere Überlegungen kommt es nur auf die Hülle an. In ihr können sich die zwei Dutzend Elektronen so anordnen, dass es neben dem

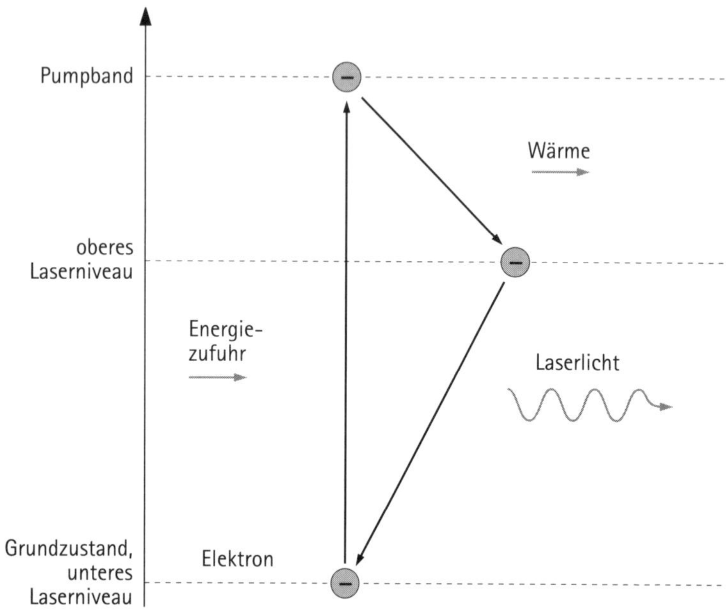

Abb. 9: Wer nach einem laseraktiven Medium Ausschau hält, ist gut beraten, ein Material zu wählen, das neben dem Grundzustand und der angeregten Form noch ein Zwischenniveau einnehmen kann. Die Natur stellt solche Stoffe – etwa das Chrom, das im Rubin verwendet wird – zum Glück zur Verfügung, wobei entscheidend ist, dass der Zwischenzustand zu einer längeren Verweildauer einlädt. Die Wissenschaft nennt ihn »metastabil« und unterscheidet ihn so vom stabilen Grundzustand und der instabilen Anregung. Wenn ein Atom mit den genannten drei Energiestufen zur Verfügung steht und passendes Licht einfällt, wird ein Elektron zunächst aus dem Grundzustand in einen angeregten Zustand gehoben (gepumpt). Es kommt vor, dass es viele eng benachbarte »Pumpzustände« gibt, die zusammen ein Pumpband ergeben, wie es dargestellt ist. Auf diesem Niveau hält sich das Elektron nur kurz auf, um in den metastabilen Zwischenzustand mit längerer Lebensdauer zu springen, der wegen seiner Funktion auch als oberes Laserniveau bekannt ist. An ihm setzt nämlich die stimulierte Emission an, die Elektronen ermutigt, in den Grundzustand beziehungsweise auf das untere Laserniveau zu springen, was schließlich die gewünschte Laserstrahlung hervorbringt.

Grundzustand und einer durch Hinzufügung von Pumpenergie erreichbaren angeregten Form noch einen dritten Quantenzustand gibt, der sich durch eine Besonderheit auszeichnet. Er ist metastabil, wie es heißt und womit ausgedrückt wird, dass er ziemlich langlebig ist. Und aus diesem Grund kann der Laserübergang von ihm aus erfolgen.

Der metastabile Zwischenstopp ist entscheidend. Mit seiner Existenz konnte das Problem überwunden werden, das von Anfang an bei den Überlegungen zum Bau von Lasern mitgespielt und zu der berichteten Skepsis Anlass gegeben hat, dass angeregte Elektronen es viel zu eilig haben, um wieder in den Grundzustand zu kommen. Man befürchtete, dass ihre Verweildauer auf dem hohen Energieniveau so kurz sein könnte, dass keine oder kaum Gelegenheit zur stimulierten Emission gegeben sein würde. Die dritte Ebene der Chromatome – der von der Natur ermöglichte Zwischenstopp – hob diese Schwierigkeit auf und machte den Weg für das Laserlicht frei. Zwar sprangen die hochgepumpten Elektronen nach der erhaltenen Energiezufuhr mehr oder weniger direkt auf ein tieferes Niveau, aber damit waren sie noch nicht im Grundzustand. Und nach dem ersten Quantensprung ließen sie sich Zeit, bevor sie zum nächsten ansetzten und auf der untersten Ebene der Energieskala landeten. Sie verharrten auf der mittleren Position lange genug, um hier der stimulierten Emission zugänglich und damit lasertauglich zu werden. Das heißt, der metastabile Zwischenzustand erlaubt es, die überwiegende Zahl der Licht aussendenden Atome (genauer: Ionen) auf einem Niveau zu versammeln, von dem aus die Quantensprünge erfolgen, die den Laserpuls ergeben. Für diese Situation haben die Physiker den Ausdruck »Besetzungsinversion« eingeführt. Er drückt aus, dass es sich um eine Umkehrung der üblichen Verteilung handelt, bei der sich die Elektronen überwiegend im Grundzustand (mit seiner niedrigen Energie) aufhalten. Als laseraktive Medien kommen nur Materialien infrage, bei denen eine Besetzungsinversion herbeigeführt werden kann.

Rosa oder dunkelrot?

Damit nähern wir uns dem Bau der ersten Laserlichtquelle, der bald viele und selbst heute noch immer weitere Umsetzungen der Grundidee folgen, die alle ihre Eigenheit haben und zum Beispiel höchst unterschiedliche Lasermedien einsetzen. Unverändert bleibt bei allen das Basisschema, das mit der Zufuhr von Energie beginnt, was bei den frühen Lasern als optisches Pumpen etwa durch ein Blitzlicht praktiziert wurde. Die gelieferte Energie fließt vor allem dem eigentlichen Lasermedium zu – im hier zu schildernden ersten Fall ist dies das Chrom im Rubinkristall –, das auf diese Weise die passende Stimulation erfährt und kohärente Strahlung freisetzt, die in einem Resonator verstärkt wird und den Weg nach außen findet.

Man kann sich dies anhand der Einstimmung von Instrumenten eines Orchesters auf einen gemeinsamen Ton veranschaulichen. Die Instrumente sind das Lasermedium, die von den Musikern durch Streichen oder Blasen mit Energie versorgt werden, und sie alle sollen den Kammerton a spielen. Das ist die Wellenlänge, die der »Orchesterlaser« produzieren soll, was auch gelingt, nachdem die ersten Töne einige Male im Orchestergraben (dem Resonator) hin und her gewandert sind. Wenn alle Instrumente in Ordnung sind, stimmen sie zuletzt klanglich überein. Das ganze Orchester spielt dann ein lautes und eindeutiges a, das aufsteigt und seinen Weg ins Publikum findet. Wenn die Musiker jetzt den ganzen Abend nur diesen einen Ton spielten, würden sie wie ein Laser operieren. Das a kann nämlich als Dauerton oder pulsartig gespielt werden, und genau diese beiden Möglichkeiten finden wir auch bei Lasern. Sie können im Pulsmodus oder kontinuierlich betrieben werden, was Experten als Dauerstrich bezeichnen. Im ersten Fall wird die Energie stoßförmig, im zweiten durchgängig geliefert, so wie es Bläser oder Streicher auch können.

Nun aber zurück zu dem Rubin mit seinen hinzugefügten Chromatomen, die im Kristallverbund ein äußeres Elektron abgeben und somit als Ionen vorliegen. Auf die Idee, bei einem Laser mit drei Ebenen zu arbeiten beziehungsweise nach einem Medium mit drei Energieniveaus zu suchen, kam unter anderem dem aus Holland gebürtigen und in den USA tätigen Physiker Nicolaas Bloembergen. Dafür wurde ihm 1981 zusammen mit Schawlow der

Nobelpreis für Physik verliehen. Vor Bloembergen – aber ohne seine Kenntnis – hatten bereits die beiden erwähnten russischen Laureaten Prochorow und Basow vorgeschlagen, kohärente Strahlung mit drei Zuständen herzustellen, und wenn ihre theoretischen Ideen auch nicht so formuliert waren, dass sie unmittelbar in die Praxis umzusetzen waren, so stand denen, die einen Laser bauen wollten, damit doch eine neue Tür offen.

Es war dann der Amerikaner Theodore H. Maiman, der durch sie hindurchschreiten konnte – wenn auch nicht dort, wo man es erwartete. Wenn es damals Wetten auf das erste Laboratorium gegeben hätte, das den ersten funktionierenden Laser zustande bringen würde, wären die meisten auf die Wissenschaftler bei den Bell Laboratories abgegeben worden, die inzwischen von Manhattan nach New Jersey gezogen waren. Hier mussten sowohl Laien als auch Experten die Favoriten erwarten. Die Laien deshalb, weil man bei Bell 1956 die Aufmerksamkeit der Welt auf sich gezogen hatte, nachdem drei ihrer Angestellten – John Bardeen, Walter Brattain und William Shockley – für die Entwicklung des Transistors mit dem Nobelpreis für Physik ausgezeichnet worden waren. Und die Experten, weil sie wussten, dass in den Bell Laboratories sich zum Beispiel Schawlow mit rosafarbenen Rubinen beschäftigte, in denen das Chrom über den erwähnten wichtigen mittleren Zustand verfügte, der metastabil ist und dadurch nutzbar wird. Der Sprung von dort in den Grundzustand setzt Energie frei, die als Licht mit der Wellenlänge von rund 694 Nanometern sichtbar wird und also rot ist. Schawlow experimentierte mit dem rosa Schmuckstein, der sich von einer dunkelroten Variante bloß durch die Menge an Chrom unterscheidet. Im rosafarbenen Rubin sind die Chromionen sehr weit voneinander entfernt und gehen keine Wechselwirkung ein. Im dunkelroten Rubin rücken sie so nahe zusammen, dass sie gegenseitig Einfluss auf ihre Energieniveaus nehmen.

Schawlow schaffte es jedoch nicht, ausreichend viele Chromionen so anzuregen, dass es zu der nötigen Inversion bei den Besetzungszahlen kam, und eines Tages verkündete er in aller Öffentlichkeit, dass es unmöglich sei, aus Rubin einen Laser zu bauen. Er gebe seine Versuche jetzt auf. Es sei vergeudete Zeit.

Unter seinen Zuhörern gab es allerdings mindestens einen Physiker, der sich davon nicht überzeugen ließ.

Die Wettkämpfer sammeln sich

Schawlow war nicht der einzige Physiker, der sich bei den Bell Labs um einen Laserstrahl bemühte. Neben ihm beteiligte sich noch der 1926 in Teheran geborene Ali Javan an der Suche nach dem kohärenten Licht. Der aus einer gut situierten Juristenfamilie stammende Javan war 1949 nach New York gekommen, hatte bei Townes promoviert und danach die Möglichkeit bekommen, bei Bell einzusteigen. Dort lernte er Schawlows Schwierigkeiten einer ausreichenden Anregung des Rubins kennen und entwickelte daraufhin eine verblüffende Idee, die den Beginn einer eigenen Entwicklung markiert, an deren Ende die sogenannten Gaslaser stehen. Statt kristalline Stoffe wie Rubin als Medium von Festkörperlasern einzusetzen, überlegte Javan, ob das anzuregende Medium nicht die Form eines Gases annehmen könnte.

Es war allgemein bekannt, dass sich das Edelgas Helium durch elektrische Spannung erhitzen ließ, was bedeutete, dass die Heliumatome nach der Energielieferung anfingen, schneller hin und her zu rasen. Man konnte weiter zeigen, dass diese Bewegungsenergie unter geeigneten Bedingungen auf Neonatome übertragen wurde, wenn die in passender Konzentration mit ihnen vermischt waren. Die Neonatome (das laseraktive Gas) reagierten in dieser Anordnung, wie es zur Herstellung eines Lasers gebraucht wird: Sie gerieten durch diese Energiezufuhr in den gewünschten angeregten Zustand, und der erwies sich als so metastabil, wie es sich die Forscher in den Bell Laboratories nicht einmal in ihren Träumen vorgestellt hatten. Der auf diese Weise anvisierte Helium-Neon-Gaslaser zeigte allerdings einen Nachteil, nämlich den, dass das Licht, das durch den in ihm stattfindenden Laserübergang frei wurde, nicht im sichtbaren, sondern – knapp daneben – im infraroten Bereich des Spektrums strahlte. Aber damit konnte man leben.

Tatsächlich sollte es Javan mithilfe einiger Kollegen im Gegensatz zu Schawlow gelingen, sein theoretisches Konzept in die Praxis umzusetzen, und im Dezember 1960 wurde ein erster Helium-Neon-Gaslaser aktiv. Er sendete einen durchgehenden Strahl mit der Wellenlänge von 1153 Nanometern aus, was im Bereich von Infrarot liegt.[1] Damit schafften es Javan und sein Team allerdings nur auf den zweiten Platz. Den Sieg im Rennen um den ersten Laser trug ein anderer Wissenschaftler davon. Den ersten kohärenten Lichtstrahl überhaupt hatte ein Forscher zuwege gebracht, der nicht bei den Bell Labs arbeitete, sondern in Kalifornien tätig war, und zwar an den Howard Hughes Research Laboratories, die in Malibu – vor den Toren von Los Angeles und in der Nähe von Hollywood – lagen.

Die kalifornische Forschungseinrichtung gehörte zu dem Unternehmen Hughes Aircraft, das 1936 von dem legendären und inzwischen vielfach im Film porträtierten Howard Hughes gegründet worden war und sich zu einem der größten amerikanischen Verteidigungs- und Luftfahrtunternehmen entwickelt hatte. In den Hughes Research Laboratories hatte man natürlich mitbekommen, was in den Bell Labs und an den Universitäten in Hinblick auf die Maser passiert war. Man wusste auch, welche Aktivitäten der umtriebige Gould entfaltete, der inzwischen mit der von der US-Regierung eingerichteten Agentur für fortgeschrittene Forschungsprojekte (Advanced Research Projects Agency, ARPA) kooperierte und also viel Geld vom Staat bekam. Die funktionierenden Maser und der konzipierte Laser gehörten zu den viel versprechenden Projekten der späten 1950er Jahre, wobei die militärisch orientierte Förderung sich nicht primär an Waffen, sondern vor allem an neuen Kommunikationsmöglichkeiten und sensitiveren Radarsystemen orientierte.

Die Hughes Research Laboratories wollten nicht nachstehen, und so stellten sie 1957 Theodore H. Maiman mit dem Auftrag ein, einen Maser zu entwickeln, der nicht – wie das Original von

Townes – mit einem Gas wie Ammoniak funktionierte, sondern stattdessen einen sogenannten Festkörper als Medium einsetzte, und die Wahl fiel dabei auf einen Rubinkristall.

Unter einem Festkörper ist alle Materie zu verstehen, die nicht gasförmig oder flüssig vorliegt, die also den festen Aggregatzustand bei Raumtemperatur – etwas mehr als 20 Grad Celsius – eingenommen hat. Wasser ist unter diesen Vorgaben flüssig, es verdampft und wird gasförmig, wenn man es über 100 Grad erhitzt, und es gefriert und wird zu Eis, wenn man es unter 0 Grad Celsius abkühlt. Eis ist ein Festkörper, ebenso wie Glas, Holz, Eisen oder eben ein Rubin, was leicht erkennen lässt, dass eine Festkörperphysik einen großen Aufgabenbereich hat. Sie muss zum Beispiel erklären, warum manche Festkörper – wie Glas – zwar durchsichtig sind, dafür aber keinen Strom leiten, während es bei Metallen genau umgekehrt ist, sie leiten Strom, lassen aber kein Licht durch. Wie hängen die Leitfähigkeit von Strom und Wärme zusammen? Was haben beide Eigenschaften mit der Durchsichtigkeit beziehungsweise ihrem Gegenteil zu tun?

Aber zurück zu Maiman. Er hatte sich schon früh mit Elektronik beschäftigt und über raffinierte Messungen an Heliumatomen seine Doktorarbeit unter der Anleitung von Willis Lamb geschrieben, der 1955 mit dem Nobelpreis für Physik ausgezeichnet wurde. In diesem Jahr bekam Maiman eine Anstellung bei der Flugzeugfirma Lockheed in Los Angeles und kurz darauf in den Hughes Research Laboratories in Malibu, wo man ihn mit der Aufgabe betraute, Verstärker für Maser zu entwickeln, die für Flugzeuge geeignet waren. Sie mussten einen geringen Rauschpegel aufweisen und möglichst zuverlässig funktionieren – und als zuverlässig galt damals der Einsatz von Festkörpern.

Lasertypen

Es gibt verschiedene Typen von Lasern. Zunächst sollen hier vier Lasertypen mit einigen Angaben zu ihrer Charakterisierung vorgestellt werden. Die Lasermedien (z. B. Farbstoffe) und die Abkürzungen werden nach und nach im Text erläutert.

Lasertyp	Der laseraktive Stoff	Beispiele, produzierte Wellenlänge
Festkörperlaser	Kristalle oder Gläser mit aktiven Ionen	Rubinlaser, 694 nm (rot) Neodym:YAG-Laser, 1064 nm (nahes Infrarot) Neodym:Glas-Laser, 10642 nm
Gaslaser	Gas oder Dampf	CO_2-Laser, 10600 nm (fernes Infrarot) Helium-Neon-Laser, 633 nm (rot) und 1153 nm (infrarot); Excimerlaser, 157 - 353 nm(ultraviolett)
Diodenlaser	Halbleiter	Gallium-Indium-Phosphid, 670 - 680 nm (rot) Galliumarsenid, 780 - 980 nm (nahes Infrarot), Galliumnitrid 515 nm (grün)
Farbstofflaser	Organische Farbstoffe	Wellenlänge abstimmbar (300 - 1200 nm)

Diese Einschätzung stammte aus der damals ein Jahrzehnt alten Erfahrung, dass Verstärker, die mit Transistoren arbeiteten, sich als wesentlich robuster und haltbarer als ihre Konkurrenten erwiesen, die noch mit Elektronenröhren konstruiert waren. Transistoren setzen sich aus Festkörperelementen zusammen, und ihre Erfolgsgeschichte wollte man beim Maser wiederholen. Maiman machte sich ans Werk, und ihm gelang die praktische Variante eines Rubinmasers, der wie andere Maser vor ihm als Verstärker der schwachen Signale geeignet war, die Radioastronomen aus dem Weltall empfingen. Der Vorteil von Maimans Maser bestand darin, dass er bei höheren Temperaturen als bisher operieren konnte, die jeweils von flüssigem Helium gekühlt werden mussten.

Damit stößt man auf eine technische Schwierigkeit, die in der Geschichte der Laser immer wieder anzutreffen ist: die Wärme, die durch die Pumpenergie zustande kommt, da sie keineswegs vollständig zur Stimulation von Anregungszuständen führt. Nur ein ziemlich kleiner Teil der dem Lasermedium von außen zugeführten Energie wird für die Lichtemission wirksam. Dem großen Rest bleibt nach den unumgänglichen physikalischen Gesetzen nichts anderes übrig, als die Anordnung aufzuheizen, die folglich gekühlt werden muss – was erneut Energie kostet und die Wirkungsbilanz des Lasers beeinträchtigt, was man aber wegen der Qualität seines Strahls hinzunehmen bereit ist.

Maimans Aufgabe am Ende der fünfziger Jahre bestand darin, relativ wenig Pumpenergie zu vergeuden, um möglichst wenig Wärme abführen zu müssen. So sah er sich gezwungen, sich höchst sorgfältig mit dem Spektrum von Rubin zu befassen, und dabei kümmerte er sich auch um den sichtbaren Bereich. Er fasste seine Einsichten in einem Beitrag für die führende Fachzeitschrift *Physical Review Letters* zusammen, die sie allerdings erst im Juni 1960 publizierte – als Maiman bereits sehr viel weitergekommen war und dem Rubin den ersten Laserstrahl entlockt hatte.

Im Shawanga Lodge

Noch schrieb man das Jahr 1959, in dem die Welt der Maserforschung zu brodeln begann. »An air of excitement« – eine Atmosphäre von großer Aufregung und Gespanntheit breitete sich aus, und sie wurde fast mit Händen greifbar, als sich alle Experten und ihre Mitarbeiter Mitte September im luxuriösen Shawanga Lodge trafen, einem vornehmen Hotel in den Catskill Mountains, etwa 150 Kilometer nordwestlich von Manhattan gelegen. »Quantum Electronics – Resonance Phenomena« hatte Townes das von ihm organisierte Treffen genannt, in dem laut Ankündigungsliste zwar niemand einen Vortrag hielt, in dessen Titel das Wort »Laser« vorkam, auf das aber trotzdem alle gespannt im Saal warteten.

Zu den Vortragenden gehörte auch Schawlow, der den von Gould längst eingeführten Begriff beharrlich ignorierte und weiterhin vom optischen Maser sprach. Er wollte einen solchen Lichtverstärker zwar mit Rubin bauen, glaubte aber selbst nicht an einen möglichen Erfolg und nannte erneut ausdrücklich einen physikalischen Grund für seine Skepsis. Seiner Einschätzung nach sollten sich stets hinreichend viele Chromionen im Grundzustand befinden, um all die stimulierenden Photonen, die sich durch Blitzlampen optisch hineinpumpen lassen, ein- und abfangen zu können, was jede Stimulation im Kern ersticken würde.

Maiman lauschte Schawlows Ausführungen, ohne von ihnen überzeugt zu werden. Irgendwie schien ihm die Logik des Kollegen nicht zu stimmen, der es für ausgeschlossen hielt, dass man nahezu alle Chromionen aus dem Grundzustand entfernen konnte – um die Inversion der Besetzungszahlen zu erreichen, die als unabdingbare Voraussetzung für den Lasereffekt erkannt worden war. Man könne den Grundzustand nicht entleeren, so behauptete Schawlow im Shawanga Lodge, weil dies den Rubinkristall »ausbleichen« würde.

In der Physik bedeutet »Bleichen« (»bleaching«), dass Atome oder Ionen durch energetische Anregung aus einem bestimmten Zustand entfernt worden und von diesem Niveau aus nicht mehr einsatzfähig sind. Sie können von dieser Position aus keine Quantensprünge mehr ausführen, also Licht weder absorbieren noch emittieren.

Maiman wunderte sich: War das nicht genau das Ziel, das man gerade erreichen wollte, nämlich den Grundzustand auszubleichen? Schawlows Präsentation schien in sich nicht stimmig zu sein, und Maiman sah keinen Grund, es nicht in seinem Laboratorium doch weiter mit Rubin zu versuchen. Er wurde in dieser Absicht sogar bestärkt, nachdem ein klares Ergebnis des Treffens in den Catskill Mountains in der Einsicht bestand, dass ein geeignetes Lasermaterial nicht nur drei, sondern vier relevante Energieniveaus haben sollte. Diese sollten sich aus einem Grundzustand und einem oberen Anregungszustand zusammensetzen, der nach einem geeigneten optischen Pumpen besetzt wurde. Zwischen den beiden sollte ein metastabiles erstes (oberes) Laserniveau liegen, von dem aus die entscheidende Freisetzung von Lichtenergie erfolgte, und zwar nicht durch den direkten Übergang in den Grundzustand, sondern durch einen kleineren Quantensprung auf eine noch darüberliegende, weitere (untere) Laserebene, die als insgesamt viertes Niveau einen Halt vor der Rückkehr in den Grundzustand bieten könnte.

Der rote Rubin stellt – genau genommen – ein solches System mit vier Energieniveaus dar, wobei alle Niveaus nur bei sehr tiefen

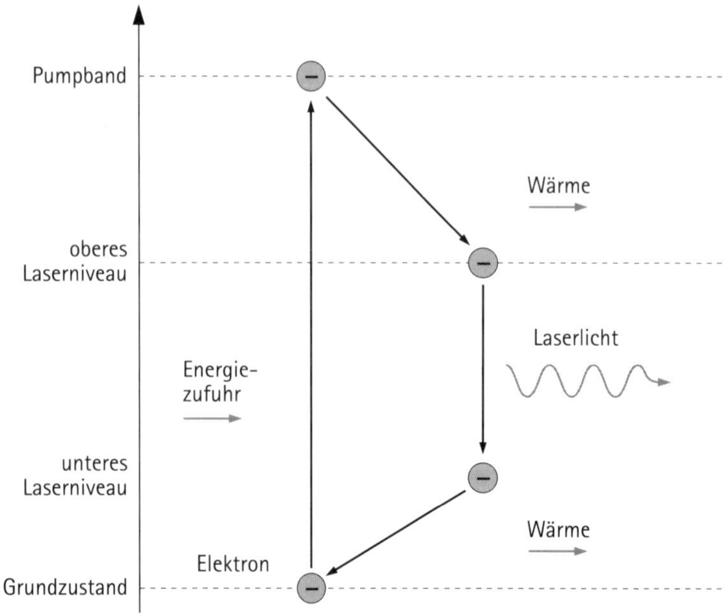

Abb. 10: Wenn der Laserprozess mit drei Energieniveaus in Gang kommt (Abb. 9), stellt der Grundzustand des aktiven Atoms beziehungsweise Ions zugleich das untere Laserniveau dar, also den Zustand, in den die Elektronen von dem oberen Laserniveau aus springen, um die Energie abzugeben, die als Laserlicht frei wird. In der Vielfalt ihrer Elemente stellt die Natur aber auch aktive Materialien zur Verfügung, die zwischen dem oberen (metastabilen) Laserniveau und dem (stabilen) Grundzustand eine weitere Konfiguration einnehmen können, die energetisch über dem Grundzustand liegt. (Als Beispiel kommt das im Text vorgestellte Neodym im sogenannten Nd:YAG-Laser in Frage). Der Licht produzierende Laserübergang erfolgt zwischen den beiden gezeigten Zuständen – sie heißen oberes und unteres Laserniveau –, die beide über dem Grundzustand und unter dem durch die Pumpenergie angeregten Zustand liegen. Der Vorteil dieser Anordnung mit vier Energiezuständen besteht darin, dass die Entleerung des unteren Laserniveaus unabhängig vom Pumpvorgang erfolgt. Dadurch erhöht sich die Effizienz des Prozesses, und es entsteht ein stabileres Gleichgewicht zwischen dem Hochpumpen und dem Laserübergang. Allerdings muss das untere Laserniveau im Gegensatz zum (metastabilen) oberen sehr kurzlebig sein, damit es sich rasch entleert.

Temperaturen nahe am absoluten Nullpunkt verfügbar sind. Bei Zimmertemperatur nehmen die laseraktiven Chromionen so viel Wärmeenergie auf, dass sie beginnen, zwischen dem Grundzustand und der darüberliegenden Ebene hin und her zu schwanken, wodurch praktisch eine Situation mit effektiv drei Zuständen geschaffen wird. Maiman hätte gern mit Material gearbeitet, in dem die Natur vier Quantenzustände verfügbar machte, aber die einzig damals greifbaren Stoffe mit dieser Qualität waren Gase. Für deren Einsatz beziehungsweise für die dazu nötigen Umstrukturierungen im Laboratorium hatte Maiman weder Zeit noch Geld – und ebenso fehlte die entsprechende Erfahrung. Ihm blieb nur der hellere rosafarbene Rubin, in dem die Natur immerhin drei Energieniveaus zur Verfügung stellte, und die mussten jetzt reichen.

Der erste Laser

Für alle Teilnehmer des Treffens in den Catskill Mountains wurde die Zeit knapp. Maiman hatte zudem nur beschränkte Geldmittel, denn anders als die Bell Labs war man in den Hughes Research Laboratories nicht bereit, ihn endlos herumexperimentieren zu lassen. Maiman blieb nur die Hoffnung auf den Rubin, und das, obwohl ihm der Kristall gerade wieder ein neues Rätsel aufgegeben hatte. Einigen Physikern war nämlich aufgefallen, dass bei den Versuchen, die Chromionen durch optisches Pumpen anzuregen, Energie zu verschwinden schien. Während dies für Schawlows Team ein weiteres Argument für die Unbrauchbarkeit von Rubin lieferte, wollte Maiman genau wissen, was da passierte. Als er es unter der Mitwirkung von Irnee D'Haenens entdeckte, erlebten die beiden eine angenehme Überraschung. Die eingestrahlte Lichtenergie wurde nicht zufällig im Kristall verstreut, wie man befürchten musste. Vielmehr nahmen viele Chromionen sie auf, um danach in einen Zustand zu springen, der höchst effizient die Ausstrahlung von rot fluoreszierendem Licht erlaubte.

Die Entdeckung einer solchen Fluoreszenz gestattete Maiman, den Energietransfer im Rubin besser zu verstehen, und das ermutigte ihn, nun alles auf diese Karte zu setzen. Er besorgte sich als Quelle für das optische Pumpen professionelle Blitzlichtlampen, die pulsartig Energie lieferten, wobei die Nähe zu den Studios von

Hollywood gewiss geholfen hat, Hersteller solcher Blitzlichter ausfindig zu machen.

In diesem Stadium seiner Arbeiten dachte Maiman nicht an einen kontinuierlich strahlenden Laser, der im Dauerbetrieb Licht versendet. Ihm ging es vor allem um das, was in der Wissenschaft als »proof of principle« bezeichnet wird. Maiman wollte zeigen, dass man Rubin grundsätzlich dazu bringen kann, Laserlicht zu generieren, zum Beispiel in Form von Lichtpulsen, die sich aus der eingeblitzten Energie über stimulierte Emissionen mit Licht von Chromionen aufbauen.

Natürlich stellt sich nach der Wahl des Mediums Rubin und der Festlegung der Blitzlichtlampe als Energiequelle immer noch die Frage nach dem genauen Design, aber Rationalität und Zufälligkeit – in Form eines Vertreters, der Erfahrungen mit dem Blitzlicht hatte – und zäher Wille führten bald zu der Konstruktion einer gewundenen Röhre, die einen zylindrischen Kristall umfing, der eine Länge von 2 Zentimetern und einen Durchmesser von 1 Zentimeter hatte.

Es braucht nicht eigens betont zu werden, dass ein besonderes Geschick erforderlich ist, nicht nur um gute Rubinkristalle heranzuziehen, sondern um auch die anderen Teile mit passender Qualität zu produzieren. Aber im Mai 1960 war Maiman und D'Haenens beides gelungen, und sie waren bereit, einen Test durchzuführen. Sie mussten sich nur noch darüber klarwerden, wie sie das rote Fluoreszieren von dem erhofften – ebenfalls roten – Laserlicht mit einer Wellenlänge von 694 Nanometern unterscheiden konnten. Die Antwort steckte zum einen in der Pulsform des ersehnten Lichts, das kurz und intensiv sein musste und eng um eine Frequenz herum verteilt sein sollte – im Gegensatz zu der kontinuierlichen Fluoreszenz, die sich durch ein breites Spektrum auszeichnete. Außerdem sollte es eine sogenannte Laserschwelle geben, das heißt, erst musste eine bestimmte Menge an eingepumpter Energie eingesetzt werden, um die Umkehrung der Besetzungszahlen zu erreichen, ohne die die stimulierte Emission bedeutungslos blieb. Laserpulse durften

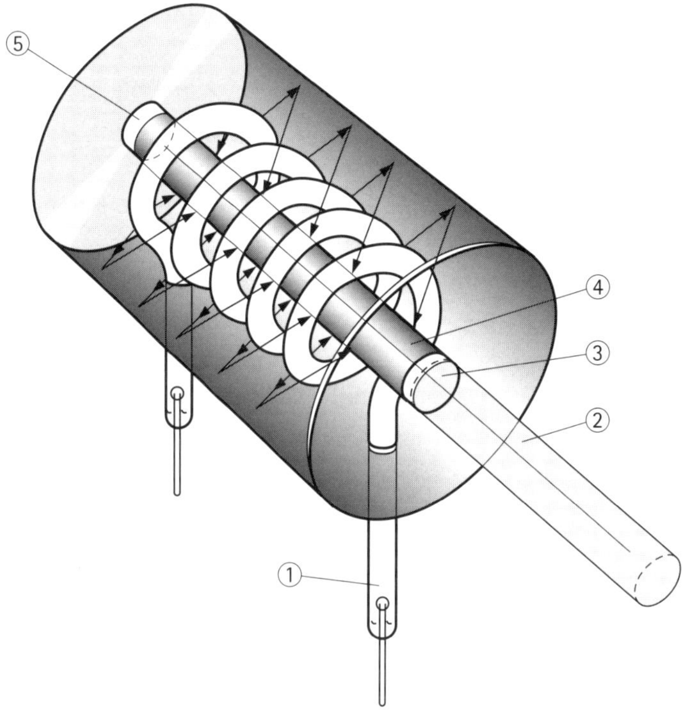

Abb. 11: Der Aufbau des ersten Lasers: Eine zylindrisch angelegte Blitzröhre (1) windet sich um den laseraktiven Rubinkristall (4), in dem Spiegel (3 und 5) dafür sorgen, dass sich das stimulierte Licht aufschaukelt, bis es als Laserstrahl (2) austreten kann. Die ganze Vorrichtung ist kleiner als eine normale Taschenlampe.

sich erst zeigen und das normale Leuchten des Kristalls ablösen, wenn diese Energieschwelle überwunden war.

Am 16. Mai 1960 stand alles bereit. Maiman startete das Blitzlicht mit Pulsen von 500 Volt, was unterhalb der Laserschwelle blieb und nur die erwartete rote Fluoreszenz hervorbrachte. Als die Spannung für die einstrahlende Lampe erhöht wurde, stieg auch die Spannung bei Maiman und D'Haenens, der als Farbenblinder zusätzlich Probleme mit dem Versuch hatte und vollständig auf die Beobachtung eines Oszillografen angewiesen war. Ihn hatte man so geschaltet, dass er das den Rubin verlassende Licht in sichtbare Pulse umwandelte und als solche registrierte.

Als Maiman mehr als 950 Volt an die Blitzlichtlampen anlegte, schoss die auf dem Oszillografen sichtbare Spur deutlich in die Höhe und ließ eine Spitze erkennen. Mit ihr zeigte sich genau das Muster, auf das die beiden gewartet hatten: »Das war es. Der Laser war geboren!«, wie Maiman den entscheidenden und sicher aufregenden Moment in seiner Autobiographie beschreibt. Ein intensiver roter Lichtfleck von 1 Zentimeter Durchmesser konnte beobachtet werden. Doch während D'Haenens vor Freude in die Luft sprang, fühlte sich Maiman eher benommen. Immerhin konnte er erleichtert feststellen, dass sich sein Einsatz gelohnt hatte und er seinen Arbeitgeber beruhigen konnte. Vermutlich ahnte er aber zugleich, dass es noch viele Schwierigkeiten bereiten würde, um sämtliche Skeptiker zu überzeugen.

Was 1960 noch passierte

Eine erste Enttäuschung erlebte Maiman, als er seinen Erfolg zu Papier gebracht hatte und das Manuskript mit dem Titel »Optical Maser Action in Ruby« seinem bevorzugten Fachblatt *Physical Review Letters* zur Veröffentlichung anbot. Der Herausgeber lehnte die Veröffentlichung des Textes mit dem Hinweis ab, darin ginge es zu wenig um grundlegende Physik und zu viel um technische Anwendungen. Maiman schickte daraufhin eine verkürzte Version mit Erfolg und der größere Aufmerksamkeit erregenden Überschrift »Stimulated Optical Radiation in Ruby« an die hochrangige britische Fachzeitschrift *Nature*, die den knapp gehaltenen und einige experimentelle Details aussparenden Beitrag in ihrer Ausgabe vom 6. August 1960 publizierte. Dennoch muss es Maiman missfallen haben, eine Absage von dem wichtigsten Organ seines Fachs erhalten zu haben.

Immerhin schlug die Hughes Aircraft Company ihrem Angestellten vor, eine Pressekonferenz abzuhalten, auf der am 7. Juli 1960 die erfolgreiche Entwicklung vorgestellt wurde. Die amerikanische Presse verkündete daraufhin zwar stolz, aber wenig spektakulär, dass die USA als Sieger aus dem weltweiten Wettrennen um kohärentes Licht hervorgegangen seien. In den Interviews wurde Maiman von Reportern gebeten, mögliche Nutzanwendungen seiner Erfindung zu nennen, und so zählte er unter anderem die neuen spektroskopischen Methoden auf, die künftig alte Bedürfnisse der Grundlagenforschung befriedigen könnten, die besseren Kommunikationsmöglichkeiten, die Laserstrahlen erlauben, und deren Einsatz vor allem im medizinischen Bereich. Ein Redaktionsmitglied der *Chicago Tribune* wollte schließlich wissen, ob seine Erfindung auch zu Laserwaffen führen könnte. Maiman drückte sich um eine klare Antwort und murmelte so etwas wie »mindestens zwanzig Jahre«, die für die Entwicklung eines solchen Projekts nötig seien, ohne an die Folgen dieses Satzes zu denken. Diese konnte er am nächsten Tag in den Medien finden, die Maimans Wissenschaft jetzt besser verkaufen konnten. Das Thema der Waffen, das die Lasergemeinde von nun an plagen sollte, war angesprochen worden. Am Tag nach der Pressekonferenz titelte zum Beispiel der *Los Angeles Herald:* »Ein Mann aus LA entdeckt Todesstrahl.« Und als 1965 die deutsche Übersetzung von John M. Carrolls Geschichte des Lasers bei Ullstein erschien, gab der Verlag dem Buch den Titel *Todesstrahlen* – allerdings mit einem Fragezeichen versehen.

Eine Pressekonferenz

Der wissenschaftliche Aufsatz, in dem Theodore Maiman vom ersten Laser berichtet, umfasst rund dreihundert Wörter und erschien am 6. August 1960 in der britischen Zeitschrift *Nature*. Zu diesem Zeitpunkt war die Öffentlichkeit schon informiert, und zwar durch eine Pressekonferenz, zu der das Hughes Institute am 7. Juli in das New Yorker Hotel Delmonico eingeladen hatte. Bei dieser Gelegenheit wurde Maiman natürlich auch nach dem Nutzen seiner Erfindung gefragt. Er nannte fünf Anwendungsmöglichkeiten, die vielfach längst umgesetzt worden sind: als tatsächliche Verstärkung von Licht, als Werkzeug zur Erkundung von grundlegenden Eigenschaften der Materie (Spektroskopie), als energiereicher Strahl für die Kommunikation im Weltraum, als Instrument zur Erhöhung der Übertragungskanäle für Nachrichten, als Energielieferant (Strahlwerkzeug) für Industrie und Medizin.

KAPITEL 4

Eine erstaunliche Vielfalt

Bei den Bell Labs musste man enttäuscht sein, dass die erste Laserapparatur nicht im eigenen Haus, sondern in Kalifornien rote Lichtpulse ausgesendet hatte. Man beeilte sich umso mehr, die Konstruktion unter die kritische Lupe zu nehmen, was konkret bedeutete, dass man sie – besser natürlich – nachbaute, den von ihr generierten Laserstrahl genauer charakterisierte und nicht zuletzt dafür sorgte, dass das Ergebnis zügig in der Zeitschrift publiziert wurde, deren Herausgeber Maimans Beitrag abgelehnt hatte. Schon am 1. Oktober 1960 konnte man in den *Physical Review Letters* nachlesen, was ein Team der Bell Laboratories über die Kohärenz und andere Qualitäten des Lichts herausgefunden hatte, das den Rubinkristall als stimulierte Strahlung verließ. Eine Zeitlang sorgte diese Publikation für Verwirrung, weil einige Physiker nach der Lektüre annahmen, sie habe den ersten funktionierenden Laser vorgestellt und erläutert.

Zu den sechs Autoren dieser Arbeit gehörte – neben dem bereits bekannten Schawlow – auch der aus Nürnberg stammende Wolfgang Kaiser, der bis 1964 in den USA bleiben sollte. Dann übernahm er eine Professur für Physik an der Technischen Hochschule in München, wo er in den folgenden Jahrzehnten eine Arbeitsgruppe aufbaute, die sich mit Laserspektroskopie beschäftigte und dabei unter anderem lernte, unter Einsatz sehr kurzer Lichtpulse die Reaktionen von den raffinierten Molekülen zu erkunden – zum Beispiel solchen, die zur Fotosynthese beitragen, mit deren Hilfe Sonnenlicht in Lebensenergie verwandelt wird. Im Januar 2010 haben Kaiser und zwei seiner Kollegen von 1960, Donald F. Nelson und Robert J. Collins, in einem Aufsatz für die Zeitschrift *Physics*

Today ihre Erinnerungen an den »verwirrten, aber aufregenden Sommer« zu Papier gebracht, in dem der Welt das Laserlicht geschenkt wurde. Die Autoren, denen der 2007 gestorbene Maiman nicht mehr antworten kann, versuchen klarzulegen, dass auch ihr Beitrag originell war und Beachtung verdiente. Sie äußern zudem die Überzeugung, die Ersten gewesen zu sein, die die Laserschwelle überschreiten und das produzieren konnten, was sie einen »pencil beam« nennen und womit sie den begehrten Laserstrahl meinen, der einen leuchtend roten Punkt produzieren kann. 1960 war für die Beteiligten tatsächlich ein Sommer voller »Unsicherheit und Konfusion«, wie die drei Emeriti sich erinnern, und die Wissenschaftshistoriker werden zu tun haben, wenn sie mehr Klarheit in ihn bringen wollen. Gewiss ist nur, dass an seinem Ende das Laserlicht leuchtete.

Ein kontinuierliches Licht

Wenn die Wissenschaftler der Bell Labs auch nicht den ersten Rubinlaser in Gang setzen konnten, so durfte trotzdem aus gutem Grund in ihren Reihen gefeiert werden, und zwar im Dezember 1960, als Ali Javans Team Erfolg mit einem Helium-Neon-Gaslaser der staunenden Welt einen kontinuierlichen Laserstrahl vorführen konnte. Das Trio, das hier zusammengearbeitet hatte – Ali Javan, Donald Herriott und William R. Bennett –, jubelte uneingeschränkt, als der Laser leuchtete, und Javan spendierte sogar eine Flasche Wein, die seit über einhundert Jahren darauf gewartet hatte, geöffnet und geleert zu werden.

Die Bemühungen, ein Gasgemisch aus Helium und Neon als Lasermedium einzusetzen, waren bislang kaum von Erfolg gekrönt. Das Problem trat bei der Konstruktion des Resonators zutage, der das Gas beherbergen und in der Lage sein musste, die zum Pumpen erforderliche Energie aufzunehmen. In der Praxis setzte Javans Team zur Energielieferung ein sogenanntes Magnetron ein, das seit den 1920er Jahren bekannt war und zur Erzeugung von Schwingungen diente. Zunächst hielt die aus Quarz bestehende Röhre, in der die Gase angeregt wurden und dann stimuliert Licht aussenden sollten, den dabei entstehenden Temperaturen nicht stand. Dann blätterte die Oberfläche der Spiegel ab, die für die oszillierende Erzeugung der Resonanz sorgen sollten.

Aber am 13. Dezember 1960 schien alles zu halten – nur dass sich zunächst kein Laserstrahl zeigen wollte. Doch Javan blieb gelassen; er nahm sich vor, die Ausrichtung der Spiegel sorgfältig zu überprüfen, und begann sie um winzige Winkel zu drehen. Und endlich zeigte sich das erhoffte Signal, und so verfügte die Welt noch vor Weihnachten über den ersten Laser, der Gase als Medium nutzte und sein Licht kontinuierlich abstrahlte – der erste Laser mit Dauerstrichbetrieb, wie es in der Fachsprache heißt, wobei der »Strich« in der Wortmitte das Aussehen des Strahls erfasst, der das Gerät verlässt.

Der Gaslaser schien nur Vorteile zu bieten – neben dem durchgehenden Strahl verfügte er über eine hohe Effizienz und bot zudem die Möglichkeit, die Emission so zu steuern, dass das ausgehende Licht »einen hohen Grad an Frequenzreinheit aufwies«, wie die Urheber stolz mitteilten. Er hatte aber einen ärgerlichen Nachteil: Wie erwähnt, blieb sein Licht unsichtbar. Der Helium-Neon Laser produzierte zunächst Strahlung mit einer Wellenlänge von 1153 Nanometern, und wenn dies auch meilenweit von den Mikrowellen der frühen Maser entfernt war, so gehörte dieses Licht zum infraroten Bereich des Spektrums, mit dessen Komponenten es uns zwar warm wird, die unseren Augen aber nicht zugedacht sind, sodass wir mit diesem Licht nur etwas fühlen, nicht aber sehen können. Die Forscher brauchten bis 1963, bevor sie einem Helium-Neon-Laser auch sichtbares – rotes – Licht entlocken konnten.

Die Laser-Euphorie

Mit dem Beginn der fortschrittsfreudigen sechziger Jahre trat ein richtiger Laser-Boom ein, der sich sowohl im akademischen Milieu als auch in der kommerziellen Sphäre zeigte und vor dem militärisch motivierten Hintergrund spielte, der in diesen Zeiten des Kalten Kriegs – wenige Monate vor dem Bau der Berliner Mauer – allgegenwärtig war. Bereits kurz nach der Präsentation der Prototypen brachten US-Firmen ab 1961 erste Laser auf den Markt, die zweierlei veranschaulichten: Sie zeigten zum einen, dass ein Zeitalter der äußerst raschen Umsetzung von Grundlagenforschung in praktisch nutzbare Technik begonnen hatte, und zum anderen, welch breite Produktpalette mit dem neuen Licht geschaffen werden konnte.

Die ersten Laser wurden als Mess- und Analysegeräte sowie für die Behandlung von Wunden oder zur Verbesserung der Kommunikationswege eingesetzt. Letzteren wurde besondere Aufmerksamkeit zugewandt, da damals die Zahl der Telefonleitungen in den USA dramatisch anstieg. Dies machte die Suche nach neuen Übertragungswegen erforderlich, und der Laserstrahl schien die optimale Lösung dafür zu bieten. Eine Woge der Euphorie erfasste auch die New Yorker Beraterfirma Technology Markets Inc., die 1962 voraussagte, dass man bis 1970 mit Lasern einen Umsatz von etwa einer Milliarde Dollar machen würde, wobei man natürlich annahm, dass der Löwenanteil für militärische Zwecke zum Einsatz käme.

Bei den frühen Anbietern von Lasern handelte es sich zunächst um größere Unternehmen wie Hughes Aircraft oder Raytheon, die substanzielle Forschungsprojekte verfolgten, in die sich der Laser integrieren ließ, was dann erlaubte, rasch Ressourcen in diese Neuentwicklung zu stecken. Das 1922 als American Appliance Company in Cambridge, Mass., gegründete und 1925 in Raytheon umbenannte technologische Unternehmen, das bis heute erfolgreich als Rüstungs- und Elektronikkonzern operiert, hat sich stets an der Forschung orientiert, um seine Produktpalette zu erweitern. 1947 brachte Raytheon zum Beispiel den ersten Mikrowellenherd auf den Markt, und ein Jahr später wurde bereits der erste kommerzielle Transistor angeboten, der bei den Bell Labs gerade erst entwickelt worden war. Dieses Angebot öffnete die Türen zu dem bald weltweit wirksamen Transistorradio, mit dessen Hilfe die Verbreitung von Nachrichten eine bis dahin unbekannte globale und soziale Dimension bekam. Transistoren – so die Kurzform für das Radio – gab es bald überall auf der Welt, und nahezu jeder konnte sich einen solchen Empfangsapparat leisten.

Neben den großen Akteuren am Markt versuchten auch kleine Unternehmen – wie etwa Trion Instruments Inc. –, Laser anzubieten, die von einer Handvoll emsiger Menschen in Garagen zusammengebaut wurden. Als Startkapital griffen die Jungunternehmer entweder auf ihre Ersparnisse zurück, oder sie nahmen Kontakt zu Investoren auf, die dem Lasergeschäft etwas abgewinnen wollten oder konnten. Diese fast unmittelbar einsetzende Geschäftigkeit lässt den bereits zitierten Ausspruch von Irnee D'Haenens in den Hintergrund treten, der Laser sei »eine Lösung auf der Suche nach einem Problem«.

Probleme, die Laser lösen konnten, sahen die frühen Unternehmer bald mehr als genug: Sie reichten vom Einsatz der Strahlen zur Bestimmung sowohl von Entfernungen als auch von Stoffkonzentrationen in der Luft über das Bohren von Löchern in extrem harten (Industriediamanten) sowie in weichen Materialien (Sauger auf Flaschen für Kleinkinder) bis hin zum Einsatz bei Augenoperationen und zur militärischen Nutzung.

Als das Nachrichtenmagazin *Der Spiegel* 1962 in Heft 19 zum ersten Mal über Laser berichtete, versahen die Redakteure den Artikel mit der Überschrift »Waffenstrahlen«. Obwohl der insgesamt informative Beitrag auch erwähnt, dass Laser neue Kommunikationsmöglichkeiten eröffnen und neben Telefongesprächen auch Radio- und Fernsehprogramme übertragen können, so liegt sein Hauptgewicht doch auf militärischen Anwendungen wie das des Verglühens von feindlichen Flugmaschinen. Zu Überschriften wie etwa »The Incredible Laser« (Der unglaubliche Laser) wurden sowohl in Deutschland als auch in den USA fantastische (wenn auch wenig fantasievolle) Lichtkanonen gezeigt, die Raketen ins Visier nahmen. Schawlow machte sich seinen Spaß aus diesen Darstellungen, indem er Kopien der entsprechenden Seiten aus den Zeitungen an seiner Bürotür anbrachte und darunter den Betrachter aufforderte: »For credible lasers see inside« – »Treten Sie ein, wenn Sie wissen wollen, was Laser wirklich können.«

Und noch etwas zu diesem Thema: In dem 1987 von der Redaktion der *Encyclopaedia Britannica* herausgegebenen *Yearbook of Science and Future* (Jahrbuch der Wissenschaft und der Zukunft) findet sich ein von Schawlow verfasster (und heute im Internet zugänglicher) Beitrag, in dem der Laserpionier etwas verspätet »Twenty-five Years of Lasers« feiert. Dieser Aufsatz wird hier erwähnt, weil er gegen Ende auf die militärische Dimension des besonderen Lichts eingeht und unmittelbar klarmacht, wie wenig auf diesem Terrain zu gewinnen ist. Schawlow schrieb in den 1980er Jahren: »Da Laser Löcher in kleinere Mengen an Material brennen können, kam Interesse an ihren möglichen Anwendungen als Waffen auf. Solche Anwendungen waren nahezu ausgeschlossen mit den frühen Lasern, und sie bleiben problematisch mit den viel leistungsstärkeren Lasern, die wir heute bauen können. Wenn Laser als defensive Waffen gegen Interkontinentalraketen eingesetzt werden sollen, dann ist es erforderlich, dass sie die Raketen direkt treffen, und zwar auf eine Entfernung von mehreren tausend Meilen. Wenn der Laserstrahl knapp danebengeht, nützt das gar nichts. Darüber hinaus können Rauchzonen und Dampfwolken die Raketen gegen Laserstrahlen abschirmen. Es wird also zu einem Kampf zwischen denen kommen, die Angriffsmethoden planen, und denen, die Abwehrmaßnahmen ersinnen«[1] – mit der absehbaren Folge, dass es keine militärisch einsetzbaren Laserwaffen geben wird und die Wissenschaft sich um wichtigere Entwicklungen im zivilen Bereich kümmern kann. Um sie soll es in diesem Buch gehen.

Neue Laser

Die Wissenschaft kam in den frühen 1960er Jahren gut voran, und es gelang, immer leistungsfähigere Laser herzustellen. Es gab darüber hinaus immer wieder neuartige Apparate, mit deren Hilfe das Angebot der einzusetzenden Strahlen sehr breit wurde. Wer Laser anwenden wollte, interessierte sich nicht nur für den Betrieb – pulsartig oder kontinuierlich –, sondern zum Beispiel auch für die Wellenlänge (Farbe) und die Intensität beziehungsweise Leistung des Lichts, die geliefert wurde – und nicht zuletzt auch für das Verhältnis der Energie, die zur Erzeugung der Strahlung eingesetzt werden musste. Die Grundidee des Lasers mit seinen drei Komponenten – Medium, Pumpe und Resonator – ließ viel Platz für Verbesserungen.

Zwischen den frühen 1960er Jahren und 1970 wurde eine Vielzahl von Lasern entwickelt. Im Folgenden sollen jedoch nur vier Entwicklungslinien berücksichtigt werden, die bis heute nachwirken. Zum einen wurde der Menschheit ein unerwartetes Lasermedium beschert. Dann wurde ein neuartiger Gaslaser entwickelt, der statt mit dem Helium-Neon-Gemisch mit CO_2 (Kohlendioxid) operierte – einem Stoff, der in Zeiten des Klimawandels eher unangenehme Assoziationen wecken kann, was aber nicht von der Qualität als Lasermedium ablenken sollte. Zum dritten wurde der wahrscheinlich wichtigste Festkörperlaser entwickelt, der in der Fachwelt durch das Kürzel Nd:YAG bekannt ist, was sich einfach als »Neodümjag« oder »N-d-jag« aussprechen lässt (und gleich erläutert wird). Und schließlich ging es um eine besondere Klasse von Festkörperlasern, die den Namen Halbleiterlaser bekommen hat. Bei diesen erfolgt die Anregung und Lichterzeugung völlig anders, als bisher dargelegt wurde. Im Mittelpunkt stehen dabei die Halbleiter (»semiconductor«), mit denen sowohl die bereits erwähnten Transistoren als auch die heute sich verbreitenden Leuchtdioden gefertigt werden und aus deren Einsatz insgesamt ein riesiges Wirtschaftspotenzial erwachsen ist. Erwähnt sei noch, dass sich bereits vor Maimans Erfolg mit Rubin Physiker darum bemüht haben, Laser mithilfe von Halbleitern zu konstruieren. Es dauerte aber noch bis zum Herbst 1962, bis sie ihren Erfolg melden konnten.

Vier Lasertypen im Vergleich[2]

Typ	Strahl	Energiequelle	Leistung	Wellenlänge
Argon-Ionen-Laser	Dauerstrich	Entladung	einige Watt	488 nm
Nd:YAG-Laser	Puls/Dauerstrich	Licht	einige 100 W/kW	1064 nm
CO_2-Laser	Dauerstrich	Entladung	1 – 20 kW	10,6 µm
Halbleiterlaser	Dauerstrich	Strom	einige mW bis kW	400 und 1650 nm

Eine Überraschung

Beim ersten Gaslaser, der aus dem Helium-Neon-Grundmodell vom Dezember 1960 heraus entwickelt werden sollte, setzten die Physiker anstelle des Neongases Quecksilberdämpfe ein. Sie hatten diesen Schritt mit dem Ziel unternommen, dem Gerät einen für das Auge sichtbaren Laserstrahl zu entlocken. Mit einigen Tricks gelang es ihnen tatsächlich, eine rötlich-orangefarbene leuchtende Linie zu produzieren. Erfolgreich wurde diese Konstruktion aber erst, als jemand in den Bell Labs auf die Idee kam, das in der Erdatmosphäre von allen Edelgasen am weitesten verbreitete Argon hinzuzufügen. Was eigentlich als eine Art Stabilisator gedacht war, entpuppte sich bald als der große Treffer, denn beim Betrieb des jetzt mit Argon ausgestatteten Gaslasers erschien zur allgemeinen Überraschung ein wunderbar blau leuchtender Laserstrahl, dessen Wellenlänge mit 488 Nanometern ermittelt und dessen Herkunft natürlich sofort eingehend untersucht wurde.

Wie man bald erkannte, hatte das Argon unter den gegebenen energetischen Umständen eines seiner Elektronen abgeben müssen, und zwar das auf der Außenbahn, wenn man sich das bohrsche Atommodell vor Augen hält. In der Wissenschaft spricht man dabei auch vom Leuchtelektron. Wenn dieses negativ geladene Elementarteilchen genügend Energie aufnehmen konnte, um sein Atom zu verlassen, dann hinterlässt es einen Rest (Rumpf), der nicht mehr neutral ist, sondern eine (positive) elektrische Ladung trägt. Da ein geladenes Atom in der Physik als Ion bezeichnet wird, lässt sich sagen, dass eben der erste Ionenlaser vorgestellt wurde. Wenn er – wie in dem historischen Beispiel – mit Argon betrieben wird, bringt er ein wunderbar blaues Licht mit einer Wellenlänge von 488 Nanometern hervor, und zwar als Dauerstrich. Der Argon-Ionen-Laser stellt dabei nicht nur das erste, sondern ein bis heute vielfach eingesetztes Beispiel eines solchen Lasers dar.

Ein neuer Gaslaser

Berücksichtigt man weiterhin die Gase als Lasermedium, so gerät der CO_2-Laser in den Blickpunkt, obwohl er erst 1964 realisiert werden konnte und ab 1965 die besondere Aufmerksamkeit der Wissenschaft auf sich lenkte, die seinen Boom ermöglichte. In diesem Jahr konnte nämlich nachgewiesen werden, dass Laser dieser Bauart nicht nur sehr effizient operieren können, sondern auch in der Lage sind, die hohe Leistung – die hohen Wattzahlen – zu generieren, die Industrieanwendungen vielfach benötigen.

Aus dem Alltag bekannt sind die Glühbirnen, auf denen manchmal etwas von 100 Watt zu lesen ist. Die Einheit »Watt«, die nach dem Erfinder der Dampfmaschine benannt ist, erfasst die Energie, die pro Zeiteinheit geliefert beziehungsweise verbraucht wird. Die Glühbirne nimmt beispielsweise 100 Watt Leistung auf, das bedeutet jedoch nicht, dass sie so viel abstrahlt. Gewöhnlich verfügen Haushaltslampen über einen Wirkungsgrad von knapp 5 Prozent, was heißt, dass sie nur mit knapp 5 Watt zur Helligkeit beitragen und ein Zimmer beleuchten. Da diese Menge sich rundum verteilt, spürt man zwar eine angenehme Wärme in der Nähe einer eingeschalteten Glühbirne, deren Oberfläche sogar sehr heiß wird – aber viel mehr passiert bei diesen Energiemengen nicht, wenn man von dem Licht absieht, das den Raum durchflutet.

Der erwähnte Argon-Ionen-Laser bringt ebenfalls einige Watt an Leistung zustande, aber bei ihm gilt – wie bei jedem Laserlicht – zu beachten, dass die gesamte Energie in dem Strahl gebündelt ist. Was zählt, ist die Leistungsdichte (Intensität), die gewöhnlich als Watt/cm^2 angegeben wird. Wenn man 5 Watt auf einen runden Strahl mit dem Durchmesser von 1 Millimeter konzentriert, erzielt man bereits eine Leistungsdichte von rund 160 Watt/cm^2, und wenn man sich gar einen noch kleineren Lichtpunkt von einem Zehntelmillimeter vorstellt, dann geht es schon um runde 16 Kilowatt (kW), wobei dieser Begriff von den Kilowattstunden her bekannt ist, die auf der Stromrechnung zu finden sind.

Natürlich wollen Laseringenieure Strahlen mit möglichst hoher Leistungsdichte – bei möglichst hoher Effizienz – erreichen und Strahlen mit vielen Kilowatt erzeugen, diesen Traum haben sie sich mithilfe des CO_2-Lasers erfüllt. Er ist das geistige Kind von C. Kumar N. Patel, der in Indien geboren worden und 1961 in die Bell Labs eingetreten ist. Patel dachte ab 1963 über Laser mit hoher Ausgangsleistung nach und konzentrierte sich dabei mehr und mehr auf Moleküle wie das CO_2. Das dreiatomige Gebilde sieht einfach aus und bleibt sehr stabil. Er füllte das Gas in sogenannte Entladungsröhren und versuchte dort, es mittels elektrischer Spannungen aus dem Grundzustand zu entfernen und mit höherer Energie auszustatten.

Im Juni 1964 traf Patel bei der Lektüre von Texten, die über chemische und physikalische Eigenschaften von Stickstoff berichteten, auf den Hinweis, dass dieses Element zum einen in genau den Entladungsröhren angeregt werden kann, mit denen er hantierte, und dass Stickstoffe darüber hinaus dazu neigen, die Energie, die sie beim Übergang in den Grundzustand abgeben (relaxieren), auf anwesende Kohlendioxidmoleküle zu übertragen. Bereits im Herbst konnte der Physiker dann zeigen, dass er den Wirkungsgrad von CO_2-Lasern um den Faktor zehn steigern konnte, wenn er die letztlich für das Laserlicht zuständigen Moleküle mit Stickstoffen mischte und die von ihnen kommende Energie zum Sprung in den angeregten Zustand verwendete.

Von 1966 an wurde der CO_2-Laser zum Favoriten der Lasergemeinde, weil mit seiner Hilfe bis dahin unbekannte Leistungsdichten erreicht wurden. Sie ließen endgültig den Nachteil unwesentlich erscheinen, dass der leistungsstarke Strahl eine Wellenlänge von 10,6 Mikrometern aufweist und daher nicht zu sehen ist. Dafür sieht man seine Auswirkungen umso besser, wie noch im Verlauf der Geschichte deutlich wird. Tatsächlich setzte die kommerzielle Produktion von CO_2-Lasern zügig ein, und unternehmerisch geschulte Menschen erkannten bald, dass sie zum Bohren, Schneiden und Schweißen dienen konnten. Als erstes Unternehmen bot das damals neu gegründete und bis heute erfolgreich tätige Unternehmen Coherent Radiation Inc. (inzwischen Coherent Inc.) CO_2-Laser an, die von Anfang 1967 an auf dem Markt zu erwerben waren.

Nd:YAG

Der wichtigste Festkörperlaser stammt aus dem Jahr 1964 und trägt den Namen Nd:YAG. Wesentlich verantwortlich für seine Entwicklung war Joseph E. Geusic, der damals ebenfalls in den Bell Labs arbeitete. Seine selbst gestellte Aufgabe bestand darin, den ursprünglichen Rubinlaser zu verbessern, was zum Beispiel heißen konnte, das Medium verlässlicher und billiger zu machen oder nach Wegen zu suchen, um einen kontinuierlichen Strahl zu produzieren.

Zur Erinnerung: Rubin enthält als Lasermedium das Element Chrom, das in einer chemisch nicht besonders auffälligen Kristallstruktur eingebettet ist. So konnte die erste Aufgabe der Entwickler darin bestehen, das Periodensystem im Umkreis von Chrom zu erkunden und die dort liegenden Elemente auszuprobieren. Es galt, die Frage zu klären, ob ihre Energieniveaus besser als die von Chrom für den Lasereffekt geeignet sein würden, und die Antwort lautete

Ja. Das bald bevorzugte Element, das schon früh im Visier der Laserpioniere war, hieß Neodym. Was ist aber Neodym?

Natürlich könnte man jetzt auch fragen: Was ist Chrom?, ohne dass jemand mit den chemischen Eigenschaften des Metalls mit der Ordnungszahl 24 im Periodensystem der Elemente antworten würde. Chrom ist uns aber als Wort geläufig – etwa wenn man von chromglitzernden Stoßstangen spricht oder an verchromte Leichtmetallfelgen denkt.

Neodym bleibt im Alltag ohne entsprechenden Anklang. Es ist wie Chrom ein chemisches Element im Periodensystem der Elemente mit der Ordnungszahl 60. Dieses silbrigweiß glänzende dreiwertige Metall wird den »Metallen der seltenen Erden« zugeordnet und hat von Beginn an das Interesse der Laserforscher geweckt, die es gemeinsam mit anderen Elementen wie Erbium schon ab 1961 Kristallen beifügten, um sie zum Lasern zu bringen.

Auch Geusic nahm sich des Neodyms an, wobei sein erstes Augenmerk der Suche nach dem geeigneten Gerüst galt, in das sich das aktive Laserelement einbauen ließ. Man wollte einen harten Festkörper mit konstanten optischen Eigenschaften, der sich mit möglichst wenig Pumpenergie betreiben ließ. Geusic und sein Team gingen systematisch vor, probierten rund vierzig Kristallformen aus und landeten schließlich bei der Verbindung, die heute weltweit eingesetzt und mit den Buchstaben YAG bezeichnet wird, einer Abkürzung für die Kombination Yttrium-Aluminium-Granat. In dieser Verbindung sind die drei Elemente Yttrium, Aluminium und Sauerstoff in der durch die Formel $Y_3Al_5O_{12}$ gegebenen Relation miteinander verbunden. Solche Verbindungen formen Kristalle, die – nach dem lateinischen Wort »granum« für Korn – Granate heißen.

Zwar wird kaum jemand in der Lage sein, befriedigend zu erklären, was ausgerechnet Nd:YAG so lasertauglich macht, die damit funktionierenden Laser sind jedoch in der Forschung und zur Bearbeitung von Materialien sehr beliebt: Sie gelten als sehr zuverlässig, sind vielfältig verwendbar, operieren mit vier Zuständen (Abb. 10,

S. 76), zwischen denen sich zwei Laserniveaus befinden, und können sowohl im kontinuierlichen Betrieb als auch im Pulsmodus betrieben werden. Erwähnenswert ist, dass es mit Nd:YAG bereits 1966 gelungen ist, Laserpulse zu erzeugen, die kürzer als 10^{-10} Sekunden dauerten. Bei einer Lichtgeschwindigkeit von 300 000 km/sec bedeutet dies, dass der Laserstrahl in dieser Zeit nur 3 Zentimeter weit gekommen ist.

Nd:YAG-Laser kamen ab 1967 auf den Markt und lösten im Verlauf des restlichen Jahrzehnts die Vormachtstellung der Rubinlaser ab. YAG-Kristalle konnten bei einer Dicke von einem Zentimeter bis zu einer Länge von 15 Zentimetern gezogen werden; zu ihrer Betreibung standen geeignete, mit dem Edelgas Krypton (anstelle von Neon) arbeitende Lampen als optische Pumpen zur Verfügung, die sowohl langlebig waren als auch kostengünstig angeboten wurden.

Halbleiter

Wenn bei Rubin oder YAG von einem Festkörperlaser gesprochen wird, dann kann dies insofern irreführend sein, da das Licht nicht von diesen Materialien ausgeht. Es stammt vielmehr von den Zusätzen, mit denen sie »aufgeputscht« worden sind. Als »Dopingmittel« fungiert beim Rubin das Chrom und beim YAG das Neodym, und beide leisten ihre Dienste.

Tatsächlich gibt es aber echte Festkörperlaser, bei denen die Kristalle selbst laseraktiv sind, allerdings auch erst nach geeigneter Verabreichung von »Aufputschmitteln«. Mit ihrer Hilfe können Elemente, die als Halbleiter bekannt und viele Jahrzehnte hindurch von Experten als nutzlos betrachtet wurden, zu Wunderwerkzeugen der Technik geschmiedet werden. Als Halbleiterlaser haben sie längst den Weltmarkt und unseren Alltag erobert.

Es ist leicht einsichtig, warum Halbleiter zunächst weder zum großen Renner der Forschung noch von Ingenieuren beachtet wurden. Die Welt brauchte zunächst Stoffe, die entweder Strom leiteten – dann nannte man sie Leiter – oder sein Fließen verhinderten – dann sprach man von Isolatoren. Halbleiter, wie zum Beispiel die Elemente Silizium oder Germanium, stehen zwischen den genannten Kategorien. Sie können nichts Halbes und nichts Ganzes, das heißt, sie können Strom zwar leiten, können ihn aber auch blockieren, und was sie gerade tun, hängt von äußeren Bedingungen wie zum Beispiel der Temperatur ab.

Irgendwann fiel auf, dass die Eigenschaften von Halbleitern auch von inneren Bedingungen abhängen, womit nicht die Temperatur, sondern so etwas wie die Reinheit eines Halbleiters gemeint ist. Wenn man einen Eisen- oder Kupferwürfel vor sich hat, dann besteht er nicht vollständig aus Eisen- oder Kupferatomen. In jedem Material gibt es unvermeidliche Verunreinigungen, und selbst das als rein gepriesene Quellwasser ist durchsetzt mit Mineralien und Spurenelementen, ohne dass diese Zusätze etwas Wesentliches verändern würden – das Wasser bleibt gesund und schmeckt wie vorher, und Eisen oder Kupfer leiten die Elektrizität, als ob es keine anderen Elemente in ihnen gäbe.

Das ändert sich entscheidend bei Halbleitern, wenn man die Hinzufügungen – die Aufputschmittel beziehungsweise Dotierungen – passend wählt. Was heißt aber passend? Da gilt es, zwei Möglichkeiten zu unterscheiden. Zu diesem Zweck betrachten wir als Halbleiter das berühmte Silizium, das sich zum Beispiel im Sand in Riesenmengen findet, und zwar in der chemischen Form, die im Alltag als Quarz bekannt ist und in der Fachsprache Siliziumdioxid (SiO_2) genannt wird. Siliziumatome tragen vier Elektronen außen in ihrer Hülle, und wenn sich viele Siliziumatome zu einem Kristall zusammenfinden, geht jedes dieser vier Elektronen eine Bindung mit seinem Nachbarn ein.

Der entscheidende Trick, eher langweilige Halbleiter in höchst aufregende Substanzen zu verwandeln, besteht in der Hinzufügung von anderen Atomen, die entweder ein Elektron mehr in ihrer Außenschale mit sich führen oder eines weniger haben. Für den

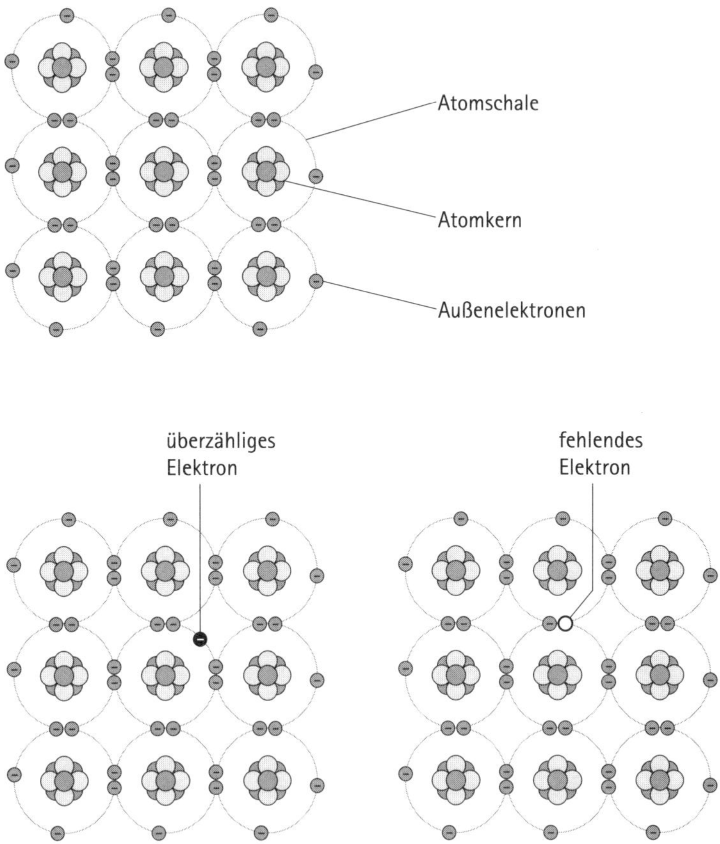

Abb. 12: (a) In einem ausschließlich aus Silizium bestehenden Kristallgitter sind alle Außenelektronen der Atome gebunden. (b) Wird der Siliziumkristall mit einem Element dotiert, das ein Außenelektron mehr hat, wird dieser Ladungsträger beweglich (n-Dotierung). (c) Wird der Siliziumkristall mit einem Element dotiert, das ein Außenelektron weniger hat, entsteht ein Loch, das seinen Ort ändern kann und also beweglich ist (p-Dotierung).

ersten Fall kommen zum Beispiel Phosphor oder Arsen infrage und für den zweiten kann man Aluminium oder Gallium einsetzen. Nimmt etwa ein Phosphoratom in einem Halbleiterkristall den Platz eines Siliziums ein, werden vier seiner verfügbaren Elektronen gebunden, und eines bleibt frei. In dem mit Phosphor ausgestatteten Siliziumkristall schwirren also einige Elektronen frei herum. Sie sorgen dafür, dass der Halbleiter ein Leiter wird, in dem nun ein Strom fließen kann.

Umgekehrt geht es auch. Denn wenn etwa Gallium in dasselbe Siliziumgerüst eingefügt wird, dann fehlt das vierte Elektron, um alle Verbindungen zu den Nachbaratomen zu schließen. Dies bedeutet, dass ein Loch entsteht, das ebenso beweglich ist wie ein Elektron selbst. Man kann das gut anhand einer Sitzreihe im Kino oder Theater veranschaulichen, in der ein Platz in der Mitte frei geblieben ist. Wenn das Stück beginnt, rücken die Zuschauer von der Seite nach, wodurch sich der leere Stuhl – das Loch im Kristall – in die entgegengesetzte Richtung bewegt. Und da der freie Platz so schnell vorrückt wie die Menschen, die ihn besetzen, kann man sich leicht vorstellen, dass ein Elektronenloch sich so rasch bewegt wie die Elektronen, die es einnehmen könnten. Mit anderen Worten, auch der eben beschriebene Halbleiter – Silizium mit Gallium dotiert – wird in einen Leiter verwandelt, nur dass die Träger der Ladung diesmal Löcher sind.

Da Elektronen negativ geladen sind, müssen Löcher das positive Gegenstück bilden, und mit den Anfangsbuchstaben dieser beiden Attribute erklärt sich die Bezeichnung von n-dotierten beziehungsweise p-dotierten Halbleitern. Auf sie kommt es jetzt an, denn mit ihnen kann man eine Menge raffinierter Gerätschaften bauen – Dioden, Laser und Transistoren zum Beispiel.

Dioden auf dem Weg zum Laser

Wir beschränken uns auf die ersten beiden Konstruktionen und beginnen mit der Diode, die sich als Kombination aus einem n-dotierten mit einem p-dotierten Halbleiter ergibt, wobei beide über eine möglichst dünne Verbindungsschicht (»junction«) Kontakt aufnehmen. Sie entsteht bei der Herstellung einer Diode, und in ihr befinden sich etwa gleich viele überschüssige Elektronen und Löcher.

Solange keine Spannung an einer Diode anliegt, passiert nichts.

Wenn man aber eine Spannung anlegt – etwa mithilfe einer Batterie –, dann bestehen erneut zwei Möglichkeiten: Man kann den Plus-Pol der Batterie an die n-dotierte Seite der Diode anlegen oder umgekehrt vorgehen. Im ersten Fall bewegen sich die freien Ladungen nach außen und vom Übergang weg, im zweiten Fall drängen sie zu ihm hin. Im ersten Fall passiert nichts, aber im zweiten Fall treffen Elektronen und Löcher aufeinander, was eine klare Folge hat: Beide kommen wieder zusammen und neutralisieren ihre Ladungen oder rekombinieren[3] – wie es fachlich korrekt heißt –, und dabei entsteht Licht.

Die für das Lasergeschehen maßgebliche Einsicht der Physik besteht bekanntlich in der Existenz von charakteristischen Zuständen, die durch unterschiedliche Energien ausgezeichnet sind. Wenn Atome zwischen diesen diskreten Zuständen mittels Quantensprüngen wechseln, wird das Licht frei, das man durch geeignete Anordnungen in einen Laserstrahl verwandeln kann.

Was für einzelne Atome – etwa ein Chrom im Rubin oder ein Neodym im Granat – gilt, bleibt richtig für Atome im Kristallverbund, also in einem Festkörper – mit dem Unterschied, dass aus dem einzelnen Zustand ein Gemisch geworden ist, das seine Form unter anderem durch die Wechselwirkungen zwischen Nachbarn im Kristall bekommt. Aus der Linie, die den Quantenzustand eines einzelnen Atoms markiert, wird im Festkörper ein Band, das angibt, welche Energien den Bausteinen zur Verfügung stehen. Und wie in einem Atom im Wesentlichen zwei Zustände zu unterscheiden sind – der Grundzustand und die angeregte Variante –, gibt es auch im Festkörper zwei Bänder, deren Namen angeben, was die in ihnen zu findenden Gegebenheiten tun. In der Physik spricht man von einem Leitungsband mit hoher Energie, weil die sich dort aufhaltenden Elektronen für die Leitfähigkeit sorgen. Es wird vom Valenzband mit geringer Energie unterschieden, weil es hier um Beiträge zur chemischen Bindung geht.

Das Licht einer Diode kann nun einfach erklärt werden: Wenn Elektronen und Löcher im Übergang einer p-n-Anordnung rekom-

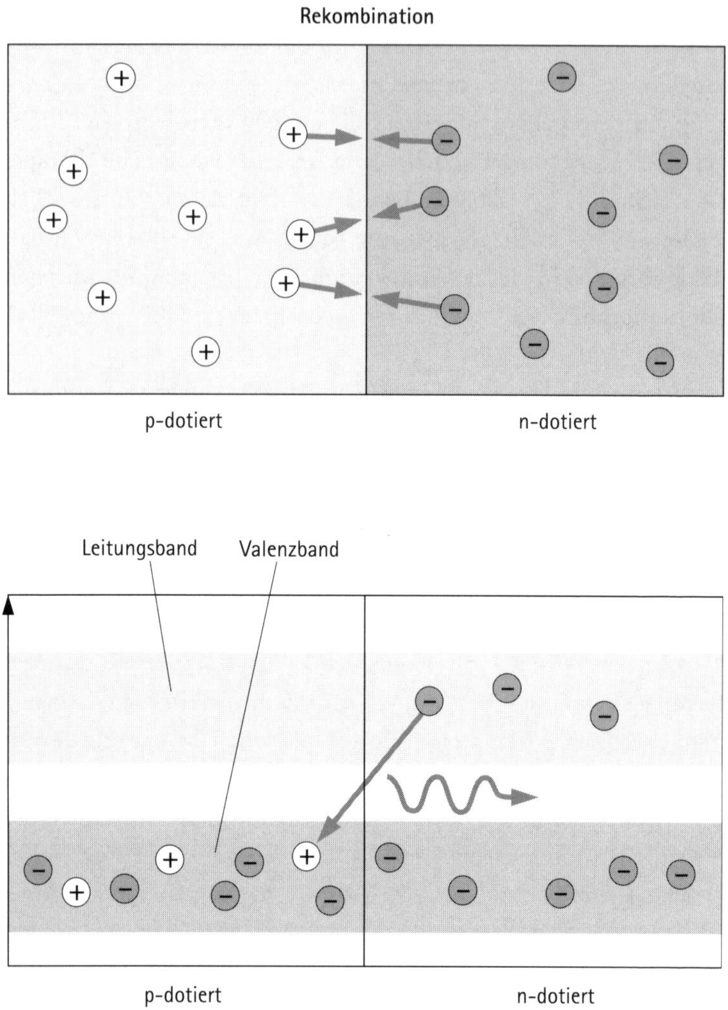

Abb. 13: Bei geeigneter Spannung rekombinieren Elektronen und Löcher dort, wo der n-dotierte Bereich auf den p-dotierten trifft (links) – (vgl. dazu auch Abb. 12 und 14). Wieso bei diesem Vorgang Licht entsteht, kann man sich durch die Darstellung (rechts) veranschaulichen, in der die unterschiedlichen Energien der Ladungsträger gezeigt werden. So wie Elektronen in einem Atom in einem angeregten Zustand sein können, besteht auch in einem Kristall für sie die Möglichkeit, in einem energetisch höheren Zustand zu sein. Für sie existiert ein Leitungsband, wie es in der Wissenschaft heißt und wie im Text erläutert wird. Bei der Rekombination springen die Elektronen in das energetisch tiefere Valenzband, das in einem Atom dem Grundzustand entspricht. Die Energiedifferenz wird als Licht frei.

binieren, springen sie zugleich aus dem Leitungs- in das Valenzband, und die dabei frei werdende Energie können wir als Licht sehen.

Das soeben Beschriebene funktioniert heute in Leuchtdioden, die nicht nur wie Glühbirnen käuflich sind, sondern auch wie sie strahlen. Das heißt, Leuchtdioden senden Licht in alle Himmelsrichtungen aus, was bedeutet, dass es noch einen eigenen Schritt brauchte, um von der Diode zum Diodenlaser zu gelangen. Es hat aber nicht lange gedauert, bis die Wissenschaft ihn gehen konnte, denn beide Lichtquellen wurden bereits im Jahr 1962 vorgestellt.

Das Interesse an Diodenlasern war deshalb sofort so groß, weil zum einem die Energie für den gewünschten Laserstrahl mithilfe einer elektrischen Spannung direkt in das Medium einzubringen war – man spricht daher manchmal von Injektionslasern – und weil zum anderen das Licht bei der damals bereits verfügbaren Auswahl an Halbleitermaterialien alle möglichen Farben von Rot bis Blau annehmen konnte. Darüber hinaus konnte man erwarten, dass die Dimensionen eines Diodenlasers im Vergleich zum Rubinlaser oder zu den CO_2-Lasern winzig sein würden.

Was die Entwicklung des Diodenlasers wirklich beschleunigte, hatte mit der Tatsache zu tun, dass den Physikern längst ein Material zur Verfügung stand, das dafür wie geschaffen schien. Gemeint ist die Verbindung Galliumarsenid (GaAs), zu deren Entwicklung unter anderem der berühmte Elektronikriese IBM beigetragen hat. Hier benötigte man diese Halbleiterverbindung für die Transistoren, mit deren Hilfe immer bessere Computer mit immer mehr Schaltungen und Speicherplatz entwickelt werden konnten.

In dem Galliumarsenid bilden sich bei anfänglich niedriger Spannung – also geringem Strom – spontan erste Elektron-Loch-Paare, deren Zahl mit zunehmender Spannung wächst und deren Licht schließlich – oberhalb einer Schwelle – Elektron-Loch-Paare stimuliert, die ihre überschüssige Energie erst einmal behalten und nicht sofort als Licht abgeben. Wenn nun hinreichend Strom fließt,

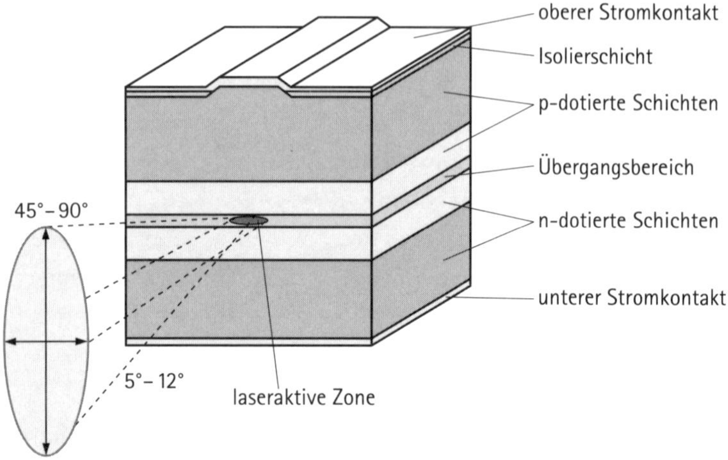

Abb. 14: Im Zentrum einer Laserdiode befinden sich die oben vorgestellten n- und p-dotierten Schichten, die durch einen Übergangsbereich getrennt sind, in dem sich die laseraktive Zone ausbilden kann. Nach Anlegung einer geeigneten Spannung – über die Stromkontakte – kommt es zu der Rekombination (Abb. 13) von Elektronen und Löchern, wodurch ein Laserstrahl entsteht, der das im Bild gezeigte ellipsenförmige Aussehen zeigt und durch die eingezeichneten Winkel charakterisiert werden kann.

kommt es zu der für den Lasereffekt benötigten Umkehr der Besetzungszahlen, das heißt, es gibt jetzt mehr Elektron-Loch-Paare als Atome, deren Extra-Elektron im Valenzband gebunden ist. Die Operation des Diodenlasers beginnt – wobei das Galliumarsenid zusätzlich mit reflektierenden Oberflächen ausgestattet wird, die zur optischen Resonanz führen und damit die Verstärkung bewirken, die Voraussetzung für jedes Laserlicht ist.

Die Physiker haben für die Elektron-Loch-Paare den Namen Exziton eingeführt, das wie die Worte Photon oder Elektron gebildet ist. Darin kommt zum Ausdruck, dass es sich hierbei um einen angeregten (»excited«) Zustand des Festkörpers handelt, der wie ein Quantenteilchen behandelt werden kann. Er stellt das obere Laserniveau dar, von dem aus die stimulierte und verstärkte Emission ihren Gang nehmen kann.

Laserdioden

Es wurde ein intensiver Wettkampf zwischen den Teams von General Electric (GE) und IBM um den ersten Diodenlaser ausgetragen, der am Ende des Jahres 1962 realisiert wurde und in den man hohe Erwartungen setzte. Als er funktionierte, wurde der Diodenlaser sogleich als Sensation bewertet. Seine Effizienz wurde bald auf mehr als 70 Prozent gesteigert, und seine Ausmaße konnten in Millimetern angegeben werden. In der Fachzeitschrift *Electronics* wurde damals sogar die Frage aufgeworfen, wann Diodenlaser die früheren Entwicklungen wie Gas- und Festkörperlaser obsolet machen und den gesamten Markt bedienen würden.

Bei dieser Euphorie übersah man etwas leichtfertig, dass die ersten Halbleiterlaser, die aus Galliumarsenid und damit aus zwei Bauelementen bestanden, die p- beziehungsweise n-dotiert waren, zum einen nur den Pulsbetrieb beherrschten und zum anderen trotz des direkten Einspeisens der Energie eine hohe Wärmeentwicklung zeigten. Sie funktionierten daher nur bei sehr niedrigen Temperaturen und mussten aufwändig durch flüssigen Stickstoff auf runde –200 Grad Celsius abgekühlt werden.

Das Problem konnte um 1970 gelöst werden, als es gelang, zwischen die verschieden dotierten Schichten aus mehr oder weniger reinem Galliumarsenid noch Ebenen aus demselben Halbleiter zu schieben, denen zusätzlich ein Anteil an Aluminium beigefügt war. Wenn man den aktiven Übergang des ursprünglichen Galliumarsenid-Lasers zwischen n- beziehungsweise p-dotierten GaAs-Halbleitern positioniert, entsteht ein besonderer Übergang, der Heterojunction genannt wird. Mit seiner Hilfe können Diodenlaser gebaut werden, die kontinuierlich Licht aussenden und dies bei Raumtemperatur vermögen. Für diese Idee von Halbleiterheterostrukturen und ihre Implementation in Diodenlaser wurde dem – übrigens aus Weimar stammenden – Physiker Herbert Kroemer zusammen mit dem Russen Schores I. Alfjorow der Nobelpreis für Physik für das Jahr 2000 verliehen.

Laserdioden werden zur Kühlung auf eine Metalloberfläche montiert, und die Wärme wird über Kühlkörper mittels des sogenannten thermoelektrischen Effekts oder Wassers in Mikrokühlkanäle abgeführt. Die Gefahr einer Überhitzung bleibt stets vorhanden, selbst wenn die Hälfte der eingeführten elektrischen Energie in Laserlicht umgewandelt wird. Das heißt, wenn man sich bei der Laserleistung beschränkt, kann die Wärme gut verkraftet werden – etwa bei den heute beliebten Laserpointern, die rote und grüne Lichtpunkte – inzwischen auch blaue oder orangefarbene, was allerdings noch teuer ist – auf eine Leinwand bringen können. Für ihre Leuchtkraft reichen 3 Milliwatt (mW) aus, zudem wird niemand allzu hohe Anforderungen an die Strahlen stellen, solange sie ausreichend hell sind und mit derselben Wellenlänge daherkommen. In diesem Fall kann man die mitgeführte Energie nutzen, um bei anderen Lasern die zu ihnen gehörenden aktiven Bestandteile (Atome oder Ionen) präzise zu stimulieren, ohne dabei unnötig Anregungsenergie zu verbrauchen. Tatsächlich gibt es längst Laser, die von Lasern gepumpt werden (Festkörperlaser von Diodenlasern) – auch ein Fortschritt der Technik.

Drei weitere Fortschritte

Wir sind damit in die 1970er Jahre und darüber hinaus vorgeeilt, in denen in England und den USA immer mehr Laser als Strahlquellen für das kohärente Licht auf den Markt kamen und mindestens drei weitere technische Fortschritte mit weit reichenden Folgen gemeldet werden konnten. Sie sollen noch aufgeführt werden, bevor wir uns endlich fragen, was sich während dieser stürmischen Anfangsphase in Deutschland abgespielt hat.

Eine der genannten Entwicklungen betrifft die Konstruktion von Glasfasern, die dem aus Schanghai stammenden Charles Kuen Kao bereits 1966 im britischen Harlow glückte und zu der Möglichkeit führte, Lichtsignale über weite Strecken zu übertragen, also als

Mittel der Telekommunikation einzusetzen. Bevor Kao sich dieses Problems annahm, konnte Licht nur mit hohen Leistungseinbußen über die verfügbaren Kabel transportiert werden. Aber seine wohl kalkulierten Fasern führten zu einem Durchbruch in der Glasfaseroptik. Für diese Leistung wurde ihm – zusammen mit Willard Sterling Boyle und George Elwood Smith – im Dezember 2009 in Stockholm der Nobelpreis für Physik verliehen.

Die von Kao entwickelten Glasfaserkabel ermöglichen den umfassenden Datenaustausch über weite Strecken mit geringfügigem Verlust. Ohne sie würde es nicht das Informationszeitalter geben, das wir derzeit erleben. Inzwischen ist die ganze Welt mit solchen nahezu verlustfrei funktionierenden Lichtleitern bestückt beziehungsweise verkabelt. Wenn man alle derzeit verlegten und im Einsatz befindlichen Glasfasern zu einer einzigen Strecke verbinden und hintereinander legen könnte, würde sich das entstehende Band rund 25 000-mal um den Äquator herumwinden.

Die beiden anderen erwähnten Fortschritte beziehen sich auf Kristalle, die man geschickt wachsen lassen konnte und die zudem eine überraschende, bestens nutzbare Qualität erkennen ließen. Bei Letzterem handelt es sich um das erstaunliche Phänomen, das Physiker in den frühen 1960er Jahren beobachtet und Frequenzverdopplung genannt haben. Das Wort beschreibt genau, wozu einige wohl definierte Kristalle zur Verblüffung der Physiker in der Lage sind: Sie verdoppeln (nahezu) die Frequenz des Laserlichts, das sie durchquert. Das lässt sich auch umgekehrt ausdrücken, indem man sagt, dass diese Kristalle die Wellenlänge des Lichts (in etwa) halbieren. Tritt zum Beispiel infrarotes Licht – mit der Wellenlänge von 1064 Nanometern, die ein Nd:YAG-Festkörperlaser erzeugt – in einen geeigneten (frequenzverdoppelnden) Kristall ein, kommt grünes Licht – mit der Wellenlänge von 532 Nanometern – wieder heraus. Dieses Verfahren kann fortgesetzt werden. Wird dieses grüne Laserlicht erneut durch einen solchen Kristall gelenkt, wandelt es sich in ultraviolettes Licht – mit der Wellenlänge von 355 Nanometern – um.

Es gibt eine Reihe solcher frequenzverdoppelnder Kristalle – etwa in Form des natürlich vorkommenden Lithiumniobats –, wobei sie diese faszinierende Qualität erst bei ausreichend hoher Leistungsdichte des einfallenden Strahls entfalten. Solange nur schwaches Licht in den Kristall gelangt, geht alles linear vor sich. Das heißt, die durch das Licht angeregten elektronischen Hüllen der Gitteratome schwingen im Takt und reichen den Strahl einfach weiter. Je intensiver das Licht, desto intensiver das Schwingen, bis ein Grenzwert erreicht wird und die Harmonie kippt. Wenn nämlich die Strahlstärke über einen Grenzwert ansteigt, reagiert der Kristall nicht mehr so gradlinig, wie oben beschrieben, und damit betreten wir das Gebiet der nicht linearen Optik. Hier geraten die atomaren Schwingungen aus dem Takt. Sie beginnen zu »quietschen«, wie man es akustisch von Flöten kennt, wenn zu fest in sie hineingeblasen wird. Allerdings: Was dem Ohr unangenehm ist, findet das Wohlgefallen des Laser- beziehungsweise Kristallphysikers, weil er jetzt mit einem Laser Licht von mehreren Wellenlängen hervorbringen kann. Er braucht nur den richtigen Kristall zu finden und in den Strahl zu stellen.

Was den dritten Fortschritt – das Wachsen von Kristallen – anbelangt, so ist es korrekter, von einem räumlichen Aufwachsen zu sprechen. Die Wissenschaftler bezeichnen diesen Vorgang als Epitaxie (griechisch »epi« = auf, über; »taxis« = ordnen, ausrichten). Wenn Pflanzen zum Licht hin wachsen, verhalten sie sich phototaktisch, und wenn Kristalle im Sinne ihrer wissenschaftlichen Züchter richtig aufwachsen, erweisen sie sich als epitaktisch.

In natürlichen Prozessen funktioniert Epitaxie so, dass mehrere kleine Kristalle in räumlicher Entfernung voneinander auf einem großen Kristall aufwachsen. In der Forschung gelang es den Wissenschaftlern, mittels der in ihren technischen Details erstaunlich komplizierten Epitaxie, Schichten eines kristallinen Stoffs so auf die eines anderen aufzubringen, dass die entstandene heterogene Struktur als Einheit wirkte und die physikalischen Effekte lieferte, die man sich erhoffte. Man erwartete sie vor allem, wenn nacheinander

Schichten aus physikalisch verschieden dotierten und chemisch unterschiedlich komponierten Kristallen gebildet wurden und diese Konstruktion sich ohne Unterbrechung als leitungsfähig erwies.

Auf diese Weise lassen sich höchst elegant Halbleiterlaser mit den bereits erwähnten Heteroübergängen anfertigen, was zu sagen erlaubt, dass am Ende der 1960er Jahre ein neues Zeitalter der optischen Kommunikation begann. Dieser Aufbruch verdankt sich in besonderem Maße der Verfügbarkeit und dem Einsatz der Glasfasern, die sich bald im Bereich der Medizin lebensrettend auswirken sollten.

KAPITEL 5

Die ersten Laser in Deutschland

Was geschah unterdessen in Deutschland? Wie kam der Laser in das damals noch geteilte Deutschland? Gab es besondere Schwierigkeiten politischer und wissenschaftlicher Art? Konnten hierzulande spezielle Entwicklungen in die Wege geleitet werden?

Solchen und anderen Fragen ist der Historiker Helmuth Albrecht in seiner Habilitationsschrift aus dem Jahr 1997 *Laserforschung in Deutschland 1960–1970* ausführlich nachgegangen.[1] In seiner Darstellung weist er auf mehrere Hindernisse hin, die einem raschen Aufblühen der Laserforschung in Deutschland nach dem Erfolg Maimans im Weg standen und nicht immer leicht überwunden werden konnten – diese Widerstände gab es aber nicht erst in den 1960er Jahren, sondern sie waren auch teilweise das traurige Erbe der NS-Herrschaft.

Ungeheuer sind die Verluste, die die deutsche Wissenschaft als Folge des Naziregimes und des Zweiten Weltkriegs bis zur Mitte des 20. Jahrhunderts erfahren hat. Nicht nur die verbrecherische Vernichtung und Vertreibung von Menschen jüdischer Religionszugehörigkeit, sondern auch die dadurch erleichterte systematische Abwerbung von Forschern durch amerikanische Stiftungen und Universitäten sorgten dafür, dass das wissenschaftliche Leben in Deutschland verkümmerte. Sein Wiederaufblühen wurde nicht unbedingt gefördert durch die nach Kriegsende von den Alliierten auferlegten Einschränkungen der Forschungsgebiete, die erst im Verlauf der fünfziger Jahre aufgehoben wurden. In dem 1946 verabschiedeten alliierten Kontrollratsgesetz Nr. 25 war zum Beispiel jede wissenschaftliche Beschäftigung mit »elektromagnetischer, infraroter und akustischer Strahlung« untersagt, mit deren Hilfe etwa das »Auffinden von Gegenständen«, »die Standortbestimmung von Fahrzeugen« oder deren »selbständige Steuerung und Fernsteuerung« gelingen konnte.[2] Mit den genannten Strahlungen durften darüber hinaus auch keine Wege der Nachrichtenübermittlung und vergleichbare Anwendungen erkundet oder entwickelt werden.

Nachdem diese politisch bedingten Einschränkungen aufgehoben worden waren, traten durch die internationale Entwicklung neue Hindernisse für die Wissenschaft auf. »Die Anfänge der deutschen Laserforschung standen«, so Helmuth Albrecht, »deutlich im Zeichen des Kalten Kriegs, des Mauerbaus und der damit verbundenen allgemeinen Krise im Jahre 1961.«[3] Dies trug gewiss nicht zur Erleichterung der Arbeit am gebündelten Licht bei, die durch eine schlechte nationale Eigenschaft zusätzlich weiter belastet wurde. Die an deutschen Universitäten tätigen Professoren vermochten nicht, über starre disziplinäre Grenzen zu blicken und Kollegen anderer Fachrichtungen zu kontaktieren. So verpasste man in Deutschland die Chance, dass etwa ein Experte für Kristallzüchtung mit einem Gaschemiker oder ein Festkörperphysiker mit einem Elektronikingenieur zusammenkam, wie es an den amerikanischen Forschungsstätten nicht nur möglich, sondern beabsichtigt war, in denen Laser konzipiert und entwickelt wurden. Eine solche interdisziplinär angelegte Kooperation gehörte tatsächlich von Anfang an zu einer erfolgreichen Entwicklung der Laser, zu der Optiker und Hochfrequenztechniker ebenso beitrugen wie Quantentheoretiker oder Metallurgen.

»Warum haben die Deutschen den Laser nicht erfunden?« Unter diesem Titel hielt 1991 ein Kernphysiker in Heidelberg einen Vortrag, was ein starkes Selbstbewusstsein seiner Community zum Ausdruck bringt.[4] Natürlich befand sich die deutsche Forschung am Ende der fünfziger Jahre längst nicht mehr an dem berühmten Punkt Null, den sie selbst 1945 nicht überwinden musste. Tatsächlich – so rechnet der Historiker Albrecht vor – lässt sich »in der

Bundesrepublik zu Beginn der 1960er Jahre zumindest theoretisch an den Hochschulen ein Potenzial von über dreihundert Wissenschaftlern für die Laserforschung«[5] ausmachen, wobei sich die genannte Zahl leicht auf tausend erhöhen lässt, wenn der akademische Mittelbau wie Assistenten und Doktoranden dazugerechnet wird. Und ein paar Jahre später – 1967 – kann aus historischer Sicht festgestellt werden, dass es in der Bundesrepublik »kaum eine Hochschule gibt, an der nicht in irgendeiner Form mit dem Laser gearbeitet wird«.[6]

Das kohärente Licht ist also schnell nach Deutschland gekommen, wenn man hierzulande auch nicht so massiv an die Anwendungsmöglichkeiten glaubte wie etwa in den USA. In der Bundesrepublik herrschte hinsichtlich des Lasers zunächst eher eine Stimmung, die sich in den Worten eines der ersten Doktoranden, der nach 1960 über den Laser promovieren wollte, folgendermaßen zusammenfassen lässt: »Das ist ja ganz nett, was Maiman da gelungen ist, aber so wichtig sollte man das auch nicht nehmen.«

Einige der ersten Laser in Deutschland

Dennoch: Zumindest die bundesrepublikanische Wissenschaft reagierte auf das Bekanntwerden der erfolgreichen amerikanischen Produktion von Laserlicht ziemlich rasch. An der Technischen Hochschule (TH) Karlsruhe wurden erste Laserforschungen am Institut für Hochfrequenztechnik unter der Leitung von Horst Rothe durchgeführt. Die dort eingerichtete Arbeitsgruppe konnte im Oktober 1961 auf einem von der Deutschen Forschungsgemeinschaft (DFG) organisierten Kolloquium einen ersten selbst gebauten »optischen Molekularverstärker (LASER)« vorstellen, wie es die Protokolle verzeichnen, wobei es sich vermutlich auch bei dieser Premiere um einen Rubinlaser gehandelt hat.

Die Badener waren damit Laserforschern des I. Physikalischen Instituts der Technischen Universität (TU) Berlin zuvorgekommen, die unter der Leitung von Hans Boersch innerhalb kurzer Zeit ein Zentrum der deutschen Laserforschung schufen. Zumindest mitverantwortlich dafür waren die beiden ersten Laserdoktoranden Boerschs, der selbst zu den Pionieren der Elektronenmikroskopie gehörte. Boersch agierte, wie es ein klassischer Ordinarius vor 1968 zu tun pflegte, ohne sich allerdings neuen Entwicklungen der Wissenschaft zu verschließen: Er vertraute die Forschung seinen Mitarbeitern an. Als die ersten Nachrichten vom Laser eintrafen, gab er seinen Studenten Horst Weber und Gerd Herziger die Chance, sich mit diesem Thema und dieser Technik im Rahmen einer Doktorarbeit ihre wissenschaftlichen Sporen zu verdienen. Beide legten eine bemerkenswerte Karriere hin und schrieben unter anderem 1972 das erste deutschsprachige Lehrbuch über den Laser unter dem Titel *Laser. Grundlagen und Anwendungen*, was insofern eine Herausforderung war, weil zugleich Ingenieuren quantenmechanische Formeln und theoretischen Physikern praktische Präzision nahegebracht werden mussten.

Weber und Herziger waren sich von Anfang an einig, wie sie das weite Feld, das sich vor ihnen öffnete, untereinander aufteilen konnten – Weber kümmerte sich um den Rubin- und allgemein um Festkörperlaser, und Herziger wandte sich dem Helium-Neon- beziehungsweise allgemein den Gaslasern zu. Diese lebenslang beibehaltene Aufteilung hatte sich anfänglich mehr oder weniger von selbst ergeben, da Herziger von der bekannten Firma Osram herkam, die Leuchten produzierte, in denen unter anderem das Edelgas Neon verwendet wurde. Die Hoffnung, dass Osram selbst am Bau von Helium-Neon-Lasern interessiert sein und dazu beitragen könne, zerschlug sich allerdings rasch, als die Firmenleitung die möglichen Stückzahlen errechnen ließ.

Der Schritt in die Praxis

Die ersten Laserforschungen wurden in Deutschland in der Überzeugung durchgeführt, dass dem erzeugten Licht weder genügend Qualität (Bündelung) noch ausreichend Quantität (Leistung) mit auf den Weg gegeben werden könnte, um industriell umfassend – zum Beispiel in der Bearbeitung von Materialien für die Fertigung von Bauteilen – eingesetzt werden zu können. Und das, obwohl Boersch seinen Doktoranden als erste Erprobung der Qualität des Laserlichts die Aufgabe gestellt hatte, kleine Löcher – mit einem Durchmesser von wenigen Mikrometern – in Platinscheibchen zu bohren, was dem Vernehmen nach gelang. Diese Öffnungen sollten als Blenden in Elektronenmikroskopen dienen und mussten deshalb möglichst rund und glatt sein.

Vor dem Aufkommen der Laser wurde die Arbeit mit dünnen Kupferdrähten erledigt, die mit Diamantenstaub bedeckt waren, was nicht nur aufwändig und unzuverlässig war, sondern auch störende Kanten zurückließ, die unter großem Aufwand nachgearbeitet werden mussten. Doch selbst als die Laserlochung erfolgreich verlaufen war und glatte Öffnungen lieferte, glaubten die Berliner Pioniere nicht so recht an kommerzielle Chancen des Lasers. Ihrer Ansicht nach gab es auch keinen nennenswerten Markt für die kleinen Blenden, die sie so schön und rund produzieren konnten.

Laserbohrungen

Wir alle sind vertraut mit dem Vorgang des Bohrens, etwa dann, wenn ein Zahnarzt mit der Behandlung von Karies beginnt, oder wenn wir selbst versuchen, eine Wand mit einem Loch zu versehen, um einen Dübel einzufügen, in dem eine Schraube Platz findet, an der dann ein Bild gehängt wird. Bei diesen Vorgängen trifft das härtere Metall eines Bohrers auf die weichere Oberfläche von Objekten – zum Beispiel auf das verfaulte Zahnstück oder auf einen Ziegelstein – und drängt sie durch direkten Kontakt und einer mit rasanter Schnelligkeit kreisenden Bewegung aus dem Weg.

Bohren mit einem Laser verläuft völlig anders, nämlich berührungsfrei. Der Laser liefert Licht, und sein Strahl operiert völlig anders als die Metallspitze eines Bohrers oder etwa ein Wasserstrahl, auch wenn man dafür dasselbe Wort – Strahl – verwendet. Die Energie des Laserlichts wird blitzartig auf das Werkstück übertragen. Wenn die durch den Energieübertrag erzeugte Hitze groß genug – der Laser also ausreichend leistungsstark – ist, dann sorgt die gelieferte Wärme dafür, dass das zu bearbeitende Werkstück an der Oberfläche nicht nur schmilzt, sondern dass sogar das Geschmolzene verdampft und in dem Bohrloch hoher Druck entsteht. Wenn es sich um Metall handelt, spritzt als Folge das Geschmolzene am Rand in einer Art Funkenregen aus dem Bohrloch, was den Eindruck erweckt, der Laser arbeite wie ein üblicher Bohrer mit seinem direkten Kontakt. Es gibt aber keine mechanische Berührung, sondern nur die Wechselwirkung zwischen Licht und Werkstück.

Da Boersch neben den staatlichen Geldmitteln auch eine Förderung durch die Stiftung Volkswagenwerk erhielt, lud er eines Tages den Generalsekretär der Stiftung nach Berlin ein, um ihm die Qualität von Laserlicht vorzuführen. Als besonderer Gag sollte der Doktorand Weber Punkte in eine Folie aus Platin so einbrennen, dass sie zusammen die Buchstaben VW ergaben. Das heißt, es ging darum, durch gezieltes Anbohren die Bearbeitung einer Oberfläche vorzunehmen, bei der ein Teil des Werkstücks so abgetragen wurde, dass die dadurch produzierte Vertiefung als sichtbare Form hervortrat.

Dieser hübsche Einfall kann heute zwar leicht und perfekt umgesetzt werden – seit den 1970er Jahren lassen sich Metalle und andere Materialien mit industrietauglichen Lasern bequem gravieren und beschriften –, bereitete jedoch damals aus technischen Gründen noch ziemliche Mühe. Zum Leidwesen der Berliner Physiker produzierte der verfügbare (selbst gebaute) Rubinlaser keine konstanten Pulse, er gab seine Lichtspitzen vielmehr verschieden lang und mit unterschiedlicher Leistung ab – mit dem Resultat, dass die das Symbol VW ausmachenden Punkte merkwürdig wackelige und unregelmäßig aussehende Linien ergaben.

Einen Physiker stört so etwas nicht, denn für ihn ist vor allem von Interesse, dass der Laser so funktioniert, wie es die dazugehörige

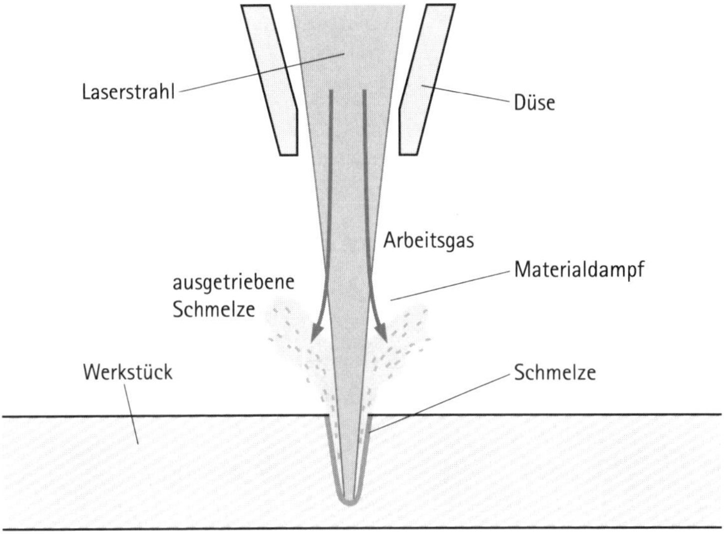

Abb. 15: Beim Laserbohren sorgt die Energie des Laserlichts dafür, dass das anvisierte Werkstück schmilzt. Das Material verdampft und entweicht, wodurch das Bohrloch wie skizziert entsteht.

Theorie erwarten lässt. Aber der Ingenieur will mehr – und sein Kunde auch. Kein Anwender kann sich mit den genannten technischen Problemen anfreunden. Er will ja auch nicht *ein* Loch bohren oder *eine* Oberfläche bearbeiten; er will eine Produktion ans Laufen bringen, und dazu wird ein regelmäßiger und verlässlicher Output des Lasers benötigt, eine stetige Laserleistung, die zudem wenig Vor- oder Nachbearbeitung erforderlich macht. Dies zwingt den Ingenieur, seinen Blick auf praktische Probleme der Apparatur zu richten, zu denen etwa die Montage der Spiegel im Resonator und die Qualität des Mediums gehören, um konstante Pulslängen und regelmäßige Zeitabstände zwischen den Lichtblitzen zu erreichen, und dies mit Materialien, die sich durch Durchhaltefähigkeit (Lebensdauer) auszeichnen. Wenn die Physiker und die Ingenieure in Deutschland früher aufeinanderzugegangen wären und bereitwilliger kooperiert hätten, wären nicht erst in den 1970er Jahren die Laser entstanden, die sich für die industrielle Produktion einsetzen ließen und auszahlten.

Andere Laserentwicklungen der 1960er Jahre

Wenn man das 1962 von der DFG geförderte Schwerpunktprogramm »Hochfrequenztechnik« durchliest, stößt man neben den bereits erwähnten Namen und den von den Institutionen behandelten Themen – zum Beispiel »Aufbau verschiedener Lasertypen«, »Anwendungen des Lasers« – auch auf den Namen Hermann Haken. Der im Wintersemester 1960/61 an die Universität Stuttgart berufene Physiker beschäftigte sich insbesondere mit Laserphysik. Er brachte »genaue Kenntnisse aus den Bell Telephone Laboratories in den USA mit zurück nach Deutschland, wo er nun endgültig sein bisheriges Arbeitsgebiet der Festkörperphysik mit dem neuen Forschungsgebiet des Lasers vertauschte«, wie Albrecht schreibt. Dies bedeutet, dass sich Haken der schwierigen Aufgabe widmete, Einsteins Idee der stimulierten Emission in die Sprache der physikalischen Theorie zu übertragen, die erst einige Zeit danach – in den 1920er Jahren – entwickelt wurde. Als Einstein seinen Vorschlag machte, sprach er noch von einer Quantentheorie der Strahlung, in der Licht durch messbare Größen beschrieben wurde. Solch eine relativ konkrete Darstellung erwies sich bald als unzureichend und musste durch eine höchst abstrakte Quantenmechanik ersetzt werden, in der Licht durch mathematische Operatoren beschrieben wurde, aus denen sich messbare Daten ableiten lassen. Diese Quantenmechanik ist längst in den Lehrbüchern der Physik zu finden, sie erfasst das derzeit anerkannte Wissen über das Verhalten von Licht und Materie. Haken gelang es zu zeigen, dass sie auch erlaubt, den Laser und sein Licht zu verstehen.

Später hat sich der Theoretiker Haken einen Namen als Begründer der neuen Wissenschaft Synergetik gemacht, die das Zusammenwirken von physikalischen Prozessen mit strukturellen Konsequenzen erfasst. Auch dieses Wort der Wissenschaft hat inzwischen Eingang in die Kultur – wenigstens des Managements – gefunden. Es kommt zum Tragen, wenn Synergien beschworen werden und man sich also durch das Zusammenwirken von Personen oder

Institutionen eine neue Qualität der Wirkung verspricht, die sich nicht aus den einzelnen Beiträgen allein erklären lässt.

Als Schlüsselbegriff der Synergetik wurde das Konzept der Selbstorganisation eingeführt, das auch zum Verständnis des Laserlichts beiträgt. Denn anders als bei einer gewöhnlichen Glühbirne, in der jeder Lichtpuls für sich entsteht und auf die Reise geht, baut sich im Laser eine Ordnung des Lichts durch die Strahlen selbst auf, die es ausmachen. Diese Ordnung erhält sich nicht nur durch ihre eigene Qualität, sie nimmt darüber hinaus zu und gewinnt an Leistung, bevor sie als gebündeltes Licht wirk- und wundersam in Erscheinung tritt.

Haken berichtete zum ersten Mal öffentlich über seine Quantenmechanik des »optischen Masers«, wie er den Laser anfänglich noch nannte, auf dem Deutschen Physikertag, der im Oktober 1961 in Wien stattfand und noch gesamtdeutsch konzipiert war. Allerdings durften die angekündigten Wissenschaftler aus der Deutschen Demokratischen Republik nach ursprünglichen Zusagen nicht teilnehmen, was angesichts der gerade errichteten Berliner Mauer zu erwarten gewesen war. Dieser Ausschluss machte es den Physikern aus Jena oder anderen ostdeutschen Städten erneut schwerer als ihren bundesrepublikanischen Kollegen, den Anschluss an die amerikanischen Vorgaben zu finden. Sie hatten damit von Anfang an mehr Mühe, da die politische Führung der DDR ständig eine Art Isolationspolitik betrieb, zu der nicht zuletzt Schwierigkeiten bei der Erlangung von Informationen gehörten.

Doch sämtliche Einschränkungen und Abriegelungen konnten nicht verhindern, dass spätestens zum Ende des Jahres 1960 eine Forschergruppe unter der Leitung von Bruno Elschner am Physikalischen Institut der Friedrich-Schiller-Universität Jena mit der Laserforschung beginnen konnte, und zwar in Zusammenarbeit mit dem ortsansässigen Institut für Angewandte Optik.

Zu den Mitarbeitern Elschners gehörte der junge Physiker Gerhard Wiederhold, der 1960 nach Nottingham reisen durfte, um dort über die erfolgreichen Arbeiten mit Masern zu berichten, die in Jena seit ein paar Jahren durchgeführt wurden. Bei dieser Gelegenheit erhielt Wiederhold die Einladung – und die Erlaubnis –, im März 1961 auf der Internationalen Konferenz über Quantenelektronik im kalifornischen Berkeley vorzutragen. Dort konnte er die allgemeine Euphorie um den Laser spüren, als Maiman selbst auftrat und es sich nicht nehmen ließ, seinen Rubinlaser persönlich vor etwa fünfhundert Physikern aus aller Welt vorzuführen: Es war die erste öffentliche Präsentation des neuen Lichts.

Nachdem sich sein Chef kurz vor dem Mauerbau in die Schweiz abgesetzt hatte, musste der achtundzwanzigjährige Wiederhold neben der wissenschaftlichen auch institutionelle Verantwortung übernehmen, um die Laserforschung in der DDR voranzutreiben und eigene Lichtverstärker zu bauen. Jena schien auf den ersten Blick den besten Platz dafür zu bieten, da es vor Ort zum Beispiel die Volkseigenen Betriebe (VEB) Carl Zeiss und Schott gab, die Kristalle züchten und die benötigten Spezialgläser anfertigen konnten.

Allerdings trifft man im Folgenden auf zahlreiche »DDR-spezifische Probleme«, wenn sich zum Beispiel die Rubinkristalle als »inhomogen, falsch dotiert und verspannt« erwiesen, »sodass sich mit ihnen kein Lasereffekt erzielen ließ«.[7] Und tatsächlich konnte der erste funktionsfähige Laser der DDR nicht in einer staatlichen Institution hergestellt werden, vielmehr war es – im August 1962 – »der Bastler und physikalische Außenseiter Kurt Lenz«, dem dies gelang, und zwar an einem Institut für Optik und Spektroskopie (IOS), das es seit 1957 in Berlin-Adlershof gab. Hier arbeitete zum Beispiel der an Spektroskopie interessierte Physiker Rudolf Ritschl, der über Kontakte zu seinem französischen Kollegen Alfred Kastler verfügte, dem die Laserphysik das optische Pumpen verdankt. Für dessen Entwicklung erhielt Kastler 1966 den Nobelpreis für Physik. Es gab also gute internationale Beziehungen am Adlershofer IOS, an dem die fast beschwörende Aufforderung des Forschungsdirektors von Zeiss, Paul Görlich, ernst genommen wurde, die nach einer staatlichen Aufgabe klang: »Laser sollt ihr machen!«[8]

Kurt Lenz war zwar als Meteorologe ausgebildet worden, arbeitete aber von dem geschichtsträchtigen August 1961 an im Auftrag Görlichs am IOS an der Herstellung von Lasern. Im Mai 1962 schaffte er es schließlich, in den ihm verfügbaren Rubinkristallen die induzierte Emission nachzuweisen, auch wenn sie noch nicht für einen wahrnehmbaren Laserstrahl reichte. Der zeigte sich aber am 7. August, und die Institutsleitung überzeugte sich zunächst mit eigenen Augen von der Existenz des kohärenten Bündels, bevor sie voller Stolz über diesen Erfolg berichtete und ihn als Leistung eines »Kollektivs« der politischen Führung anpries. »Soweit unsere Informationen reichen«, schloss die Mitteilung, die den Namen Lenz nicht aufführte und zehn Tage später nach der zum Glück erfolgreichen Wiederholung der Lichtverstärkung verfasst worden war, »ist dies der erste gelungene Laser-Versuch im sozialistischen Lager.«[9]

Die feine verbale Spitze gegen den großen Bruder Sowjetunion ist kaum zu überhören, und die hinter ihr stehende Einstellung macht verständlich, dass die kommenden Jahre – 1963/64 – eine Lasereuphorie in der DDR mit sich brachten, in deren Verlauf zum Beispiel eine Sozialistische Arbeitsgemeinschaft (SAG) »Laser«, die sich in Jena etabliert hatte, mit dem Orden »Banner der Arbeit« ausgezeichnet wurde, den der damalige Staatsratsvorsitzende Walter Ulbricht persönlich überreichte. Das »Der Scheinwerfer« genannte Organ der Parteileitung der SED im VEB Carl Zeiss in Jena berichtete davon im Juni 1964 und teilte seinen Lesern voller Freude mit, dass mit dieser »sozialistischen Gemeinschaftsarbeit« der »Sprung an die Weltspitze« gelungen sei. Hier schien sich für kurze Zeit der Traum der SED-Funktionäre und vieler anderer kommunistischer Politiker zu erfüllen, den Westen überholen zu können, ohne ihn vorher einholen zu müssen. Bekanntlich ist dieses Vorhaben nicht so gelungen, wie sich das manche vorgestellt haben und wie in der historischen Rückschau anzumerken leichtfällt.

Industrielle Interessen

»Ähnlich wie in den USA war auch in der Bundesrepublik in der ersten Zeit nach der Realisierung des Lasers das Interesse in technischen und industriellen Fachkreisen an dem neuen Gerät und seinen vermuteten Anwendungsmöglichkeiten groß, was seinen Widerhall in zahlreichen kurzen Berichten einschlägiger technischer Fachzeitschriften fand, wie Albrecht zu berichten weiß und was erneut den Unterschied zwischen Grundlagenforschern und anwendungsorientierten Wissenschaftlern aufzeigt.[10] Die im Zitat erwähnten Berichte handeln zum Beispiel davon, wie Laser Löcher in Metalle zu bohren vermögen; sie erschienen in Fachblättern für Optik ebenso wie für Elektronik und Luftfahrttechnik. Der Laser bot viele Ansatzpunkte für Neuentwicklungen, und von 1961 an gingen bei den zuständigen Ämtern immer mehr Patentanträge ein. Ein Dutzend Firmen ließ sich dabei aufzählen, darunter die Siemens AG in München, die Telefunken Patentverwertungsgesellschaft in Ulm, Carl Zeiss in Oberkochen und die Standard Elektrik Lorenz AG (SEL) in Stuttgart.

Vor allem die Siemens AG nahm sich als führender deutscher Elektrokonzern des Lasers und seiner Anwendung an. Bereits im September 1962 konnten Mitarbeiter aus zwei Forschungsabteilungen des Unternehmens auf dem Physikertag dieses Jahres über »optische Maser« vortragen und die dazugehörigen selbst gebauten Geräte vorführen. Eines davon stammte aus dem Zentrallaboratorium, das Siemens für die Entwicklung der Nachrichtentechnik eingerichtet hatte. Hier arbeitete seit Oktober 1960 der junge Physiker Dieter Röß. Er legte 1966 ein über sechshundert Seiten starkes Buch mit dem Titel *LASER. Lichtverstärker und -oszillatoren* vor.

Röß hatte als Erstes den Auftrag bekommen, Rubinlaser für die Satellitenkommunikation einzurichten. Zu diesem Zweck ersetzte er zum Beispiel die sich wendelförmig um den Rubinkristall schlingende Blitzlampe durch eine stabförmige Lichtquelle, was unter anderem zur Folge hatte, dass eine niedrigere Pumpleistung ausreichte, um das Auftreten der zur Funktion erforderlichen Laserschwingungen auszulösen. Röß sollte am Ende der deutlich fortschrittsorientierten 1960er Jahre versuchen, einen »Universalbearbeitungslaser« (UBL) auf den Markt zu bringen, der aber die in ihn gesetzten Hoffnungen nie erfüllte und den Ingenieuren vor allem zeigte, dass Laser als Speziallösungen gefertigt werden müssen. Ihre materielle Vielfalt macht es möglich.

Im Herbst 1962 konnte bei Siemens der erste kontinuierlich strahlende Helium-Neon-Laser in Betrieb genommen werden, dessen Potenzial für die Nachrichtentechnik dem Vorstand dadurch demonstriert wurde, dass der Laserstrahl benutzt wurde, um durch geeignete Beeinflussung (Modulation) musikalische Klänge zwischen den Räumen des Laboratoriums über mehr als dreißig Meter Entfernung zu übertragen. Der dazugehörende Mechanismus entspricht dem Vorgehen, mit dem ein als UKW bekanntes Radiosignal – die Ultrakurzwelle – dazu gebracht wird, Worte oder Musik von einem Ort (Sender) zu einem anderen (Empfänger) zu transportieren.

Um diesen Vorgang besser zu verstehen, empfiehlt es sich, zwei Tatsachen zur Kenntnis zu nehmen. Zum einen reagiert das menschliche Ohr auf Frequenzen, die zwischen 20 und 20 000 Hertz liegen, und zum anderen schwingt eine Ultrakurzwelle im Bereich von einigen Megahertz (was ihnen eine Wellenlänge von einigen Metern gibt). Es ist nun möglich, die sehr viel niedrigere Hörfrequenz einer UKW-Basisfrequenz aufzuprägen, sodass diese um den humanen Hörbereich schwankt. Als Ergebnis des als Modulation bekannten Vorgehens breitet sich eine Welle mit einer variablen Frequenz aus, die auf diese Weise ein Tonsignal enthält. Seine Information kann von einem Empfänger registriert und in die dazugehörigen Schallwellen umgesetzt werden. Das, was mit der hohen Frequenz einer Ultrakurzwelle gelingt, kann mit geeigneten Mitteln erst recht der noch viel höheren Frequenz einer Lichtwelle aufgeprägt werden, allerdings nur dann, wenn sie die spezifische Laserqualität der Kohärenz aufweist.

Anders als Siemens konzentrierte sich die Firma Carl Zeiss in Oberkochen als führendes optisches Unternehmen auf Anwendungen im Gerätebau – vor allem für optische Entfernungsmessungen –, in der Fotografie und in der Mikroskopie. Bereits 1961 wurde Harald Volkmann bei Zeiss mit dem Bau eines eigenen Rubinlasers beauftragt, wobei man sich bemühte, gute Kontakte zu Horst Rothe in Karlsruhe zu unterhalten. Im August 1962 war man in Oberkochen dann in der Lage, das Laserlicht mit einer rotierenden Trommel in Einzelimpulse aufzulösen. Auch bot man bald – ab September 1962 – Rubinkristalle als Stäbe von 42 mm Länge und 5 mm Durchmesser an.

Neben den genannten etablierten Großunternehmen versuchten auch kleine Firmen, in das Lasergeschäft einzusteigen, so zum Beispiel die Hamburger Impulsphysik, die ihren Namen 1964 von dem Physiker und Ingenieur Frank Früngel bekommen hatte. Die Firma existierte als Produzent von Impulsschweißmaschinen schon vorher, aber nachdem sie auf Festkörperlaser umgestiegen war, meinte man, diesen Wandel durch eine Umbenennung begleiten zu sollen. Und prompt erhielt Impulsphysik vom Bundesministerium für Verteidigung einen Forschungsauftrag zur Einbeziehung von Laserlicht für Entfernungsmessungen, aber es sollte noch einige Zeit dauern, bis die Unternehmen in Deutschland die dazu notwendigen Bauteile – etwa Laser-Rubine – in ausreichender Qualität selbst herstellen konnten und nicht zukaufen mussten.

Entfernungsmessung mit Lasern

Wenn Laser zur Bestimmung von Entfernungen eingesetzt werden sollen, benötigt man ein Gerät, das einen Strahl aussendet und zugleich das von dem anvisierten Objekt zurückgeworfene Licht registrieren kann. Man misst dann zum Beispiel die Zeit, die zwischen der Erzeugung eines Laserpulses und dem Eintreffen des reflektierten Signals vergeht (und bezeichnet diesen Vorgang höchst anschaulich als Laufzeitmethode). Mit der bekannten Lichtgeschwindigkeit kann anschließend aus dem ermittelten Wert die gesuchte Entfernung berechnet werden.

Dieses Verfahren gelingt nicht nur bei alltäglichen Entfernungen. Es konnte zum Beispiel auch verwendet werden, um den Abstand zwischen Erde und Mond zentimetergenau zu bestimmen, nachdem 1969 amerikanische Astronauten auf dem Mond gelandet waren und einen Auftrag ihrer Apollomission dadurch erfüllten, dass sie einen speziellen Reflektor aufstellten. Dieses von Schott und Heraeus angefertigte Gerät von der Größe eines Quadratmeters enthielt 100 Quarzprimen, die wir in einfacher Form – etwa von Fahrrädern oder Straßenmarkierungen – als Katzenaugen kennen. Der erste Laserreflektor wurde am 1. August 1960 durch einen Rubinlaser zum ersten Mal ins Visier genommen. Inzwischen hat er durch andere Geräte – unter anderem aus russischer Produktion – Gesellschaft bekommen, die alle ihren Dienst tun. Mit ihrer Hilfe können ständig Entfernungsmessungen durchgeführt werden. Wir wissen jetzt zum Beispiel, dass sich der Mond jährlich zentimeterweise von der Erde entfernt, dass also das ganze Planetensystem nur scheinbar stabil ist.

Lasermessgeräte sind inzwischen auf verschiedene Weisen einsetzbar. Sie eignen sich, um sie in Flugzeuge einzubauen und damit die Topografie einer Landschaft zu erkunden. Sie erlauben, auf der Erde allgemeine Profile zu erstellen, indem man von einem gegebenen Punkt aus die Abstände zu beliebigen Orten etwa auf der Oberfläche eines Objekts bestimmt. Und man kann vieles mehr mit ihrer Hilfe – zum Beispiel neben der Laufzeitmethode andere Verfahren ausnutzen, die wie die Triangulationsmethode komplizierter ablaufen, oder solche, die bei sehr kurzen Entfernungen zum Einsatz kommen – etwa die Phasenverschiebungsmethode.

Schweizer Uhren mit Lasern

Als Weber und Herziger ihr gemeinsames Werk über *Laser. Grundlagen und Anwendungen* vorlegten, arbeiteten sie am Institut für Angewandte Physik der Universität Bern. In der Schweiz interessierte man sich vor allem in der Weltruf genießenden Uhrenindustrie für die Fähigkeit von Lasern zur Materialbearbeitung. Im Lauf der 1960er Jahre war experimentell sichergestellt worden, »dass alle bekannten Stoffe in fokussiertem Laser-Licht geschmolzen und verdampft werden können«, wie Weber und Herziger schreiben, und damit stand fest, »dass materialabtragende oder verformende Bearbeitung an sämtlichen Stoffen durchgeführt werden kann«. Zwar fügten die Autoren eine Einschränkung hinzu: »Infolge des relativ geringen Arbeitsdurchmessers [eines Laserstrahls] ist die Laser-Bearbeitung auf den Bereich der Präzisions- und Feinwerktechnik beschränkt.« Aber mehr brauchte die Uhrenindustrie auch nicht. Sie legte vielmehr Wert darauf, die als Uhren- oder Lagersteine bekannten Bauteile einer hochwertigen Uhr sauber und reproduzierbar zu bearbeiten, was genauer bedeutete, sie zu durchbohren.

Uhrensteine sind selten größer als 2 Millimeter und kaum mehr als einen halben Millimeter dick, und sie werden in großer Zahl benötigt. Ein einfaches Handaufzugswerk wird zum Beispiel mit mehr als einem Dutzend Lagersteinen ausgestattet, und sie bestehen seit dem 18. Jahrhundert aus Rubin. Der Grund für die Wahl des hochwertigen Kristalls liegt in der Härte des Materials, die nur von Diamant übertroffen wird und dafür sorgt, dass die Reibung der Räder und anderer Uhrenteile (Triebe) deutlich verringert wird. Dies erhöht die Ganggenauigkeit und verlängert die Lebensdauer des Uhrwerks beträchtlich.

Gewöhnlich werden Lagersteine auf zylindrische Bohrungen gepresst, um leicht ersetzt werden zu können. Aus diesem Grund benötigen sie selbst winzige Bohrlöcher, deren Positionierung und Dimensionierung genau sein müssen. Die neue Lösung für dieses alte Problem der Präzision stellt das Laserlicht dar, dessen Vorteil Weber und Herziger bereits 1972 deutlich hervorhoben. Er liegt in den außerordentlich engen Toleranzen, (wenige Mikrometer), die bei hohen Stückzahlen (150 000 pro Schicht) über lange Zeiten aufrechterhalten werden könne.

Der Startschuss für den Einsatz von Lasern zu diesem Zweck war 1965 gefallen, als das im schweizerischen Thun angesiedelte Unternehmen Watch Stone AG, das Rubinsteine für Uhrenlager anfertigte und die Bohrungen bis dahin als Winterarbeit an Bauern vergeben hatte, dem Institut für Angewandte Optik an der Universität Bern den Auftrag erteilte, die geeigneten Laser ausfindig zu machen, die für diese Feinbearbeitung von Uhrensteinen dienlich sein könnten. Bald erwiesen sich Nd:YAG-Laser als Werkzeug der Wahl, da sie in der Lage waren, die nötige Energie in brauchbarer Form – pulsartig und präzise – zu liefern. Bereits 1972 wurde in Thun ein Laserentwicklungszentrum mit dem Ziel gegründet, das kohärente Licht so zu entwickeln, dass man es umfassend für die Materialbearbeitung – nicht nur beim Bohren, sondern auch zum Schneiden und Schweißen – einsetzen konnte. Zwei Jahre später entstand am gleichen Ort die LASAG AG, die sich als Tochter der Allgemeinen Schweizer Uhren AG (ASUAG) zunächst ausschließlich auf die Herstellung von Lasern zum Bohren von Uhrensteinen konzentrierte.

Doch mit dem Siegeszug von in Japan hergestellten Quarzuhren mit digitaler Anzeige tauchte für die eidgenössische Uhrenindustrie ein ernstes Problem auf. Diese Wunderwerke an Genauigkeit kamen ohne die Rubinsteine aus, in die die Laser so exakte Löcher bohren konnten. Die LASAG sah sich also umgehend nach anderen Anwendungen für ihre Laser um und bot sie etwa zum Bohren sowohl von medizinischen Operationsnadeln als auch von Komponenten von Flugzeugturbinen an (womit die ungeheure Spannweite der Einsatzmöglichkeiten von Lasern sichtbar wird). Die LASAG, die sich selbst als »führender Hersteller von Nd:YAG-Lasern zur Materialbearbeitung« bezeichnet und Standorte in vielen Ländern unterhält, gehört dabei inzwischen als Unternehmen zur Swatch Group AG, die in Biel angesiedelt ist und als weltweit größter Hersteller von Qualitätsuhren mit Lagersteinen gilt. Wer eine Uhr von Blancpain, Omega, Glashütte, Rado oder Longines am Handgelenk trägt, der hat sein Scherflein dazu beigetragen.

Räumliche Bilder

Als das erste Laserlicht 1960 produziert wurde, lieferte seine Kohärenz die Möglichkeit, einen damals bereits rund ein Dutzend Jahre alten Gedanken Wirklichkeit werden zu lassen. Er ist unter dem Stichwort Holographie bekannt und den meisten Menschen in Form der heute selbst in Souvenirläden zu erwerbenden oder auf Kreditkarten abgespeicherten Hologramme bestens vertraut. Im Wort Hologramm steckt das griechische Wort für »vollständig« und bezeichnet eine Erweiterung der Fotografie, die ja aus dem dreidimensionalen Ganzen der Welt bekanntlich eine zweidimensionale Abbildung macht. Warum kann man nicht dreidimensional fotografieren (»holographieren«), fragte sich bereits kurz nach dem Zweiten Weltkrieg der ungarisch-britische Physiker Dennis Gábor, der für die Entwicklung und Erfindung der holographischen Methode 1971 mit dem Nobelpreis für Physik ausgezeichnet wurde.

Die Holographie konnte mithilfe des leistungsstarken Lasers und seiner kohärenten Lichtstrahlen zum ersten Mal 1963 realisiert werden, als es den beiden in Amerika tätigen Physikern Emmett Leith und Juris Upatniek gelang, das 3-D-Bild eines Gegenstands zu erzeugen. Bald darauf wurde auch in Deutschland die Holographie erkundet und wissenschaftlich genutzt, und zwar vornehmlich durch Wilhelm Waidelich an der Universität Darmstadt, der im Lauf der 1960er Jahre ein Forschungsprojekt »Kohärente Optik« ins Leben rief und dabei vor allem nach medizinisch-biologischen Anwendungsmöglichkeiten der Holographie Ausschau hielt. Dabei ging es um die Auswertung von Blutbildern, das Ermitteln des Reifestadiums von Blutzellen und die Untersuchung von Wachstumsvorgängen und eventuellen Verzögerungen durch äußere Wirkungen. Damit öffnete sich ein neues Feld, das der Lebenswissenschaften und der Medizin. Hier finden sich die Anfänge der zu Beginn der 1980er Jahre gegründeten Deutschen Gesellschaft für Lasermedizin e.V. (DGLM), die unter anderem die Wilhelm-Waidelich-Medaille in

Würdigung der großen Verdienste Waidelichs beim Aufbau der Lasermedizin in Deutschland vergibt.

Das holographische Verfahren hat durch Leith und Upatniek bereits 1959 – also noch vor der Präsentation des ersten Laserstrahls – einen Aufschwung bekommen, nachdem Gábor seine Bemühungen eingestellt hatte. Beide Wissenschaftler führten bereits damals die Idee ein, mit zwei Strahlen zu arbeiten, die nach ihrer Aufteilung zusammengeführt werden. Daran hat sich bis heute nichts geändert.

Bei der modernen Holographie wird ein Gegenstand mit dem kohärenten Licht eines Lasers bestrahlt und ein Teil der reflektierten Strahlen trifft auf einen Spiegel. Sowohl das von hier kommende als auch das direkt vom Gegenstand ausgehende Licht werden dann auf eine fotografische Platte gelenkt, die auf diese Weise Signale von zwei Quellen bekommt. Man unterscheidet dabei den Objektstrahl vom Referenzlicht.

Um zu verstehen, was die beiden Wellenzüge zusammen erreichen, muss man an die herkömmliche Fotografie erinnern, bei der nur ein Strahl auf die Kamera trifft und auf ihren lichtempfindlichen Teil gelenkt wird. Damit meinte man früher einen Film – etwa von der Firma AGFA oder Kodak –, der fotochemisch verändert wird, und heute in den Digitalkameras eine gitterförmige Anordnung von lichtempfindlichen Sensoren, die elektrische Signale als sogenannte Pixel zu Bildern zusammenfügen. (Die Entwicklung dieser Sensoren gelang in den sechziger Jahren George E. Smith und Williard S. Boyle, die dafür 2009 zusammen mit Charles K. Kao mit dem Nobelpreis für Physik ausgezeichnet wurden.) Beide Vorrichtungen – der Film und der Sensor – registrieren höchst genau die Verteilung der Lichtintensität (Helligkeit), die in den Fotoapparat gelangt. Sie verzichten darauf, die andere Eigenschaft der Lichtwellen zu verwerten, die ihren Schwingungszustand angibt und als Phase bekannt ist.

Wie kann man Bilder herstellen, so fragte sich Gábor in den späten 1940er Jahren, die es dem Betrachter erlauben, sowohl die Amplituden der Lichtwellen (Intensität) als auch der Phasen zu rekonstruieren? Er glaubte an diese Möglichkeit des dreidimensionalen Sehens, weil ja das Auge selbst auf der Netzhaut dem Gehirn nur zweidimensionale Darstellungen anbietet, aus denen das Gehirn aber trotzdem die ganze Wirklichkeit zu erfassen imstande ist. Und wie das Auge zwei Bilder benötigt, um dreidimensional zu sehen, braucht auch die Holographie zwei Strahlen, um zum Ziel zu kommen. Darum führt man die oben vorgestellte Aufteilung in den Referenz- und den Objektstrahl ein. Wenn sie auf die fotografische Platte auftreffen, befinden sie sich in unterschiedlichen Schwingungszuständen, da die Phase des Objektstrahls von dem Ort abhängt, an dem der Strahl den abzubildenden Gegenstand getroffen hat und von ihm gestreut worden ist. Die Information über die räumliche (dreidimensionale) Ausdehnung des fotografierten Objekts steckt in der Entfernung, die zwischen der Fotoplatte und den einzelnen Objektpunkten besteht, von denen Licht ausgeht. Mit anderen Worten: Die gesuchte Information findet sich in der Differenz der Phasen, die zwischen den beiden Strahlen besteht, wenn sie die Fotoplatte erreichen.

Um aber das im Hologramm gespeicherte Bild des Objekts sichtbar zu machen, musste erneut kohärentes Laserlicht bemüht werden, und die Frequenz der dazu eingesetzten Strahlung musste mit der übereinstimmen, die bei der Aufnahme des Hologramms verwendet wurde. Wenn jemand nun einwendet, dass man doch längst Hologramme in Schaufenstern bei gewöhnlichem Tageslicht oder mit handelsüblichen Glühbirnen sehen kann, dann trifft dies nur für eine spezielle Form der Holographie, die sogenannte Weißlichtholographie, zu, deren trickreiche Entwicklung 1965 dem russischen Physiker Juri Denisjuk gelungen ist und die mit eigens aufgeweiteten Laserstrahlen und teilweise durchlässigen Fotoschichten arbeitet.

Die frühen Hologramme mussten also, wie erwähnt, mit Laserlicht beleuchtet werden, um die beabsichtigte Wirkung zu erzielen. Ihre direkte Betrachtung mit gewöhnlichem Licht lässt kein Bild erkennen, weil bei der Herstellung auch viele andere auftreffende Teilwellen miteinander interferiert und als Folge davon die Fotoplatte geschwärzt haben. Die Rekonstruktion des dreidimensionalen Bildes erfolgt erneut mittels einer Zweiteilung, indem das Auge die Platte von vorn betrachtet, während das Laserlicht sie von hinten beleuchtet. Dem Auge werden damit zwei Bilder angeboten, eins vor und eins hinter dem Hologramm, und beide sehen so aus wie der Gegenstand, wenn man ihn vom Ort der Fotoplatte aus anschaut. Wer den Blickwinkel verändert, sieht ein anderes Bild, so wie es auch im Alltag beim Betrachten eines anderen Gegenstands passiert.

Mit jedem Teilstück eines Hologramms kann das gesamte in ihm enthaltene Bild – bei Betrachtung mit Laserlicht – rekonstruiert werden, was dem Begriff des Ganzen eine zusätzliche Dimension verleiht.

Holographie wird heute vielfach verwendet – in Form von Sicherheitshologrammen auf Banknoten und Kreditkarten, bei der Markierung von Erzeugnissen, um mit dem Laserlicht Produktpiraterie zu bekämpfen, in der Messtechnik, um Raketentriebwerke auf Materialfehler zu untersuchen, in der Medizin zu diagnostischen Zwecken und nicht zuletzt in der Archäologie, um etwa Keilinschriften auf dreitausend Jahre alten, beschädigten assyrischen Tafeln doch noch lesbar zu machen. Mit diesem Thema befassen sich im 21. Jahrhundert zum Beispiel Physiker an der Universität Münster, die ihre Kohärenzoptik in Zusammenarbeit mit Wissenschaftlern aus Berlin und der Ukraine betreiben und ein »Interdisziplinäres Master-Hologramm-Archiv« planen, um seltene archäologische Exponate für die Kultur zu erhalten.

So schön Hologramme auch sein können, sie werden die Fotografie nicht ablösen. Das liegt nicht nur daran, dass man kohärentes Laserlicht einsetzen muss, um die gewünschten Bilder zu bekommen. Es gilt auch zu berücksichtigen, dass ein Hologramm durch die Interferenz von Objekt- und Referenzlicht entsteht, und die Veränderungen der Laufstrecken der dazugehörigen Wellenzüge dürfen nur einen Bruchteil einer Wellenlänge betragen. Es geht dabei also um Millionstel von Millimetern, was dazu führt, dass es kompliziert bleibt, Hologramme zu machen. Das sollte aber niemanden hindern, ihre Vorteile zu nutzen.

KAPITEL 6

Flexibel sein

»In der Bundesrepublik Deutschland gab es 1969 noch keine klinische Laseranwendung, ebenso keine Mittel und Forschungsplanung für medizinische Anwendung des Lasers.«[1] Dieser nüchterne und zugleich ernüchternde Satz ist in dem 1983 erschienenen Buch *Die Entwicklung der Lasertherapie in der Urologie* zu lesen. Geschrieben hat es der damals in München tätige Arzt Hartwig Müßiggang, der im Vorwort von Fritz Holle, dem ehemaligen Direktor der zur Universität München gehörenden Chirurgischen Poliklinik, als »Inaugurator« der »technischen Innovation« für das Wohlergehen von erkrankten Menschen bezeichnet wird, über die das Werk berichtet. Spätestens ab 1974 stand alles bereit für den klinischen Einsatz des Lasers, wie ebenfalls bei Müßiggang zu erfahren ist, bevor dem Leser in einer überraschenden Wende mitgeteilt wird, dass der eben noch hochgelobte Autor sein Projekt nach ersten Erfolgen auf einmal »abgeben musste«, weil er sich als frei praktizierender Urologe niedergelassen hat.

Müßiggangs Leistungen auf dem Gebiet der Lasermedizin setzten Ende der 1960er Jahre ein, brachten den klinische Lasereinsatz vor allem auf dem Gebiet der Urologie voran und ermutigten nach den ersten Erfolgen in den frühen siebziger Jahren, die Initiative zur Gründung eines Laserzentrums zu ergreifen. Dieses Zentrale Laserlaboratorium (ZLL) konnte sich unter dem organisatorischen Mantel der Gesellschaft für Strahlenforschung (GSF) etablieren und entwickeln, die 1964 in der Organisationsform einer GmbH als Großforschungszentrum in Neuherberg bei München eingerichtet worden war. Es existiert bis heute als Teil der Helmholtz-Gemeinschaft Deutscher Forschungszentren – unter der Bezeichnung Helmholtz-Zentrum München – und konzentriert sich in dieser neuen Umgebung auf Gesundheit und Umwelt, was zum Beispiel konkret die Aufgabe mit sich bringt, den Einfluss des Lebensraums auf das individuelle Befinden (Lungenerkrankungen, Allergien, Depressionen) wissenschaftlich dingfest zu machen.

Einsatz am Auge

Im Unterschied zur Bundesrepublik setzten andere Länder das neue Licht schnell ein. Zumindest in den USA begannen sich viele Mediziner unmittelbar nach der erfolgreichen Vorführung des ersten Rubinlasers »für die Anwendung dieser neuen Quelle intensiver Lichtblitze zu interessieren«, wie Müßiggang schreibt.[2] Zum Star der Zunft stieg der heute legendäre amerikanische Dermatologe Leon Goldman auf, der in Cincinnati, Ohio, tätig war und bereits 1961 Hautkrankheiten mit den kohärenten Strahlen des Laserlichts zu behandeln versuchte. 1966 wandte sich der weltweit geschätzte Pionier der Lasermedizin im Lauf seiner Forschungen verschiedenen Tumorarten zu. Nach zahlreichen sorgfältig ausgewerteten Erprobungen an Tiergewebe gelang es ihm zu zeigen, dass sich Formen von bösartigem Hautkrebs (maligne Melanome) durch geeignete »Belichtung« mit einzelnen Laserpulsen behandeln lassen.

In der Öffentlichkeit schneller bekannt als die erwähnten medizinischen Erfolge wurde schon früh der Einsatz von Lasern in der Augenheilkunde. Die Wellenlänge des Rubinlaserlichts von rund 690 Nanometern prädestinierte den Einsatz des Lasers auf diesem Gebiet, und dieser Glücksfall erklärt sich durch die Tatsache, dass der Rubinstrahl den Glaskörper des Auges nahezu ungedämpft und verlustfrei durchqueren kann. Er trifft somit in vorberechneter Stärke und ohne andere Spuren zu hinterlassen auf die Netzhaut (Retina) auf, die seine Energie lokal am Zielpunkt aufnimmt. Dank dieser weitgehend transparenten Eigenschaft wurde der Eingriff möglich, der in der Umgangssprache rasch als »Laserschweißen« der Netzhaut populär wurde, obwohl es sich bei diesem Vorgang ausschließlich um biologische Abläufe handelt. Der medizinische Eingriff wird technisch und medizinisch korrekt als »laserinduzierte Koagulation des Gewebes am Augenhintergrund« bezeichnet. Die künstlich herbeigeführte Verklumpung verhindert anschließend, dass sich die Retina von den sie umgebenden Zellschichten – etwa der Aderhaut – weiter ablöst. Diese häufig zu beobachtende Lockerung und Abtrennung der lichtempfindlichen Zellen bringt bei den Betroffenen erst eine Einschränkung des Sehens mit sich und kann letztlich zur Erblindung führen. Mit einem passend gewählten und eingerichteten Laserstrahl gelingt es jedoch zuverlässig, diese Degeneration (das Ablösen) aufzuhalten.

Der betroffene Augenhintergrund kann mithilfe des engen Laserstrahls genau angepeilt und lokal auf etwa 100 Grad Celsius aufgeheizt werden. Durch diese zugleich massive und explosive Erwärmung kommt es zu einer regional begrenzten Zerstörung des Gewebes, das nachfolgend gerinnt beziehungsweise verklumpt (koaguliert). All dies hört sich zwar zunächst unangenehm an, erfüllt aber seinen therapeutischen Zweck. Denn mittels der erwähnten minimal zerstörerischen Vorgänge gelingt es tatsächlich, die Funktionsfähigkeit des gesamten Gewebes im Auge abzusichern und zu erhalten. Durch den verklebenden (koagulierenden) Lasereingriff wird nämlich die alte Verbindung zwischen den verschiedenen Zellschichten – mit ihren Pigmenten, Adern und anderen organischen Bestandteilen – wiederhergestellt, die zum Sehen erforderlich ist.

Zu der Einsicht, dass eine solche von Licht bewirkte Koagulation Sehstörungen beheben kann, war man schon vor der Erfindung des Lasers gelangt. Sie ist dem deutschen Augenarzt Gerhard Meyer-Schwickerath zu verdanken, der bereits 1949 – also einige Jahre vor der Entwicklung des Masers – Vernarbungen der Retina als therapeutisches Mittel für das sich lockernde Gewebe erkannte und intensiv nach Wegen suchte, um sie durchführen zu können.

Der Gedanke, eine fortschreitende Netzhautablösung durch

eine Vernarbung aufzuhalten, ist Meyer-Schwickerath dem Vernehmen nach in einer schlaflosen Nacht gekommen, als eine offenbar seit langem in der Tiefe seines Denkorgans lauernde Einsicht ins Bewusstsein drängte. Der Augenarzt notierte die beiden Worte »Licht« und »Koagulation«, die ihm im Laufe der folgenden Tage und Jahre den Weg wiesen, als es galt, die erst noch vage Idee durch methodisch orientiertes Arbeiten gezielt umzusetzen.

Allerdings waren die verfügbaren Lichtquellen und die von ihnen produzierten Intensitäten zu schwach. Bei dem Bemühen, hier Abhilfe zu schaffen, kletterte Meyer-Schwickerath zunächst auf das Dach einer Klinik, um dort das Sonnenlicht zu bündeln. Als es damit nicht recht voranging, setzte er – ab 1959 – Xenon-Hochdrucklampen ein, was zwar halbwegs funktionierte, aber mit unangenehmen Nebenwirkungen verbunden war. Erst nachdem das eng gebündelte Laserlicht verfügbar und mit passenden Linsen lenkbar und gezielt einsetzbar wurde, ließen sich Meyer-Schwickeraths Gedanken so in die therapeutische Praxis umsetzen, wie er es sich im Traum vorgestellt hatte. Das Laserlicht konnte in derart kurzen Pulsen punktgenau eingestrahlt werden, dass die im anvisierten Gewebe erzeugte Wärme nahezu keine Gelegenheit fand, in die Umgebung abzufließen (um dort möglicherweise ungewünschte Wirkungen zu entfalten).

Als Maimans Maschine funktionierte, war die Zeit sogleich reif für einen Einsatz am Auge. Schon 1961 wurde ein Rubinlaser durch Milton M. Zaret in New York eingesetzt, um der Netzhautablösung eines Patienten vorzubeugen, und in der Mitte der sechziger Jahre begannen Ärzte bereits, bei diesem Lasereinsatz von einem Routineeingriff zu sprechen. Inzwischen konnte man dabei auf andere Laser zurückgreifen – zum Beispiel auf einen quasi kontinuierlich arbeitenden Rubinlaser, den Dieter Röß 1966 für Siemens entwickelt hatte und dessen konstante Ausgangsleitung es erlaubte, selbst größere Bereiche der Netzhaut in kurzer Zeit therapeutisch zu erfassen.

Einen weiteren Fortschritt stellte die zeitgleiche Einführung von Argonlasern in die Augenheilkunde dar, deren grünes Licht mit der Wellenlänge von 514,5 Nanometern zum Beispiel gut von dem roten Blutfarbstoff Hämoglobin absorbiert wird. Dadurch gelang es, Blutungen zu stillen oder pathologische Neubildungen von Gefäßen zu verhindern oder zu vernichten. 1968 schließlich kam die Einführung eines auf Goldman zurückgehenden und raffiniert konstruierten Spiegelkontaktglases hinzu, das es dem Arzt erlaubte, den Laserstrahl sicher zu leiten und die Netzhautperipherie zuverlässig zu behandeln.

Heilende Strahlen?

Am Ende der 1960er Jahre begann die Medizin endlich auch hierzulande, der neuen Strahlenquelle ernsthaft ihre Aufmerksamkeit zuzuwenden. Erste *Untersuchungen über die Möglichkeit, mit Laserlicht Stoffwechselvorgänge an lebenden biologischen Organismen zu registrieren* erschienen in deutscher Sprache, und der Arzt Hartwig Müßiggang schaffte sich 1969 ein Schwein an, um im Tierversuch auszuprobieren und vorzubereiten, was ihm seine wissenschaftliche Intuition längst eingab, dass nämlich das Laserlicht »für bestimmte Operationen bald große Bedeutung erlangen wird«.

Keine Frage – der Laser war auf dem Weg »vom tödlichen zum heilenden Strahl«, wie es Hans K. Koebner einmal ausgedrückt hat, der im März 1969 unter dem Namen *LASER* die erste deutschsprachige Fachzeitschrift für angewandte Laser- und Strahlentechnik herausbrachte.[3] Sie berichtete in dieser Ausgabe zum Beispiel über »Reaktionen des Zahnschmelzes bei Laserbeschuss«. Damit wurde auf ein weiteres Einsatzgebiet des Lasers – die Zahnheilkunde – und insbesondere auf die Möglichkeit einer Vorbeugung von Karies verwiesen. Auffallend ist dabei die leichtfertige und fast stolze Verwendung des Wortes »Beschuss«, mit dem man damals offenbar Eindruck machen konnte.

In den 1960er Jahren wurde – zumindest in den Augen der breiten Öffentlichkeit – mit Lasern geschossen und zerstört. Vielleicht war es der bedrohliche Einsatz des Lasers, mit dem der Verbrecher Goldfinger (von Gert Fröbe gespielt) in dem gleichnamigen Film den 007-Agenten James Bond zu zerteilen droht, der damals das Image dieser revolutionären Erfindung prägte. *Goldfinger* kam 1964 in die Kinos; verblüffend ist die visionäre Kraft seines Regisseurs, Guy Hamilton, der die Kreissäge aus Ian Flemings Roman durch einen roten Laserstrahl ersetzte, dessen Energie ausreichen sollte, um die ziemlich dicke Stahlplatte zu durchschneiden, auf der James Bond festgebunden lag. Der enge Strahl näherte sich langsam und zischend von den Füßen her der Körpermitte des Agenten, ohne sie je zu erreichen. Der dem Zuschauer sichtbare Strahl wurde allerdings nachträglich in den Film eingefügt. Bei der Aufnahme im Studio gab es ihn nicht. Da bewegte sich nur ein den Laser nachahmendes Gerät, während unter der Stahlplatte einige schwitzende Hilfskräfte mit gewöhnlichen Schweißgeräten zugange waren, um den Stahl zu zerschneiden, was den Schauspieler Sean Connery vielleicht mehr in Schrecken versetzt haben dürfte, als ein realer Laser es vermocht hätte.

Dem Laser hing offenbar lange der Ruf nach, er würde eher zerstören als heilen, und wenn man sich die ersten Einsätze in der Augenheilkunde vergegenwärtigt, dann fällt auf, dass paradoxerweise die erwünschte Therapie über den Umweg einer Verletzung zustande kommt. Laser verlangen also, dass man sich auf sie und ihre Möglichkeiten einlässt. Man darf nicht vergessen, was der Laser eigentlich hervorbringt: Licht und Lichtenergie. Es lohnt sich deshalb, einmal genauer anzuschauen, was passiert, wenn Licht auf Leben trifft, wobei wir unser Augenmerk auf das menschliche Leben und seine biologisch relevanten Bestandteile wie Zellen und Moleküle richten und etwa pflanzliches Gewebe im Folgenden nicht berücksichtigen.

Wenn Licht mit Leben in Berührung kommt, kann es an der Oberfläche (auf der Haut) reflektiert werden oder in sein anvisiertes Ziel (Target) eindringen. Im zweiten Fall kann der Strahl im Inneren entweder gestreut oder absorbiert werden, oder er kann ohne Wechselwirkung mit der ihn umgebenden Materie bleiben und durch sie hindurchgehen, was selten vorkommt. Wir konzentrieren uns auf die beiden mittleren Möglichkeiten, bei denen das Licht mit den Zellen oder ihren Molekülen oder Organellen interagiert. In diesem Fall erzielt er seine verschiedenen Wirkungen, die unter anderem aus chemischen Reaktionen bestehen, die er auslöst oder die zur Erzeugung von Wärme führen können. Schnell warm wird es vor allem, wenn das verwendete Laserlicht mit dem Wasser (H_2O) reagiert, aus dem Menschen bekanntlich zu einem großen Teil bestehen. An dieser Stelle zeigen sich große Unterschiede zwischen CO_2-, Nd:YAG- und Argonlasern. Während die Eindringtiefe von CO_2-Laserlicht in Wasser minimal ist – was den Strahl folglich für das Verdampfen von Gewebe prädestiniert –, lassen sich die beiden anderen Quellen von den H_2O-Molekülen nicht aufhalten. Ihr Licht dringt leicht in Wasser ein, wodurch es eine Tiefenwirkung erzielt und das Koagulieren von Gewebe fördert.

Eindringtiefen von Laserlicht

Laser	**Wellenlänge (nm)**	**Wasser (mm)**	**Blut (mm)**	**Anwendung**
CO_2	10 600	0,01	0,01	Verdampfen
Nd:YAG	1 064	100	2,5	Koagulation
Argon	528	10 000	0,03	Koagulation

Die genannte (mittlere) Eindringtiefe wird durch den Punkt festgelegt, an dem der Laserstrahl eine Schwächung von rund 38 Prozent erfahren hat, was physikalisch mit der Tatsache begründet wird, dass der Abfall exponentiell vor sich geht. Viele natürliche Abläufe zeigen einen solchen exponentiellen Verlauf – etwa die Abnahme des Luftdrucks mit der Höhe, ein radioaktiver Zerfall oder das Wachsen von Bakterien.

Licht und Leben

Licht trifft nach dem Eintritt durch die Pupille und dem Durchqueren des Glaskörpers auf die Netzhaut, die wie alles Leben aus Zellen besteht, in denen sich verschiedene große und kleine Moleküle befinden. Die wichtigsten Makromoleküle der Sehzellen sind von der Natur dafür vorgesehen und in der Lage, Licht einzufangen, und da sie dabei wählerisch sind und Vorlieben für bestimmte Wellenlängen (Farben) zeigen, spricht man von den Pigmenten oder Chromophoren. Neben den speziellen Lichtempfängern finden sich in biologischen Zellen noch andere Moleküle, die Licht bestimmter Wellenlänge festhalten. Dazu gehören etwa das bereits erwähnte Hämoglobin, das dafür sorgt, dass Blut rot aussieht, sowie der Stoff, der unsere Hautfarbe bestimmt und Melanin heißt. Seine Produktion wird vor allem durch ultraviolettes Licht (UV) angeregt, und so sehen Menschen, die sich der Sonne aussetzen, nach einer gewissen Zeit braun aus (nachdem sie rot geworden und einen Sonnenbrand bekommen haben). Die UV-Strahlen dringen übrigens bis in den Kern von Zellen vor und beeinflussen hier das genetische Material, was zu Änderungen (Mutationen) in ihm führen kann.

Licht kann von biologischem Gewebe mit seinen Zellen nicht nur absorbiert, sondern auch gestreut werden. Hierfür sind vornehmlich die Membranen des Zellkerns beziehungsweise die Umhüllung von Mitochondrien verantwortlich. Licht kann darüber hinaus chemische Reaktionen auslösen und beschleunigen (katalysieren), was beispielsweise passiert, wenn ein Laser auf den Zahnschmelz gerichtet wird. Dabei entsteht unter anderem ein Stoff – das sogenannte Trikalziumphosphat –, dessen Vorhandensein die Vorgänge (Entmineralisierungen) behindert, die unterhalb der Zahnoberfläche für die Karies sorgen, die die Zähne der meisten Menschen im Lauf ihres Lebens befällt.

In der medizinischen Anwendung wirkt das Licht durch seine Energie beziehungsweise Wärme, die mittels Absorption oder Streuung auf eine Zelle übertragen wird. Die Wissenschaft kann das eingesetzte Laserlicht so dosieren, dass die Temperaturen des be- und getroffenen Gewebes entweder auf zwischen 40 und 60 Grad Celsius oder zwischen 60 und 100 Grad Celsius steigen oder sogar darüber hinaus aufgeheizt werden. Im ersten Fall ändert sich der Stoffwechsel der Zellen, was »thermisch-dynamische Reaktionen« und therapeutische Abläufe in Gefäßen (Arterien, Venen, Kapillaren) in Gang setzt. Im zweiten Fall verlieren einige Zellbestandteile (Proteine) ihre natürliche Form, was sie unwirksam macht und zusammenklumpen (koagulieren) lässt. Genauere Temperaturmessungen haben ergeben, dass mit steigender Wärme kürzere Zeiten (Laserpulse) nötig sind, um die Koagulation zu erreichen, wobei in diesem Fall zusätzlich dafür gesorgt wird, dass die Energie nur lokal wirksam wird und nicht über die Einstrahlstelle hinaus das gesunde Gewebe betrifft.

Werden durch Laserlicht Temperaturen erreicht, die über 100 Grad Celsius liegen und bei denen Wasser kochen würde, verdampft der mit diesem Element angefüllte Anteil des Gewebes, das selbst erst dieses Schicksal erleidet, wenn mehr als 300 Grad Celsius herrschen. Inzwischen gibt es Laser, die mit Impulsen im Bereich von Nanosekunden in der Lage sind, Temperaturerhöhungen von über 1000 Grad Celsius zu erreichen. Sie werden eingesetzt, um Körpergewebe abzutragen, wofür in der Medizin der Ausdruck »Ablation« verwendet wird. Das Entfernen von Zellschichten – die Laserablation – findet eine umfassende Anwendung auch in der Augenheilkunde. Sie erfolgt am vorderen Teil der äußeren Augenhaut, auf der Hornhaut, wobei die Art der Abtragung davon abhängt, ob Kurz- oder Weitsichtigkeit korrigiert werden soll.

Wer kurzsichtig ist, fokussiert das einfallende Licht vor der Netzhaut, und dieser Fall tritt ein, wenn die Hornhaut zu dick beziehungsweise zu stark gekrümmt ist. Der korrigierende Abtrag findet daher vornehmlich in ihrem Zentrum statt. Wer weitsichtig ist, kann das Licht erst hinter der Netzhaut bündeln, und dieses Problem kann behoben werden, wenn die Ablation der Hornhaut um ihre Mitte herum erfolgt. Der Laser macht im Prinzip Brillen

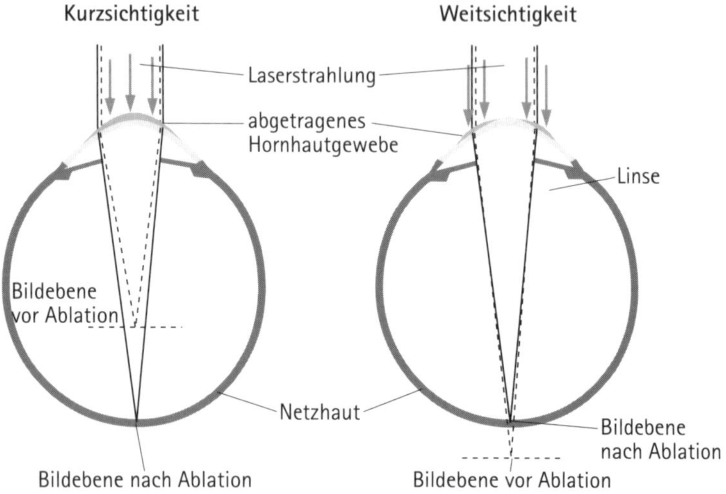

Abb. 16: Wenn Korrekturen am Auge durchgeführt werden sollen oder müssen, kann das Laserlicht direkt auf die Hornhaut gelenkt werden. Bei Kurzsichtigkeit muss Hornhautgewebe in der Mitte abgetragen werden, und zwar in dem Umfang, dass das einfallende Licht anschließend auf der Netzhaut zusammentreffen kann. Die Bildebene muss dort entstehen. Sie lag zunächst davor. Bei Weitsichtigkeit muss die Krümmung der Hornhaut nicht verringert, sondern vergrößert werden. Die Abtragung des Gewebes (Ablation) erfolgt dann außen, um das Zentrum der Hornhaut herum.

überflüssig, wenngleich manche Gesichter erst durch eine Brille ihre Ausstrahlung bekommen. Man muss zudem bedenken, dass die Laserablation ein Eingriff ist, der mit hohen Temperaturen arbeitet und stets ein kleines Risiko mit sich bringt.

Für die gewöhnlich von Tränenflüssigkeit benetzte Hornhaut, lateinisch »cornea« verwenden die Ärzte oft auch den griechischen Ausdruck »keratos«, wenn sie einen Eingriff an der äußeren Augenhaut vornehmen. Die Chirurgen sprechen dann von Keratotomie oder Keratektomie. Seit den 1930er Jahren bemüht sich die Medizin, Fehlsichtigkeit mit anderen Mitteln als durch Brillen zu korrigieren, und seit den frühen 1960er Jahren hat sie sich zum Ziel gesetzt, Hornhautschichten abzutragen (Keratomileusis). Wirklich gelungen ist die Keratomileusis aber erst 1986, als erstmals Laser für den Abtrag eingesetzt wurden, und seitdem gibt es ein neues

Akronym: LASIK, das »Laser-in-situ-Keratomileusis« bedeutet, wobei »in situ« ausdrückt, dass der Eingriff in das Gewebe »an Ort und Stelle« erfolgt.

Das LASIK-Verfahren ist heute sehr beliebt – im Jahr 2007 haben fast 100 000 Deutsche ihre Kurz- oder Weitsichtigkeit auf diese Weise »weglasern« lassen – und die dazu eingesetzten Systeme werden intelligenter, wie die Hersteller gern betonen. LASIK-Angebote finden sich im Internet zuhauf, was jedoch keine Garantie für deren Risikolosigkeit ist. Es kann zum Beispiel vorkommen, dass bei einer LASIK-Operation der Reflexbogen beeinträchtigt wird, mit dem das Nervensystem für ausreichend Tränenflüssigkeit auf der Cornea sorgt. Das Gehirn erfährt dann nicht mehr, wann die Hornhaut trocken ist, was irgendwann zu dem Augenbrennen führt, das die meisten Menschen unter anderen Umständen kennen lernen – etwa wenn sie zu lange auf einen Bildschirm starren, ohne zu blinzeln.

Am Ende der sechziger Jahre

Kehren wir an das Ende der 1960er Jahre zurück, als im Juli 1969 – und somit im Schatten der Mondlandung – in London und Paris internationale Kongresse stattfanden, auf denen die bis dahin gewonnenen Erfahrungen von biomedizinischen Anwendungen von Lasern in der klinischen Praxis vorgestellt und erörtert wurden. Die in den beiden europäischen Metropolen versammelten Mediziner, Physiker, Biologen, Ingenieure, Chemiker und Forscher aus anderen Disziplinen waren sich einig, dass die optischen Eigenschaften von Lasern – vor allem die Intensität und Lenkbarkeit ihres Lichts und die von der Wellenlänge des Lichts abhängige Absorption von Gewebe – viele Vorteile aufwiesen, die es zu nutzen galt.

Gewebe ließ sich berührungslos schneiden und zerlegen; dadurch, dass es nach Einsatz des Laserlichts zu winzigen Verklumpungen (Koagulationen) kam, wurden die sonst bei chirurgischen

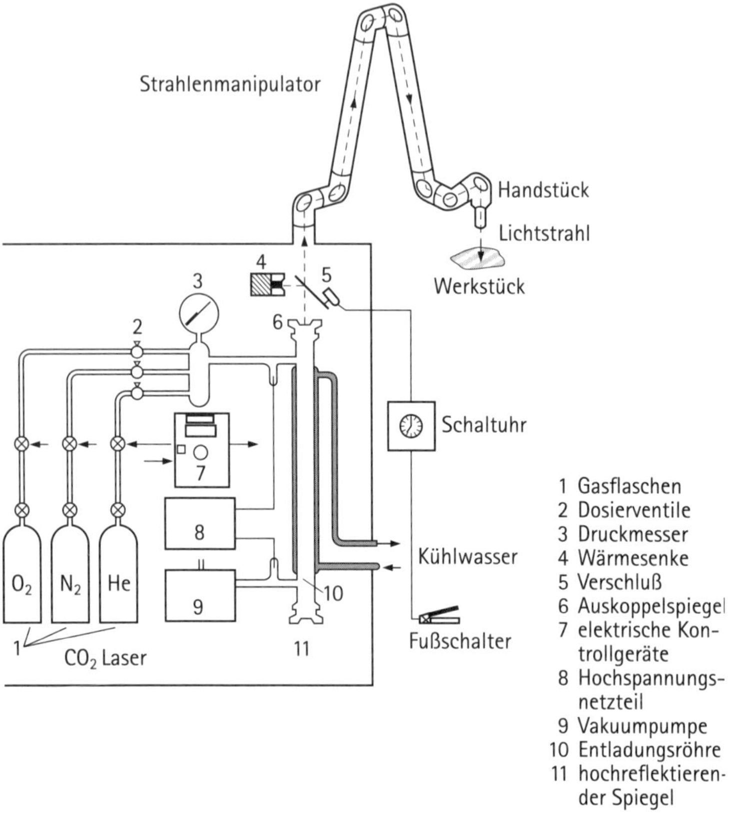

Abb. 17: In seinem Buch über Die Entwicklung der Lasertherapie in der Urologie *stellt Hartwig Müßiggang den in der Frühzeit der klinischen Anwendungen verfügbaren CO_2-Laser der American Optical Corporation vor. Man erkennt drei Teile – den Laser, den Strahlenmanipulator und die auswechselbaren Handstücke, in denen die fokussierenden Linsen zu finden sind, die als die eigentlichen chirurgischen »Messer« dienen.*

Eingriffen auftretenden Blutungen vermieden; und wenn ein Tumor wuchs, konnten die entarteten Zellen gezielt verdampft (vaporisiert) werden.

Für solche Operationen griffen amerikanische und britische Mediziner auf einen von der American Optical Society speziell für diese Zwecke entwickelten CO_2-Laser zurück, den die deutschen Kollegen zunächst nur neidvoll betrachten konnten. Denn in der

Bundesrepublik »fehlte ein derartiges Instrument«, wie Müßiggang schreibt, ohne dass er und seine Kollegen untätig geblieben waren. Immerhin verfügte die deutsche Industrie damals bereits über »eine Reihe gepulster und kontinuierlich betriebener CO_2-Laser unterschiedlicher Leistungsstärke«,[4] und nun galt es, über den engen Tellerrand der bloßen Apparateentwicklung hinauszuschauen und darüber nachzudenken, wie Laser in funktionelle Systeme zu integrieren und als Medizinapparate anzubieten waren.

Gewebe reagiert auf Licht aus einem CO_2-Laser durch Erwärmung (und nicht explosiv). Die meisten Gewebe absorbieren das infrarote Licht sehr gut, wobei die Höhe der Absorption auch von der Gewebeart abhängt. Die genannten Laser waren kostengünstig und zuverlässig, weshalb Wissenschaftler und Techniker im Auftrag der American Optical Society mit einem solchen Laser ein Operationsgerät herstellten, das aus drei Teilstücken besteht: dem Laser selbst, einem Strahlenmanipulator, mit dem das Licht geführt wird, und einem Handstück, in dem sich die fokussierenden Linsen befinden, die das Licht zum »chirurgischen Messer« werden lassen.

Bis 1969 gab es in der Bundesrepublik zwar keine Veröffentlichung über operative Laserforschung, aber dies änderte sich nach Verhandlungen mit Firmen wie der Siemens AG, die bald anfing, sich für die Auswirkungen von Laserlicht im Bereich der Medizin zu interessieren. Ab 1970 konnten Müßiggang und seine Mitstreiter über »Chirurgie mit Laserlicht« oder über »Wundbehandlung durch Laser« berichten, über deren Beschleunigung man durch Vorarbeiten des ungarischen Chirurgen Emre Mester erfahren hatte. Die deutschen Laserpioniere für die medizinische Anwendung setzten dabei gepulste CO_2-Laser ein, die ihre optimale Wirkung mit 100 Hertz und bei einer mittleren Ausgangsleitung von 120 bis 200 Watt entfalteten und es erlaubten, den Strahl auf einen Fleck mit einem Durchmesser von 0,4 Millimetern zu fokussieren. Das unter diesen Umständen mögliche Schneiden von Gewebe gelingt offenbar durch einen Mechanismus, bei dem das primäre »Verkochen« von Hautzellen einen überhitzten Dampfmantel nach sich zieht, der seinerseits die Wärme auf die Umgebung weiterleitet, dabei den Schnittrand aufheizt und somit für einen Bereich von abgestorbenen Zellen (Nekrosezone) sorgt. Doch so gut der Eingriff funktioniert – es ist merkwürdig, dass ein Laserstrahl heilt, indem er etwas zerstört. Sein Einsatz heilt das Ganze, indem Teile geopfert werden. Medizin braucht Mut, und die Laserpioniere verfügten darüber.

Lichtleiter

Die bald zunehmenden Erfahrungen im Umgang mit dem CO_2-Laser ließen erkennen, dass man damit über ein geeignetes Gerät nicht nur zum Schneiden, sondern auch zum Verdampfen von Tumoren verfügte, das bei den Eingriffen vor allem half, Blutverluste zu vermeiden. Der CO_2-Laser wurde ab 1969 in vielen chirurgischen Bereichen versuchsweise eingesetzt – etwa in der Gefäßchirurgie, der Onkologie und der Dermatologie –, aber es war auch klar, dass das Gerät in dieser Form nicht alle medizinischen Wünsche erfüllen konnte.

Daher wurden auch Argonlaser – mit einer mittleren Eindringtiefe – und Nd:YAG-Laser – mit einer beträchtlichen Eindringtiefe – ins Visier gefasst, wobei unter den Urologen bald Einigkeit bestand, dass sich für ihre Zwecke der Nd:YAG-Laser am besten eignen würde. Ein urologischer Laser brauchte zum einen die kontinuierlichen 40 bis 60 Watt Ausgangsleistung, die Nd:YAG-Laser abzugeben in der Lage waren, und sein Licht benötigte zum anderen eine Wellenlänge, die es erlaubte, den Strahl in eine flexible Lichtleitfaser einzuspeisen, mit deren Hilfe die Übertragung in das Körperinnere gelingen konnte. Müßiggang schilderte die Situation um 1970 wie folgt: »Für den routinemäßigen Einsatz von Laserstrahlen in der Urologie war ein flexibles Transmissionsgerät Grundvoraussetzung. Mit diesem System konnte man Strahlen durch noch zu konzipierende Handstücke (Skalpell, Zystoskop) auf das zu operierende Gewebe fokussieren. Notwendig war zusätzlich die Entwicklung eines in den technischen Anwendungen befriedigenden medizinischen Lasergerätes, das die Anforderungen für einen Einsatz im Operationssaal erfüllte.«[5]

Das Zystoskop (ein latinisiertes griechisches Kunstwort) dient der Untersuchung der Harnröhre und der Blase. Die meisten Zystoskope sind flexibel gestaltet, das heißt, sie tragen an der Spitze einer Licht leitenden Glasfaser eine Linse, die mit einem Okular verbunden ist. Da, wie Georg Christoph Lichtenberg, der Experimentalphysiker, Mathematiker und Schriftsteller des 18. Jahrhunderts, sich in seinen *Sudelbüchern* einmal über die menschliche Anatomie gewundert hat, »die wichtigsten Dinge durch Röhren getan werden«, gelangen auch die Zystoskope auf diesem Weg in das Innere eines Körpers und erlauben so dem Arzt einen Einblick in dessen Zustand. Die Medizin spricht dabei von einer Endoskopie, einem Hineinsehen, und sie bemüht sich darum systematisch seit dem frühen 19. Jahrhundert. Die eingesetzten Lichtleiter brauchen vor allem Licht, und das war zunächst nicht in ausreichender Helligkeit leicht zu bekommen. Die ersten Glühlampen des 19. Jahrhunderts mussten noch sehr viel leistungsstärker werden, und auch das Licht leitende Medium benötigte den Beistand der Ingenieure. Ende der 1950er Jahre kamen die ersten optischen Glasfasern auf den Markt, die von verschiedenen Schutzschichten umgeben waren, unter anderem von verdrillten Bündeln aus Kunststoff.

Diese Glasfasern konnten konventionelles Lampenlicht leiten – allerdings nicht unbedingt verlustfrei –, wobei der Effekt der optischen Transmission durch die kabelartigen Strukturen auf dem Phänomen der Totalreflexion beruht, das an der Grenzfläche zweier Medien (zum Beispiel zwischen Wasser und Luft) auftreten kann.

Licht wird »gebrochen«, wenn es aus der Luft kommend eine Wasseroberfläche erreicht und in die (nicht nur) optisch dichtere Flüssigkeit eintritt. Dabei können merkwürdige Phänomene beobachtet werden, zu denen der gebrochene Stab oder der geknickte Strohhalm gehören, die im Wasser sind und von außen betrachtet werden. Ein Lichtstrahl wird natürlich auch aus seiner Bahn gelenkt (gebrochen), wenn er aus dem Wasser kommt und an die Luft will, die optisch weniger dicht ist. Jeder Lichtstrahl trifft unter einem bestimmten Winkel auf die Grenz- beziehungsweise Oberfläche ein oder geht von ihr unter einem Winkel weg, wobei in dem zuletzt geschilderten Fall die Brechung zur Grenzfläche hin erfolgt. Deshalb muss es einen Winkel geben, bei dem der eintretende Lichtstrahl parallel zur Oberfläche austritt. Danach wird der Strahl nicht mehr gebrochen, sondern in das dichtere Medium zurückgeleitet. Er wird reflektiert, und zwar vollständig. Diese Erscheinung nennt man Totalreflexion. In der bereits erwähnten, von Kao entwickelten Quarzglasfaser wird sie dadurch bewirkt, dass sich das Licht in einem optisch dichten Kern befindet (ausbreitet), der von einem optisch dünnen Mantel umgeben ist.

Ein flexibles Instrumentarium

Lichtfaserkabel waren zwar um 1970 schon im technischen Einsatz, aber »eine Übertragung von Laserlicht durch Lichtleiterfasern gab es weder im Inland noch im Ausland«,[6] wie Müßiggang schreibt, obwohl einzelne Stimmen bereits Mitte der sechziger Jahre auf diesen Mangel für die Behandlung von inneren Tumoren hingewiesen hatten. Mit seinem Kollegen W. Katsaros unternahm der Urologe daher im Zentrallaboratorium der Siemens AG in den Jahren 1970/71 Versuche, um zu klären, wie sich zum Beispiel das Licht eines Nd:YAG-Lasers durch Glasfaser der Firma Schott (Mainz) bewegte, die als Bündel mit einem Gesamtdurchmesser von knapp 3 Millimetern konstruiert waren. In der Mitte eines solchen 40 Zentimeter langen Bündels befanden sich 70 Mikrometer dicke Fasern, in die das Licht vorne eingeleitet und hinten vermessen wurde. Das Ergebnis war ernüchternd – bei Leistungen unter 20 Watt trat ein Lichtverlust von über 60 Prozent ein, und wenn man darüber hinausging, wurden die Faserbündel zerstört. Anschließende Versuche mit von Kühlwasser umspülten Glasfasern und viele weitere Experimente ließen bald erkennen, dass Faserbündel ungeeignet waren und »die günstigste Transmission von energiereichem Laserlicht durch die Benutzung von nur einer einzigen Glasfaser erreicht wird«, die natürlich noch eigens entworfen werden musste. Entsprechend – so Müßiggang – »ersuchten wir 1971 Nath (Physikdepartment der Technischen Universität München), nach diesem Prinzip einen flexiblen Lichtleiter zu entwickeln«.[7]

Der erwähnte Physiker Günther Nath machte sich an die Arbeit, indem er eine 200 Mikrometer dicke Quarzglasfaser einsetzte, da man wusste, dass das Material Quarz (SiO_2) im Vergleich zu anderen optischen Gläsern kontinuierliches Laserlicht selbst von 200 Watt Leistung zu 90 Prozent übertragen kann, ohne zerstört zu werden. Was Laserpulse angeht, so hielt Quarz sogar Belastungen von bis zu einem Megawatt als Spitzenleistung aus. Vor allem ließ es die richtigen Wellenlängen ungehindert durchgehen, also Licht im sichtbaren Bereich, womit das Spektrum vom kurzwelligen UV bis fast hin zum langwelligen Infrarot gemeint ist.

Die Geometrie eines solchen Laserlichtleiters, der als ein flexibles Laserskalpell dienen sollte, zeigte aber eine Menge Tücken, die mit Lichtbeugung an den Eintrittsöffnungen beginnen und mit der Fokussierung des austretenden Strahls nicht enden. Nath gelang es jedoch, diese Geometrie bis 1971 im Detail zu berechnen und umzusetzen, wie bei Müßiggang nachzulesen ist. Im Oktober 1971 konnte das neue Laserskalpell erstmals erprobt werden, und als alles zur allgemeinen Zufriedenheit funktionierte, bekam die deutsche Entwicklung sogar den internationalen Ritterschlag. Es war nämlich kein Geringerer als Leon Goldman, der Nath in sein medizinisches Laserlabor nach Cincinnati einlud, um den Lichtleiter unter Verwendung des dort im Einsatz befindlichen Nd:YAG-Lasers mit Dauerstrichbetrieb zu testen. Der befürchtete Vorführeffekt blieb aus, die Testreihen verliefen zur Zufriedenheit der Beobachter, und als Goldman darüber berichtete – die Publikation erschien 1973 –, durfte die deutsche Lasergemeinde dies als Durchbruch feiern. Wenig später konnte sogar vermeldet werden, dass die in den frühen siebziger Jahren erarbeiteten »neuen operativen Behandlungsmethoden mit Laserstrahlen in der Urologie« – so der Titel eines von der Stiftung Volkswagenwerk geförderten Projekts – »der Bundesrepublik Deutschland international einen Vorsprung verschafften«.[8]

Ein Laserzentrum

Die frühen 1970er Jahre waren voller innovativer Aktivität im medizinischen Sektor. Unter anderem wurde in Zusammenarbeit mit dem Unternehmen Messerschmitt-Bölkow-Blohm (MBB) 1972 ein Nd:YAG-Lasersystem im Dauerstrichbetrieb mit einer Ausgangsleistung von 60 Watt konzipiert, das man »mediLas« nannte. 1973 wurde es auf dem ersten internationalen Laserkongress vorgestellt, der in München unter dem Namen »Laser73« durchgeführt wurde. Diese Veranstaltung entwickelte sich in den kommenden Jahrzehnten nicht nur zu einem Treffpunkt der weltweit wachsenden Lasergemeinde. Sie findet im zweijährigen Turnus bis heute mit stetigem Zuspruch statt, und zwar unter dem Namen »Laser World of Photonics«, der auf die steigende Bedeutung von optischen Technologien in der Gegenwart hinweisen soll.

Zu den Initiatoren des Kongresses gehörte der Physiker Waidelich, der für die Kohärente Optik in der GSF zuständig war und den Medizinern bei der Anwendung der besonderen Strahlenquellen zur Seite stand. Es bereitete Waidelich Vergnügen, die Qualität von Laserstrahlen einem damals noch nicht durch Lasershows verwöhnten Publikum auf eine scheinbar schlichte, aber dadurch wahrscheinlich gerade einprägsame Weise zu vermitteln. Zu seinem Eröffnungsvortrag brachte er einen grünen und einen roten Luftballon mit und blies die beiden so auf, dass sich der rote in dem grünen befand. Anschließend lenkte Waidelich den Strahl eines Argonlasers auf die Doppelhülle, und der passierte den äußeren Ballon, um den inneren platzen zu lassen. Das grüne Licht des Argonlasers wurde eben nur von dem roten Gummi ausreichend absorbiert, um unter der dann einsetzenden Erhitzung zu kollabieren. Zur Erinnerung: Gegenstände, die bei normaler (weißer) Beleuchtung rot (grün) aussehen, bekommen ihre Farbe, weil sie das komplementäre Gegenstück besonders gut absorbieren und festhalten. Was grün (rot) ist, fängt das rote (grüne) Licht auf – und genau das hat der innere Ballon mit dem Licht des Argonlasers gemacht.

In dem Jahr, in dem der Ballon platzte und mediLas auf dem Kongress Laser73 vorgestellt wurde, konnten bereits die ersten Operationen mit dem System durchgeführt werden, das neben dem genannten Laser noch einen vorgeschalteten Helium-Neon-Laser als sogenannte Pilotlichtquelle einsetzte und den Nd:YAG-Strahl durch einen Quarzlichtleiter an sein Ziel brachte. Über die erwähnten Bauteile hinaus enthielt mediLas noch eine besondere Vorrichtung, die als Güteschaltung (englisch: Q-switch, Q für »quality«) bekannt ist und bereits in den frühen 1960er Jahren in der Absicht ersonnen worden war, die Leistung von Laserpulsen zu steigern. Durch ein optisches Schaltelement wird der Strahlengang im Resonator so lange blockiert, bis eine ausreichend hohe Besetzungsinversion erreicht ist. Dann wird der Strahlengang freigegeben und die im Lasermedium gespeicherte Anregungsenergie in einem kurzen Laserpuls freigesetzt.

Es dauerte dann nicht mehr lange, bis Nd:YAG-Laser in München zur endoskopischen Zerstörung von Blasentumoren und zur Koagulation von Warzen (Kondylomen) eingesetzt werden konnten. Und auch aus anderen Städten beziehungsweise Kliniken wurden erfolgreiche Behandlungen mit Laserlicht gemeldet, etwa 1976 die erste Bekämpfung eines Blasenkarzinoms durch Carl-Friedrich Rothauge in Gießen, oder 1977 die erste Aufhebung von kurzen Harnröhrenverengungen (Strikturen) durch H. Bülow in Würzburg. 1978 begann Rothauge, Harnröhrenerkrankungen routinemäßig mit Argonlasern zu behandeln. 1979 konnte in München der erste Erfolg bei der Behandlung eines Prostatakarzinoms durch Alfons Hofstetter und sein Team gemeldet werden.

Wie in anderen Städten und Zentren hatte man in München auch längst gelernt, Magenbluten mit den neuen flexiblen Leitern zu stillen, ohne dafür einen operativen Eingriff durchführen zu müssen. In der bayerischen Metropole hatte man inzwischen Überlegungen zu der Frage angestellt, wie der erreichte Schwung genutzt und die Laserforschung in systematische Bahnen gelenkt werden könne. Um die als notwendig erachtete interdisziplinäre biomedizinisch-technische Zusammenarbeit aufrechtzuerhalten, wurde im Februar 1972 der Stiftung Volkswagenwerk und dem damaligen Bundesministerium für Bildung und Wissenschaft (BMBW) vorgeschlagen, die Einrichtung »eines zentralen Laserlabors nach dem Vorbild des amerikanischen Laserzentrums in Cincinnati« zu finanzieren, an dem der legendäre Leon Goldman seine Erfolge erzielte. Als Projektträger sollte – wie zu Kapitelbeginn erwähnt – die GSF in Neuherberg fungieren, die aus diesem Grund im April 1972 ein Symposium zum Thema »Laser in der Medizin« ausrichtete.

Im Oktober 1973 wurde ein solches Laserzentrum bewilligt, das im Januar 1974 in Betrieb genommen werden konnte. Seine Aufgaben bestanden unter anderem darin, für die »Intensivierung und Verbreitung der Grundlagenforschung für Laser in Medizin, Physik und Biologie« zu sorgen und alle notwendigen Geräte und Laborräume zur Verfügung zu stellen. Als die GSF sich im Juli 2000 an ihre Anfänge erinnerte, kam durch Jürgen Kinder, der bis 1980 in der für die Laserexperimente zuständigen Abteilung für Angewandte Optik gearbeitet hatte, auch der Beginn der Laserforschung zur Sprache, auf den man stolz sein konnte. Die Forscher dieser Abteilung waren europaweit die Ersten, die konkret daran gearbeitet hatten, die in den Labors entwickelten Anwendungsmöglichkeiten in die klinische Praxis zu übertragen.

Im Lauf der kommenden Jahre wurden im Laserzentrum der GSF unter anderem Wege erkundet, mit dem Laser Lichttherapie zu betreiben. Besonders erfolgreich kam man dabei mit der Beseitigung von Feuermalen zurecht, also mit stark geröteten Stellen auf der Haut, die durch Missbildungen von Gefäßen entstehen.

Andere Versuche beschäftigten sich mit der visuellen Darstellung von Tumoren, die sonst optisch unauffällig bleiben.

Bis 1995 jedenfalls hat das Laserzentrum seinen Dienst getan, bevor es zum Ende dieses Jahres geschlossen wurde, weil an dem im Süden von München errichteten Klinikum Großhadern ein neues Laserzentrum in Betrieb genommen wurde, das sich in unmittelbarer Nähe der Patienten befindet. Zu diesem Zeitpunkt gab es bereits die Deutsche Gesellschaft für Lasermedizin, über die mehr zu erfahren sein wird, wenn die zweite Generation der Ärzte auftritt, die sich Heilung vom Laser versprechen und fragen, wie sie dabei vorgehen können, ohne etwas zu zerstören.

KAPITEL 7

Arbeit mit Licht

Im Verlauf der 1960er Jahre entwickelte sich die Bundesrepublik Deutschland nach und nach von einem Kunden und Verwerter des Laserlichts zu einem Produzenten und Anbieter der kohärenten Strahlen und ihrer Fertigkeiten. Dieser Wandel begann im akademischen Bereich und wurde in den siebziger Jahren durch eine vergleichbare Verschiebung auf dem kommerziellen Sektor ergänzt und gefestigt. Auf dem Weg dorthin ist als ein herausragendes Beispiel die umfassende Verarbeitung von Blech hervorzuheben, bei der Laser als Werkzeuge dienen, um eine verblüffende Vielfalt an Erzeugnissen mit sowohl einfachen als auch raffinierten Formen zustande zu bringen, die unseren Alltag bereichern und im Maschinenbau eine Menge einsparen – Material und Zeit zum Beispiel und somit Kosten. Laser und Blech – das klingt zunächst so, als ob eine neue Technik an ein altes Material verschwendet würde. Jeder Fortschritt, der diesen Namen verdient, besteht aber darin, das Alte, das gut ist – zum Beispiel das Blech –, mit dem Neuen, das auch nicht schlecht ist – zum Beispiel mit dem Laser –, zu kombinieren.

Die frühe Vielfalt

Die frühen 1960er Jahren brachten über den Durchbruch mit dem ersten Laser hinaus eine selbst heute noch erstaunliche Mannigfaltigkeit an Lichtmaschinen beziehungsweise Strahlquellen dieser besonderen Art hervor. Die sich dem wissenschaftlichen Einfallsreichtum von Menschen verdankende Palette machte es Ingenieuren und Unternehmern leichter, den Laser als universell einsetzbares Werkzeug zu betrachten. Sie erkannten, dass sie mit dem kohärenten Licht in den folgenden Jahren unter anderem in der Lage sein würden, durch passende und systematische Einfügung der Strahlquellen in die traditionellen Fertigungsprozesse die gewohnten Produkte zuverlässiger herzustellen. Die ökonomischen Anforderungen generierten erst Laser*geräte* (Strahlquellen), die im Anschluss daran nach und nach zu industriell genutzten Laser*systemen* (Fertigungsanlagen) erweitert wurden. Diese Entwicklung setzt sich in unseren Tagen mit unvermindert eindrücklichem Schwung fort.

Die Mannigfaltigkeit der frühen Laser[1]

1960 Die ersten Laser überhaupt – ein Rubinlaser und ein Helium-Neon-Laser.

1961 Idee für einen chemischen Laser (umgesetzt 1965) und kombinierte Laser mit optischen Fasern; Güteschaltung ermöglicht ultrakurze Pulse

1962 Stimulierte Emission gekühlter Galliumarsenid-Dioden und erste einstellbare Festkörperlaser (mit Übergangsmetallionen).

1963 Erster N_2-Laser und der Vorschlag, Festkörperlaser mit Laserdioden anzuregen; bessere Helium-Neon- und Argonlaser; Einführung der sogenannten Modenkopplung, mit deren Hilfe regelmäßige Pulsreihen mit konstanter Intensität gelingen.

1964 CO_2-Laser, Nd:YAG-Laser, erste durch Dioden angeregte Festkörperlaser und ein HCN-Laser, Xenon- und Krypton-Laser.

1965 Erste Laser mit Pulsen im Pikosekundenbereich durch Modenkopplung eines Rubinlasers; chemischer Laser.

1966 Erster Impuls-Farblaser, Farbstofflaser überhaupt und erster Kupferdampflaser.

1967 Berechnung und Umsetzung eines Wellenleitergaslasers und erster Fluorwasserstoff-Laser (HF-Laser).

1968 Erste Doppel-Heterostruktur-Laserdiode und erster Nd:YAG-Laser, der durch einen Diodenlaser gepumpt wird.

1969 Erster leistungsstarker CO_2-Laser im Kilowattbereich.

1970 Die erste kontinuierlich bei Raumtemperatur arbeitende Laserdiode.

Farbstoffe und Gitter

Die im Lauf der sechziger Jahre aufkommende Eigenständigkeit der heimischen Laserforschung zeigt sich zum Beispiel in der Entwicklung eines neuen Lasertyps, der inzwischen als Farbstofflaser bekannt ist. Farbstofflaser konnten schon bald – wie man mit einem musikalisch klingenden, anmutigen Ausdruck sagt – durchstimmbar gemacht werden. Damit ist gemeint, dass die als laseraktives Medium verwendeten Farbstoffe in der Lage sind, Licht mit unterschiedlichsten Wellenlängen auszusenden, die sich mithilfe eines optischen Gitters – des sogenannten Abstimmgitters – auswählen (einstellen) lassen. Die verfügbaren Farbstoffmoleküle erlauben es dabei, Wellenlängen zwischen dem ultravioletten und infraroten Teil des Spektrums – also zwischen 300 und 1200 Nanometern – anzusteuern.

Farbstofflaser wurden erstmals im Jahr 1966 vorgestellt. Die dazugehörige Laseraktivität beruht auf den Eigenschaften von Farbstoffen. Sie liegen zu diesem Zweck gewöhnlich in flüssiger Form als Lösung vor. Zu ihrer Erfindung hat damals eine Forschergruppe der Universität Marburg beigetragen, die unter der Leitung des Chemikers Fritz Peter Schäfer stand, der später am Max-Planck-Institut für biophysikalische Chemie in Göttingen die Abteilung für Laserphysik nicht nur aufgebaut, sondern ihr auch vorgestanden hat. Schäfers Marburger Gruppe kam etwa zu der Zeit mit dem Farbstofflaser heraus, zu der auch ein Team des IBM Watson Research Centers in der Nähe von New York, das Peter Sorokin unterstand, Erfolg in diese Richtung hatte. In seinem Laboratorium war bei vielfältigen Untersuchungen bemerkt worden, dass Farbstoffe in einer organischen Lösung geeignet stimuliert werden können. Das heißt, sie fangen selbst an, Laserlicht auszustrahlen, wenn sie mit einem Rubinlaser angeregt (optisch gepumpt) werden.

Es dauerte nach der Grundbeobachtung und der Erstvorführung der Farbstofflaser zwar noch vier Jahre, bis 1970 die erste darauf aufbauende Lichtquelle in Dauerstrichbetrieb genommen werden konnte. Aber in dem Moment, in dem dies passierte, erfüllte sich für

Schäfer ein Traum, wie er in seinem 1973 erschienenen Buch *Dye Lasers* geschrieben hat. In ihm ist von dem »fulfilment of an experimenter's dream« die Rede. Er meinte damit, dass die wissenschaftliche Welt nun über einen Laser verfüge, »that was easily tuneable over a wide range of frequencies«,[2] der also leicht über einen weiten Frequenzbereich durchstimmbar war.

Schäfer brachte sein Buch auf Englisch heraus, und der Grund dafür ist klar. Was nicht in dieser Sprache, die im Verlauf des Zweiten Weltkriegs Deutsch als »Lingua franca« der Wissenschaft abgelöst hat, veröffentlicht wird, hat seit einigen Jahrzehnten viel weniger Chancen, rezipiert zu werden, und dies gilt besonders auf dem Gebiet der Laserforschung, die anfänglich sicher als eine amerikanische Domäne anzusehen war. Der bereits erwähnte, damals in Stuttgart tätige Theoretiker Hermann Haken konnte bald ein besonderes Lied davon singen, nachdem er Mitte der 1960er Jahre zwar Kopf an Kopf mit dem amerikanischen Physiker Willis E. Lamb die erste umfassende Theorie des Laserlichts ausarbeiten konnte, die sich durchgängig an der Physik der Quanten orientierte und deren vertrackte Mathematik sich auf die elektromagnetischen Felder des Lichts anwenden ließ. Doch so herausragend Hakens sicher nobelpreiswürdige »Lasertheorie« war und so sehr sie half, die Eigenschaften der dazugehörenden Strahlung besser zu verstehen – Haken publizierte seine Arbeiten bevorzugt auf Deutsch und wurde damit weniger gelesen als Lamb. Dieser zog zusätzlich die Aufmerksamkeit auf sich dadurch, dass er 1955 den Nobelpreis für Physik erhalten hatte. Als eine Folge dieser Sprachasymmetrie ging in dem hier betrachteten Zeitraum selbst die traditionsreiche *Zeitschrift für Physik* dazu über, Artikel in englischer Sprache zu veröffentlichen.

Die Institutionalisierung des Lasers

Zweifellos darf das amerikanische Englisch als Sprache der Laserphysik gelten, und die Amerikaner waren auch die Ersten, die industrielle Anwendungen ins Auge fassten und besondere Techniken wie die Güteschaltung (»Q-Switch«) oder die Modenkopplung (»mode locking«) ersannen, die bereits erwähnt wurden. In beiden Fällen ging es darum, möglichst kurze Pulse mit möglichst hoher Spitzenleistung zu generieren, was zum Beispiel bedeutet, dass ein gütegeschalteter Laser statt einer kontinuierlichen Leistung von 1 Kilowatt 10 000 Pulse pro Sekunde generieren kann, die jeweils 100 Nanosekunden dauern und als Spitzenleistung 1000 Kilowatt erreichen. Mithilfe der Modenkopplung können noch weitaus kürzere Pulse produziert werden, wobei dieses Verfahren die Tatsache ausnutzt, dass das Licht innerhalb eines Lasers nicht über einen einzigen Schwingungszustand (Mode) verfügt, sondern unterschiedliche Moden (Schwingungszustände) annehmen kann, die jeweils geringfügig unterschiedliche Wellenlängen aufweisen. Durch physikalische Effekte können diese Moden so gekoppelt werden, dass sie synchron schwingen. Die Überlagerung sehr vieler zwar leicht unterschiedlicher, aber synchronisierter Wellen zwischen den Laserspiegeln führt zu einer periodisch auftretenden Addition aller Wellenbäuche und einer fast vollständigen Auslöschung dazwischen. So bildet sich eine periodische Konzentration der gesamten Energie aus – mit der Folge, dass kurze Lichtpulse mit hoher Leistung den Laser verlassen. Die Impulsdauer liegt dabei inzwischen im Bereich von Femtosekunden (10^{-15} Sekunden), und jeder Einzelimpuls erreicht eine Spitzenleistung, die in Gigawatt (10^9 Watt) angegeben wird.

Es ist nicht verwunderlich, dass mit den mannigfaltigen amerikanischen Vorgaben nach und nach auch in der Bundesrepublik so etwas wie eine Lasereuphorie ausbrach und zum Beispiel die ersten Vorträge, die auf den von der Deutschen Physikalischen Gesellschaft (DPG) organisierten Jahrestagungen 1963/64 angeboten wurden, in die größten verfügbaren Hörsäle verlegt werden mussten, weil das Interesse immens war. Die DPG – die durch Max Planck und andere lange vor 1933 an Bedeutung gewonnen hatte, dann aber aufgelöst worden war und sich erst in den sechziger Jahren wieder neu konstituierte – machte es sich sogleich zur Aufgabe, den Laser auf

Fortbildungstagungen für Physiklehrer vorzustellen, um das kohärente Licht beziehungsweise die Holographie und verwandte Themen zum Schulstoff werden zu lassen, wie damals Experimentalvorträge hießen. Auf dem 35. Physikertag (1970) in Hannover räumte die DPG dem neuen Licht schließlich einen eigenen Platz ein, indem sie für die »Laserphysik« eine Fachsitzung reservierte und in das Tagungsprogramm aufnahm.

In der Industrie allerdings hatte zu diesem eher späten Zeitpunkt die Euphorie für das monochromatische und kohärente Licht bereits etwas nachgelassen, was nicht zuletzt damit zusammenhing, dass die Anschaffungskosten für die ersten kommerziell verfügbaren Laser den Kostenrahmen vieler Institute zu sprengen drohten. Die Firma Technical Research Group, die mit Gordon Gould, dem erwähnten Konkurrenten der Pioniere Maiman und Townes kooperierte, bot damals zum Beispiel einen Rubinlaser zum Preis von 26 000 US-Dollar an (wobei der Wechselkurs viel höher lag als heute und 1 Dollar mehr als 4 DM kostete). Erste Gaslaser aus den USA konnten für geringere Beträge erworben werden. Sie kamen für 7500 US-Dollar auf den Markt, aber man zögerte auch bei diesem Preis, das Geld auszugeben. In den beiden genannten Fällen gab es nämlich zahlreiche technische Probleme – die Qualität der Rubinkristalle etwa ließ zu wünschen übrig und die Gaskolben der Resonatoren erwiesen sich vielfach als undicht. Überhaupt gab es Klagen über die kurze Lebensdauer und Unzuverlässigkeit der ersten auf dem Markt angebotenen Laser, und so werden viele Interessenten auch deshalb mit einer Anschaffung gezögert haben.

Im Rückblick ist es daher nachvollziehbar, wenn Werner Kleen und Rudolf Müller, zwei Leiter des Siemens-Forschungslaboratoriums, 1969 keinen Anlass zu einem besonderen Optimismus erkennen konnten: »Über die zukünftige Bedeutung des Lasers in den verschiedenen Bereichen der Technik sind Prognosen nur mit erheblicher Unsicherheit behaftet. Wir stehen erst am Beginn der Entwicklung von Anwendungen des Lasers, wobei diese mit ›klassischen‹ Geräten konkurriert. Ob es sich bei den vorgeschlagenen

Anwendungen des Lasers dieser oder andere Geräte durchsetzen werden, muss heute noch vielfach offen bleiben. Dies beruht nicht zuletzt darauf, dass Anwendungen in der Technik sehr wesentlich durch wirtschaftliche Gesichtspunkte, über die heute noch vielfach keine Klarheit besteht, bestimmt sind.«[3] Natürlich kannten die Manager von Siemens ausreichend viele Anwendungsgebiete – sie erwähnten unter anderem die optische Nachrichtenübertragung und Datenverarbeitung, die Ortung, die Holographie, die Kurzzeitfotografie und die Materialbearbeitung –, aber noch fehlten ihnen genügend Erfolgsmeldungen, um sich ökonomisch optimistisch äußern und dabei ein gutes Gewissen haben zu können.

Als weiterer Grund kam hinzu, dass es zunächst auch noch an einer breit angelegten Grundlagenforschung fehlte, die in der Bundesrepublik Deutschland aber dann doch langsam in Schwung kam. Historiker stellen für diese Zeit eine »Institutionalisierung der Laserforschung« fest. Der Umgang mit dem neuen Licht wurde zum Beispiel vermehrt durch die Deutsche Forschungsgemeinschaft gefördert, die in der Bundesrepublik als zentrale Einrichtung der Forschungsförderung operiert und von der Wissenschaft selbst verwaltet wird. Ab 1962 unterstützte die DFG im Rahmen ihres Schwerpunktprogramms »Hochfrequenztechnik« Untersuchungen und Projekte mit Lasern, die ein breites Spektrum abdeckten und sich zum Beispiel um die Entwicklung von Lasern im fernen Ultrarot bemühten oder die Möglichkeit untersuchten, Diodenlaser als Lichtverstärker einzusetzen. Diese im sogenannten Normalverfahren geförderten Einzelprojekte wurden an Universitäten oder Technischen Hochschulen in Berlin, Stuttgart, Karlsruhe, Darmstadt, München, Braunschweig und Heidelberg durchgeführt, wobei sich die Reihenfolge der Forscherstätten dem Zeitpunkt der Bewilligung verdankt.

1968 führte die DFG eine neue Art der Förderung ein, indem sie die Einrichtung von Sonderforschungsbereichen (SFB) anregte, in denen Forschergruppen kooperieren oder Disziplinen interagieren sollten. Natürlich wurden in diesem Rahmen viele individuell angepasste Laserprojekte mit finanziellen Mitteln versorgt – so gehörte zu dem Sonderforschungsbereich »Festkörperspektroskopie« ein Teilprojekt »Laserspektroskopie«. Es fällt dennoch auf, dass die Laserphysik beziehungsweise die Lasertechnik für sich allein lange Zeit keinen eigenen SFB bekommen (oder beantragt) haben. Erst 1978 tauchte das Wort Laser im Titel eines Sonderforschungsbereichs – dem SFB 93 – auf, als die DFG eine »Photochemie mit Lasern« in ihre Großförderung aufnahm.

Großforschung und große Forschung

In der DDR gab es keine Institution, die der DFG der damaligen Bundesrepublik vergleichbar war, was die unter anderem in Jena und Berlin angesiedelten Laserforscher zwang, andere Wege zur Finanzierung ihrer geplanten Arbeiten zu suchen. Sie mussten sich zum Beispiel darum bemühen, ihre Projekte in dem jeweils aktuellen Staatsplan mit dazugehörigem Budget zu verankern, was sie mithilfe einer Laser-Kommission versuchten, die beim Forschungsrat der DDR angesiedelt war. Sie ist vor allem der Initiative von Paul Görlich zu verdanken, der als Forschungsdirektor bei Zeiss in Jena arbeitete. Görlich wies ständig darauf hin, dass rechtzeitig ergriffenen DDR-Initiativen eine große Bedeutung zukommen würde, um »die Konkurrenzfähigkeit unserer Erzeugnisse auf dem Weltmarkt« zu sichern – was vor allem angesichts der verwunderlichen Tatsache dringend geboten sei, dass von einer anderen »Laserentwicklung innerhalb des sozialistischen Lagers ... nichts bekannt« sei.[4]

Es gab ohne Zweifel gute Wissenschaft in der DDR, aber die politisch verantwortlichen Funktionäre unterlagen damals besonders stark einem Irrtum, den auch viele westliche Staaten – nicht zuletzt die Bundesrepublik Deutschland – in dieser Zeit begingen und den der Philosoph Karl R. Popper in seinem – 1973 auf Deutsch erschienenen – Buch *Objektive Erkenntnis: ein evolutionärer Entwurf* mit dem Hinweis angesprochen hat, der sich im historischen Rückblick immer wieder bestätigt findet. Popper zufolge lässt Großforschung keine große Forschung zu und schadet ihr eher. In der DDR setzte man allzu sehr auf eine sogar als »sozialistische Großforschung« bezeichnete Form der organisierten Wissenschaft, die der Präsident der Deutschen Akademie der Wissenschaft (DAW), der Chemiker Hermann Klare, 1968 unmissverständlich von seinen Kollegen forderte, und zwar als »inhaltlich und organisatorisch konzentrierte, komplex angelegte und gezielt auf prognostisch-strategisch ausgewählte Entwicklungslinien moderner Wissenschaftsrichtungen gerichtete Forschungstätigkeit leistungsfähiger Kollektive und Persönlichkeiten«.[5] Im Anschluss an die viel zu großen Worte folgte der nicht weniger große Leerlauf.

In der BRD hingegen kamen einige Forschungsprojekte erfolgreich in Gang. Neben der bereits erwähnten Gesellschaft für Strahlenforschung mit ihrer medizinischen Ausrichtung wurden Institute der Fraunhofer-Gesellschaft – etwa das Institut für Lasertechnik in Aachen – und Laserzentren an Universitäten eingerichtet (beide erst in den 1980er Jahren). Besondere Beachtung verdient in diesem Zusammenhang auch das heutige Max-Planck-Institut für Quantenoptik in Garching bei München, das aus einer ursprünglich als Institut für Plasmaphysik (IPP) eingerichteten Großforschungseinrichtung hervorgegangen ist.

Unter Plasma ist ein besonderer Zustand der Materie zu verstehen, der sich nicht der gewöhnlichen Unterscheidung von fest, flüssig, gasförmig fügt. Ein Plasma ist leuchtend heiß und besteht teilweise oder vollständig aus freien Ladungsträgern wie Elektronen oder Ionen. Ein solcher Zustand kommt nur unter ungewöhnlichen Umständen vor – insbesondere bei extrem hohen Temperaturen –, und die Wissenschaft hoffte, dass sich in diesem heißen Materiebrei Prozesse anregen ließen, durch deren Hilfe sich Energie mit der Methode der Sonne gewinnen ließ. Um ein Plasma entweder zu erzeugen oder zu analysieren, wollte man am IPP das neue Licht einsetzen, weshalb man dort ab 1962 mit verschiedenen Lasern experimentierte.

Die Arbeiten kamen so gut voran, dass man 1969 in einem ersten Schritt der Arbeitsgruppe »Plasmaerzeugung durch Laser« den Status einer Abteilung gab und dann 1976 in einem zweiten Schritt – durch eine Vereinbarung zwischen der Max-Planck-Gesellschaft (MPG) und dem Bundesministerium für Forschung und Technologie (BMFT) – eine »Projektgruppe für Laserforschung« ins Leben rief, die unter der gemeinsamen Leitung von Siegbert Witkowski, Karl-Ludwig Kompa und Herbert Walther stand und sich unter anderem um die Entwicklung von Hochleistungslasern und deren Anwendung auf Plasmen kümmern sollte. Aus dieser institutionellen Auslagerung ist dann 1981 das eigenständige Max-Planck-Institut für Quantenoptik hervorgegangen, wobei bei allen Untersuchungen die Quantennatur von Licht und Materie als maßgeblich galt. Wenn im Verlauf der Darstellung auf besondere Erkenntnisse über die Natur des Lichts – vor allem auf Quanteneffekte – hingewiesen wird, haben Mitarbeiter dieses Instituts dazu ihren Beitrag geleistet. Erwähnt sei bereits an dieser Stelle, dass der 1986 von der berühmten Stanford University nach Garching berufene Theodor Hänsch im Jahr 2005 gemeinsam mit John L. Hall und Roy J. Glauber mit dem Nobelpreis für Physik ausgezeichnet wurde – natürlich für Forschungsarbeiten, die mit Lasern unternommen wurden.

Akademisch-ökonomische Wechselspiele

In den siebziger Jahren kam der Laser in der BRD auch im industriellen Gebiet in Schwung. Nicht nur begannen die entsprechenden Verbände mit der Organisation von Tagungen über Themen wie »Nachrichtenübertragung und Laser«, auch wurden erste Unternehmen wie Lambda Physik gegründet – 1971 in Göttingen durch Dirk Basting und Bernd Steyer –, die sich als Hersteller von Lasern zum Beispiel für die Forschung anboten. Lambda Physik, das heute in der amerikanisch geführten Coherent Inc. aufgegangen ist (der Name leitet sich von dem griechischen Buchstaben λ ab, mit dem in der Physik Wellenlängen bezeichnet werden), produzierte zunächst Gaslaser – genauer gesagt: Hochleistungsstickstofflaser –, von denen viele Universitäten profitierten. 1977 kam das Göttinger Unternehmen mit dem weltweit ersten kommerziellen Excimerlaser auf den Markt, der sich zum Beispiel als extrem dienlich beim Bohren feiner Düsen für Tintenstrahldrucker erwies und auch bevorzugt beim Reinigen von Kunstwerken eingesetzt wurde.[6] Excimerlaser operieren mit »angeregten Zweierverbindungen«, was auf Englisch »excited dimers« heißt und zu Excimer zusammengezogen worden ist. Diese Strahlquellen verwenden Edelgase, die durch Kombination mit anderen Atomen angeregt (»excited«) werden können. Gibt das Edelgas – zum Beispiel Krypton – den Zweierzustand (Dimer) auf, kann es seine überschüssige Energie durch spontane oder stimulierte Emission abgeben und folglich als laseraktives Medium genutzt werden.

Laser für den Markt – eine kleine Unternehmensgeschichte

»Laser für ein Jahrhundert der Photonik« – mit dieser stolzen Überschrift stellt sich das Unternehmen Coherent GmbH vor, dessen Firmensitz sich in Göttingen befindet, weil dort im Jahr 1971 zwei Max-Planck-Wissenschaftler mit der Herstellung von Lasern begonnen hatten. Dirk Basting und Bernd Steyer nannten ihr Unternehmen Lambda Physik, das vor allem mit solchen Lasern ins Geschäft kam, die ultraviolette Lichtpulse produzierten (Excimer- und Farbstofflaser) – zum Beispiel für die Augenheilkunde, die Produktion von Flachbildschirmen, die Reinigung von Kunstwerken, das Bohren extrem feiner Düsen für Tintenstrahldrucker, die Herstellung von Halbleitern, Chips und Mikroprozessoren und für andere Aufgaben.

1982 begann eine Kooperation mit der bereits 1966 von dem Amerikaner Eugene Watson gegründeten Coherent Inc., die im kalifornischen Santa Clara ihren Firmensitz hat. Diese erste Beteiligung wuchs sich nach und nach zu einer vollständigen Übernahme aus, die noch andere Unternehmen wie Bavarian Photonics aus München mit einschloss und 2005 besiegelt werden konnte. Seit 2006 firmiert das gesamte Unternehmen als Coherent GmbH und versteht sich als klassischer Auftragshersteller für OEM-Kunden. OEM (Original Equipment Manufacturer) steht also für Originalgerätehersteller und meint Kunden, die die Laser weiterverarbeiten oder in ihre Systeme integrieren.

Eugene Watson arbeitete in den frühen 1960er Jahren als Manager in dem Unternehmen Spectra Physics, als ihm auffiel, dass die Wissenschaft nach Dauerstrichlasern verlangte. Als sein Vorschlag, entsprechende CO_2-Laser zu bauen, bei der Firmenleitung wenig Interesse fand, schied er aus und ließ sich mit seinem Freund Earl Bell auf das Coherent-Abenteuer ein. Die beiden versprachen dem Unternehmen DuPont New Technologies, in den nächsten Monaten einen 100-Watt-CO_2-Laser liefern zu können. Das klappte aber doch nicht so direkt, wie es vorgesehen war. Ihre Anstrengungen brachten aber die Coherent Inc. auf den Weg des Erfolgs, wie Watson im August 2006 – zum vierzigjährigen Bestehen – der Fachzeitschrift *Laser Focus World* erzählt hat.[7] Der Standort Deutschland spielt für den kalifornischen Mutterkonzern deshalb eine besondere Rolle, weil hier sämtliche Excimerlaser und die diodengepumpten Festkörperlaser gefertigt werden. Excimerlaser erzeugen kurze, energiereiche Impulse mit ultraviolettem Licht, das in der Medizin – etwa beim Abtragen von Hornhautgewebe (Lasik) – sowie in der Materialbearbeitung eingesetzt werden kann. Was den zweiten Fall angeht, können Excimerlaser sowohl in der Tiefe als auch an der Oberfläche wirken und hier zum Beispiel Schichten auf- oder abtragen. Vielseitigkeit, wohin man schaut, und vermutlich haben die Wissenschaftler gerade erst angefangen, die Möglichkeiten der Anwendung ins Visier der Praxis zu nehmen, und haben noch viele Anwendungen vor sich.

Eugene Watson und Earl Bell waren vor ihrem Wechsel in die Wirtschaft Mitarbeiter des Max-Planck-Instituts für biophysikalische Chemie, an dem auch Fritz Peter Schäfer arbeitete. An diesem Beispiel lässt sich erkennen, wie das Wechselspiel zwischen der akademischen und der ökonomischen Welt in Gang kam. Dazu trug der Physiker Herbert Welling wesentlich bei, der 1974 aus den USA zurückkehrte, als er an die Universität seiner Heimatstadt Hannover berufen wurde. Hier richtete Welling ein Institut für Quantenoptik ein, das er nach und nach zu einem weltweit anerkannten Zentrum der Laserforschung ausbauen konnte – was folgerichtig 1986 zur Gründung des Laser Zentrums Hannover (LZH) führte.

Welling hat nicht nur wissenschaftlich gedacht und die dabei sichtbar werdenden Fragen wie die nach einem besseren Verständnis der Linienbreite eines Lasers ins Auge gefasst und erfolgreich gelöst. Er hat darüber hinaus stets eine strategische Perspektive anvisiert und dabei möglichst enge Kooperationen mit Unternehmen angestrebt, die Laser einsetzen oder entwickeln konnten. Ihn interessierten natürlich die Möglichkeiten der Materialbearbeitung, die Laser boten und die ihn alle Anstrengungen unternehmen ließen, um den weltweit leistungsfähigsten Nd:YAG-Laser (im Kilowattbereich) in seinem Institut zu konstruieren.

Welling stand aber auch bereitwillig den Ärzten der berühmten Medizinischen Hochschule Hannover zur Seite, wenn sie bei ihm Auskünfte über die Nutzung der Lasertechnologie in ihrem Bereich einholten oder ihn zum Beispiel um ein »bluttrockenes Skalpell« baten. So nannte Welling einen Laser, der beim Schneiden im Verlauf einer Operation mit dem behandelten Gewebe durch intensive lokale Wärmebildung so interagierte, dass Blutungen unterbleiben.

Ein Laser in der Fertigung

Wir haben das Unternehmen Lambda Physik als Beispiel für die kommerzielle Entwicklung bei Lasern gewählt, was bedeutet, dass eine Vielzahl anderer – oft sehr erfolgreicher – Aktivitäten ähnlicher Art leider unerwähnt bleiben, auf die unsere Wahl auch hätte fallen können. Dazu gehört nicht zuletzt die als Menlo Systems firmierende Ausgründung des oben erwähnten Max-Planck-Instituts für Quantenoptik in Garching. Die Menlo Systems GmbH wurde 2001 von Theodor Hänsch, dem Direktor des Instituts und späteren Nobelpreisträger, zusammen mit Roland Holzwarth und Michael Mei auf den Weg gebracht, die heute für das Management zuständig sind. Bei Menlo Systems geht es um Präzisionsmessungen. Ihre Mitarbeiter wollen optische Technologien entwickeln, um Lichtfrequenzen und andere elektromagnetische Phänomene mit äußerster Genauigkeit zu ermitteln, und damit haben sie Erfolg. Wir wollen im Folgenden der industriellen Anwendung von Lasern die größte

Aufmerksamkeit schenken, deren Umsätze spürbare volkswirtschaftliche Bedeutung bekommen haben. Gemeint sind Laser, die in der Fertigung eingesetzt werden, und zwar besonders dort, wo Bleche zu schneiden und zu fügen sind.

Als in Göttingen die zwei genannten Physiker den Absprung von der Max-Planck-Gesellschaft in das freie Unternehmertum wagten, wechselte Paul Seiler, ein Ingenieur für Feinwerktechnik, der darüber hinaus als Chirurgiemechaniker ausgebildet war, seinen Arbeitsplatz. Er verließ 1971 das Unternehmen Carl Zeiss in Oberkochen, wo er rund zehn Jahre lang an der Entwicklung von Lasergeräten mitgewirkt hatte. Er war zunächst unter Leitung von Siegfried Panzer im Hochfrequenzlabor des Unternehmens tätig, wo es darum ging, die geeignete Güteschaltung für Geräte zur Bestimmung von Entfernungen zu finden. Danach arbeitete Seiler an einem Mikroskoplaser, der »Materialbearbeitungen bei Miniaturisierungen« ermöglichen sollte und unter anderem zum Bohren von Diamantziehsteinen und beim Schweißen von Thermoelementen eingesetzt wurde.

Als Carl Zeiss den Geschäftsbereich »Laser für die Materialbearbeitung« nicht mehr weiterführen wollte, wechselte Seiler nach Schramberg zum Spiralfedernhersteller Carl Haas, einem Zulieferer der Uhrenindustrie, der plante, bei der Herstellung der sogenannten Flachspiralen in einem mechanischen Uhrwerk Laser einzusetzen. Für diese und andere Aufgaben musste der Laser ein Werkzeug werden, das heißt, die Strahlquelle musste in ein System aus optischen Komponenten integriert werden, damit das Laserlicht geeignet fokussiert und positioniert und seine Strahlen kontrolliert und zugleich gesteuert werden konnten.

Es gelang Seiler, diesen Anforderungen zu genügen und ein sogenanntes Laser-Komponenten-System (LKS) zu entwickeln, das er selbst in einem Interview aus dem Jahr 2008 mit berechtigtem Stolz als »die erste Anwendung eines Lasers in der industriellen, automatisierten Fertigung«[8] bezeichnet hat und das in seinem Verständnis von Anfang an für einen breiten Markt angelegt war. Ab 1973 standen bei Haas in Schramberg Montagemaschinen zur Verfügung, die das automatisierte Feinschweißen von Flachspiralfedern im Schichtbetrieb durchführten. Zwei Jahre später erlebte das LKS seinen Durchbruch, als sich herausstellte, dass es auch zum Schweißen für Bauelemente (Kathoden) von Fernsehbildröhren taugte, die es in großer Stückzahl herzustellen galt. Das LKS wurde erst bei AEG-Telefunken und ab 1978 in einer Großserienfertigung von Philips in den Niederlanden eingesetzt, was zum Siegeszug des Laserschweißens beitrug und die Integrierbarkeit des Laserlichts deutlich demonstrierte.

Der Erfolg Seilers beziehungsweise des Unternehmens Carl Haas hing zwar mit der hohen Motivation zusammen, mit der sich der Ingenieur den ihm anvertrauten Aufgaben zuwandte. Er verdankte sich aber auch der Offenheit, mit der Seiler die Zusammenarbeit zwischen Wirtschaft und Wissenschaft betrieb, indem er zum Beispiel von Anfang an die Unterstützung von Horst Weber erbat, der sich damals als Professor an der Universität in Kaiserslautern mit Lasern beschäftigte, und später Kontakte zu Laserinstituten – etwa dem Institut für Strahlwerkzeuge in Stuttgart (IFSW) – herstellte und mit deren Mitarbeitern Kooperationen vereinbarte.

Mit dem zunehmenden Einsatz von Lasern in der industriellen Fertigung wagte der Schramberger Zulieferer einen ungewöhnlichen und mutigen Schritt als Folge der Beobachtung, dass der Bedarf an Lasern stieg, während gleichzeitig die Flachspiralen und andere Produkte an Bedeutung verloren und an Umsatz einbüßten. Aus der ursprünglichen Zulieferfirma Carl Haas ging das produzierende Unternehmen Haas-Laser hervor, das 1985 einen Meilenstein in der Industrialisierung des Lasers setzen konnte. In dem genannten Jahr führte Haas-Laser vor dem Hintergrund von besseren Festkörperlasern mit steigenden Leistungen und Pulsfrequenzen das Laserlichtkabel in die Fertigung ein, mit dem der Laserstrahl zum Bearbeitungsort geführt und fokussiert werden kann. Mit dieser »sehr anspruchsvollen Entwicklung« (Seiler) kann ein Laserstrahl über eine sogenannte Strahlweiche mehrere Bearbeitungsstationen versorgen und damit Stillstandzeiten beim Wechseln von Werkstücken verringern. Diese Anordnung ergab eine wesentlich günstigere Bilanz der in der Anschaffung nach wie vor relativ teuren Lasergeräte und erhöhte somit ihre Akzeptanz. Seiler und das Unternehmen konnten sich nun auf weitere Entwicklungsarbeiten konzentrieren, die das Laserschweißen und -fügen immer attraktiver machten.

Das Unternehmen Haas-Laser wurde 1992 von einem anderen Laserproduzenten, der Firma Trumpf, übernommen, die im Lauf ihrer Entwicklung, ebenso wie Haas-Laser, von einem Blech bearbeitenden und Maschinen bauenden Betrieb zusätzlich zu einem Lieferanten für Lasersysteme wurde, die in der industriellen Fertigung eingesetzt werden. Natürlich kommt einem ein solcher Schritt zunächst eher unwahrscheinlich vor – aber nur, wenn man nicht weiß, wie faszinierend Blech sein kann und wenn man den Unternehmer noch nicht getroffen hat, der von diesem Werkstoff schwärmt.

Faszination Blech

Die Firma Trumpf existiert seit 1923. Ihre Geschichte begann, als Christian Trumpf zusammen mit zwei Partnern in der Nähe von Stuttgart eine mechanische Werkstätte erwarb, in der zunächst biegsame Wellen produziert wurden. Biegsame Wellen bestehen aus mehreren Lagen entgegengesetzt schraubenförmig umeinander gewundener Drähte, die in einem Metall- oder Kunststoffschutzschlauch rotieren. Sie werden verwendet, wenn das anzutreibende Element beweglich ist und die Antriebsquelle nicht mitbewegt werden kann oder soll oder wenn (bei Schaltwellen oder Schraubendrehern) das zu bewegende Objekt nicht auf direktem Weg erreicht werden kann.

Ab 1934 bot die inzwischen im Stuttgarter Vorort Weilimdorf angesiedelte Firma motorisierte Handscheren zum Schneiden von Blech an, die so erfolgreich verkauft wurden, dass das Unternehmen wuchs und sich 1937 den stolz klingenden Namen Trumpf & Co. zulegte. Im Zweiten Weltkrieg produzierten dort mehr als hundert deutsche Mitarbeiter gemeinsam mit zwanzig französischen Fremdarbeitern wie gewohnt Elektrohandscheren und biegsame Wellen, und nach 1945 kamen weitere neue Produkte zur Palette der Blechbearbeitung hinzu – zum Beispiel eine sogenannte Aushauschere, die für gerade gezogene oder kreisende Formschnitte sorgte –, weil die Produktionsanlagen im Krieg zum Glück unbeschädigt geblieben waren.

Ingenieure sprechen bei der Aushauschere von einer stationären Maschine, weil sie fest montiert ist, während die zu schneidenden Blechstücke zu ihr hingeführt und entsprechend für die Bearbeitung bewegt werden (während es früher umgekehrt lief und man sich mit mobilen Werkzeugen an festgeklemmte Werkstücke heranmachte). Mit stationären Maschinen dieser Art stellte sich für Trumpf & Co. allmählich ein immer größerer ökonomischer Erfolg ein, was bedeutete, dass zum Beispiel um 1950 herum bereits hundertfünfundvierzig Mitarbeiter in Weilimdorf beschäftigt waren, mit deren Anfertigungen ein Umsatz von mehr als einer Million DM erwirtschaftet werden konnte.

Spätestens an dieser Stelle müssen wir uns dem Objekt der maschinellen und produktiven Begierde zuwenden, dem Blech, wie wir Metalle nennen, wenn sie uns in flacher Form – etwa als Kuchen- oder Pizzablech – begegnen. Doch im allgemeinen Sprachgebrauch wird dem gewalzten Stahl wenig Sympathie entgegengebracht – selbst in Redewendungen wie »Red kein Blech daher«. Auch wenn etwas »blechern« klingt, drücken wir damit kein Lob aus. Bestenfalls als »heilix Blechle« findet das wunderbare Ausgangsmaterial eine positive sprachliche Verwendung – zumindest in dem Bundesland, in dem man alles außer Hochdeutsch kann. Die Verwendung der Koseform, die ursprünglich als Ausruf des Erstaunens diente und inzwischen das Lieblingsspielzeug der Deutschen – ihr Auto – meint, könnte man vielleicht damit erklären, dass wir doch ahnen, dass sich einige Qualitäten unseres motorisierten Fahrzeugs der

Abb. 18: Unter Nibbeln wird das Einbringen einer beliebigen Kontur in ein Blech verstanden, wenn dabei Schritt für Schritt vorgegangen wird. Man nennt das Verfahren auch Knabberschneiden.

Eleganz der Karosserie verdanken, die uns beherbergt und die aus Blechen hergestellt wird.

Das glänzend metallische Material ist ein zugleich schützender und schmiegsamer Werkstoff, der aus Stahl, Aluminium, Kupfer oder Messing gefertigt wird und dessen Formbarkeit und vielseitige Verwendbarkeit zahlreichen Kulturen schon seit langem bekannt ist. Einst wurden die blinkenden Bleche gehämmert – sie verdanken ihren Namen übrigens dieser Qualität des aufblitzenden Glanzes –, dann kamen Menschen bereits zur Zeit von Leonardo da Vinci auf die Idee, das manchmal als »Halbzeug« bezeichnete Material zu walzen, und heute werden Bleche gestanzt, gebogen, geschweißt, gefügt und genibbelt, um nur einige Tätigkeitsworte anzuführen.

Unter Nibbeln versteht man ein Fertigungsverfahren zum Ausschneiden von Blech-Werkstücken aus Blechtafeln, das Fachleute auch als »Knabberschneiden«, das schrittweise Einbringen einer Kontur in ein Blech, bezeichnen. Die Mitarbeiter der Firma Trumpf wurden im Lauf der 1960er und 1970er Jahre als »Könige des Nibbelns« betrachtet, und die Führung des Unternehmens war darauf ebenso stolz wie die ganze Mannschaft. Der Einsatz von Lasern zu dem Bearbeitungszweck des Nibbelns lag damals zwar noch in der Zukunft, aber die dazu nötige Richtung wurde damals bereits eingeschlagen. Denn aus der genannten Königsposition heraus entschied die Geschäftsführung vom Trumpf, sich gegen Ende der siebziger Jahre grundlegend neu am Markt zu positionieren und als traditionelles Maschinenbauunternehmen in die Lasertechnik einzusteigen – natürlich ohne dabei das Nibbeln aufzugeben, das bald noch besser mithilfe von Laserstrahlen durchgeführt wurde.

Berthold Leibingers Auftritt

Den Ausgangspunkt für die Rangbezeichnung »König des Nibbelns« bildete die Erteilung eines Patents aus dem Jahr 1957, das der Firma Trumpf für die automatische Koordinatenführung in stationären Maschinen erteilt wurde. Sie verdankte diesen Titel dem bei ihr angestellten Ingenieur Berthold Leibinger, dem sie das Patent überschrieb. Hinter dem Begriff der Koordinatenführung verbirgt sich ein Verfahren, mit dem die Bewegung der zu bearbeitenden Bleche maschinell durchgeführt werden kann. Die Mobilität einer Maschine wird durch die patentierte Automatik so gesteuert, dass beim Stanzen, Schneiden oder Nibbeln die angestrebten Formen zustande kommen, die sich auf diese Weise insgesamt verlässlicher und einheitlicher herstellen lassen.

Anfang der sechziger Jahre übernahm Berthold Leibinger die Leitung der Konstruktion bei Trumpf, und in dieser Position suchte er nach einer weiteren Verbesserung der Technik zur Führung der Blech schneidenden beziehungsweise nibbelnden Maschinen. Leibinger gelang dies mittels eines Verfahrens, das seit 1952 in den USA eingesetzt wurde und die Handlungsanweisungen an die Maschine in Form von Zahlen verschlüsselte. Man spricht dabei von einer numerischen Steuerung oder Kontrolle, der NC-Technik (»Numerical Control«), deren Siegeszug 1968 begann und deren Verwendung den Weg andeutet, der bald zum Einsatz von Lasern führte. In dem genannten Jahr stellte Trumpf die erste Blechbearbeitungsmaschine zum Stanzen und Nibbeln von Konturen vor, in der das zu bearbeitende Werkstück mithilfe einer solchen numerischen Steuerung bewegt wurde. Diese Maschine, die Trumatic 20, erhielt sämtliche Informationen zur Formung eines Blechs durch die Lochstreifen, die damals zum Standardrepertoire von Rechenmaschinen gehörten – und die bald von den Disketten abgelöst wurden, die mit den ersten PCs auf den Markt kamen und natürlich auch industriell genutzt wurden. Konstruktionsideen und die dazugehörigen technischen oder geometrischen Informationen – Stanzen oder Nibbeln?, Kreis oder Gerade? – mussten nun in eine Programmiersprache, in ein NC-Programm, übersetzt werden, mit dem die Maschine ihre Arbeit verrichtete. Im Rückblick erkennt man, wie das allmählich einsetzende Zeitalter der elektronischen Informationsverarbeitung mit programmgesteuerten Rechenmaschinen namens Computer Gestalt annahm und alltägliche Praxis für uns wurde.

Eine weitere Laserfabrik

Wer Anfang der 1970er Jahre die Prognose riskiert hätte, dass der Maschinenbauer Trumpf am Ende dieser Epoche beginnen würde, die Lasertechnik zu verwenden und in der Mitte der 1980er Jahre sogar den Einstieg in die Eigenproduktion von leistungsfähigen CO_2-Lasern zu riskieren, hätte bestenfalls ein müdes Lächeln und auf jeden Fall Unverständnis geerntet. Aber genau diesen Weg schlug Leibinger mit dem Unternehmen ein, das bald sein eigenes wurde. Er war befugt, die Richtung selbstverantwortlich zu bestimmen, seit der kinderlos gebliebene Gründer Trumpf in als seinen Nachfolger auserkoren und ihn entsprechend in die Firmenleitung eingebunden hatte. Leibinger erwarb in den 1960er Jahren erste Anteile an Trumpf und übernahm die technische Leitung des Unternehmens. 1978

Abb. 19: Trumatic 180 Laserpress

wurde er zum Vorsitzenden der Geschäftsführung ernannt, und ein Jahr später stieg Trumpf in die Lasertechnik ein, ohne den ursprünglichen Geschäftsbereich des Maschinenbaus aus den Augen zu verlieren oder zurückzufahren. Damals kam eine Stanzmaschine auf den Markt, die das Blech mit einem Laser bearbeitete, der aus kalifornischer Produktion stammte und eine Leistung von mehr als 500 Watt lieferte. Die kombinierte Stanz-Lasermaschine – so die offizielle Bezeichnung – wurde unter dem Namen »Trumatic 180 Laserpress« angeboten und erwies sich als sehr erfolgreich.

Nach dem Stanzen übernahmen die Laser bald das Schneiden – und damit ist der Einsatz der Strahlquellen genannt, mit dem der größte Umsatz erwirtschaftet wird. Wir vernachlässigen all die feinen Unterschiede zwischen Brennschreiben, Schmelzschneiden und Sublimierschneiden, um zu einem anderen Aspekt der Geschichte zu kommen, nämlich der Feststellung, die in den frühen 1980er Jahren von Leibinger in die Worte gefasst wurde, dass die damals käuflich erworbenen Laser »nicht ganz industrietauglich« waren – wes-

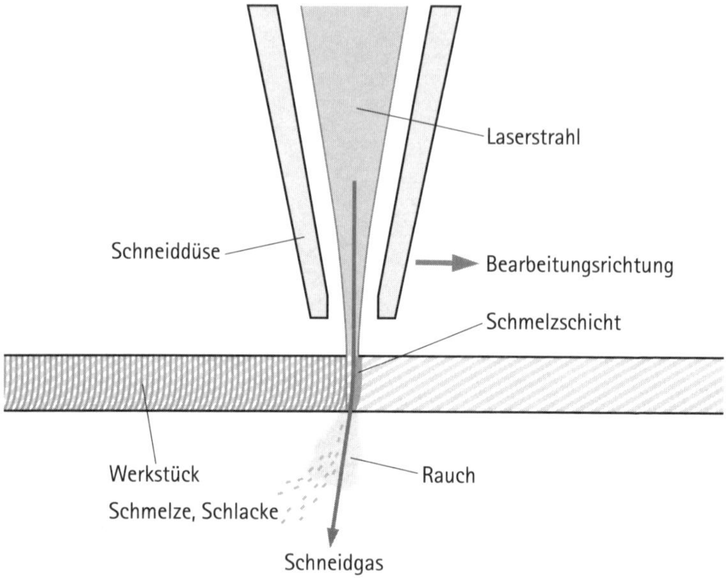

Abb. 20: Beim Laserschneiden schmilzt der Strahl das Werkstück auf. Sobald es vollständig durchdrungen ist, beginnt das Schneiden. Der Laserstrahl bewegt sich entlang der vorgesehenen Kontur und schmilzt das Material durchgängig auf. Das Geschmolzene wird von einem Gas nach unten aus der Schnittfuge geblasen. Dabei entsteht ein enger Schnittspalt, der kaum breiter als der fokussierte Laserstrahl ist.

halb es nötig wurde, »mit der Entwicklung eines eigenen Lasers« zu beginnen.[9]

Die dazu durchgeführten Arbeiten – noch nicht den Laser selbst – stellte das Unternehmen 1985 vor. Man brauchte dann zusätzlich ein (sehr hektisches) Jahr, um den Laser schließlich als Produkt anbieten zu können. Die Anstrengungen zahlten sich aber aus, und mit diesem Erfolg wurde Trumpf Maschinenbauer und Laserproduzent zugleich. Gut zehn Jahre später baute das Unternehmen seine zweite Schiene aus. Nach dem Aufbau einer Produktion in den USA errichtete es am Stammsitz ein neues Werk für seine Laser. Als die Produktionsstätte 1998 eröffnet wurde, hatte die Nachfrage die Planungen bereits überholt. In dem bei Stuttgart gelegenen Städtchen Ditzingen, in das man bereits 1972 umgesiedelt war, überschritt die Jahresproduktion die Zahl 1000, und bald konnte die

Auslieferung des 10 000sten CO_2-Lasers gefeiert werden. Zwei Drittel ihres Umsatzes verdankten die »Trumpfler« am Ende der 1990er Jahre den Lasermaschinen und Laserstrahlquellen.

Einstieg in Festkörperlaser

Einen Anteil am wachsenden Lasergeschäft verdankte man einer Erweiterung der Technologiepalette. Die Geschäftsführung hatte 1992 den Schramberger Hersteller Haas-Laser übernommen. Bei dieser Akquisition verfolgte man den Plan, die eigene Produktion von Gaslasern (CO_2-Lasern) durch Festkörperlaser vom Typ der Nd:YAG-Laser zu ergänzen, die aus dem Schwarzwald kamen. Diese Strahlquellen waren inzwischen in der Lage, einen kontinuierlichen Strahl mit einer Leistung von 2 Kilowatt zu liefern. Bevor man sich an die Entwicklung eines eigenen Festkörperlasers wagte, schien es technisch geraten und ökonomisch sinnvoll, Haas-Laser mit seinem Know-how zu erwerben und den eigenen Gaslasern an die Seite zu stellen.

Die Entscheidung aus der Mitte der 1980er Jahre, selbstständig als Produzent von CO_2-Lasern auf den Markt zu gehen, war vor dem Hintergrund von zwei Überlegungen zustande gekommen, einer speziellen und einer allgemeinen.

Auf der einen (speziellen) Seite hatten die CO_2-Laser den Fachleuten zufolge die besten Aussichten für den möglichen industriellen Einsatz, da sie kompakt gebaut und bestens in Fertigungsanlagen integriert werden konnten. Auf das Kompakte konnte man selbst bei höheren Leistungen setzen, obwohl die für einen Arbeitsgang erforderliche Stärke des Strahls mit der Länge des Resonators verknüpft ist. Um sie zu vergrößern, musste das Laserlicht umgelenkt – »gefaltet« – werden. So wurden quadratisch gefaltete Resonatoren mit dazugehörigen Umlenkspiegeln entwickelt, die 1989 auf der Europäischen Werkzeugmaschinenausstellung in Hannover vorgestellt werden konnten.

Varianten der »Hocheistungs-CO_2-Laser«

Wer von Fachleuten über Laser informiert wird, lernt im Fall des CO_2-Lasers sehr bald ungewohnte Unterscheidungen wie etwa die zwischen quer- und längstgeströmten Strahlquellen kennen.

Es sei zunächst daran erinnert, dass CO_2-Laser mit einem Gasgemisch (CO_2, Helium, Stickstoff und anderen Beimengungen) operieren, Licht mit einer Wellenlänge im Mikrometerbereich erzeugen (10,6 µm) und über einen Wirkungsgrad von etwas mehr als 10 Prozent verfügen. Das laseraktive Gas ist das CO_2, das auf verschiedene Weise zur Emission angeregt werden kann, zum Beispiel durch elektrische Gasentladungen. Nachdem die angeregten Moleküle ihr Licht auf die Reise geschickt haben, befinden sie sich noch nicht in ihrem Grundzustand. Diesen erreichen sie erst, nachdem sie mit dem Helium zusammengestoßen sind. Damit diese Entladung gleichmäßig abläuft, benötigt die Apparatur einen Unterdruck, was wiederum eine solide Konstruktion bedingt. Außerdem muss die eingespeiste Energie, die nicht als Laserlicht in Erscheinung tritt und daher als Wärme übrig bleibt, abgeführt werden. Die nötige Kühlung kann auf verschiedene Weise erfolgen, und an dieser Stelle kommen die genannten Unterscheidungen ins Spiel.

Wie grundsätzlich bei Lasern gilt, benötigt der Strahl einen Resonator, in dem er sich verstärkt. Dieses Rohr soll als Konstruktion vorgegeben sein. Dann gibt es drei Möglichkeiten, das Lasergasgemisch in dem Resonator abzukühlen. Entweder man strömt das Gas, und dies kann längs der Achse des Resonator oder quer zu ihr geschehen, und diese Alternative erklärt die oben genannten Begriffe. Oder man hält das Lasergas ruhig und nimmt ihm seine Wärme durch Kühlung der äußeren Wand des Resonators, der zumeist als Rohr vorliegt. In diesem Fall spricht man von einem diffusionsgekühlten CO_2-Laser.

Längsgeströmte CO_2-Laser bringen höhere Leistungen im Kilowattbereich zustande und zeichnen sich durch eine bessere Strahlqualität aus. Sie dienen daher bevorzugt zum Schneiden (und natürlich auch zum Schweißen). Was die dritte Sorte angeht, so ist man inzwischen dazu übergegangen, das aktive Lasermedium – das Gasgemisch – in eine Platte zu bringen, was auf Englisch »slab« heißt und den Namen Slablaser erklärt. Diese besondere diffusionsgekühlte Variante eines CO_2-Lasers, die einen äußerst geringen Gasverbrauch aufweist und sehr kompakt konstruiert werden kann, findet sich bevorzugt beim Schiffs- oder Anlagebau, weil die geringen Abmessungen eine im gesamten Arbeitsbereich befriedigende Strahlqualität bereitzustellen erlauben.

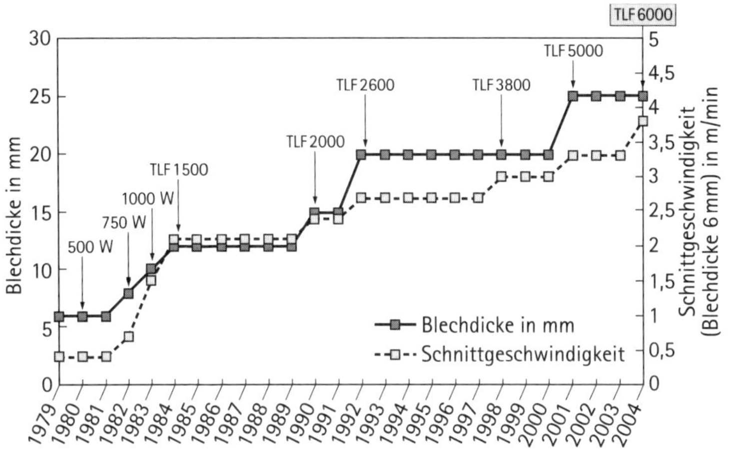

Abb. 21: Die historische Entwicklung der Laserleistung ist hier am Beispiel von CO_2-Lasern dargestellt, die zum Schneiden dienen. Aufgetragen als Funktion der Zeit (in Jahren) sind die handhabbare Blechdicke (angegeben in Millimetern) und die Geschwindigkeit (angegeben in m/min), die bei einer Blechdicke von 6mm möglich ist. Die genannten Laser – etwa TLF 1500 – sind Produkte der Firma Trumpf.

Auf der zweiten (allgemeinen) Seite konnte man längst voraussehen, welche Vorteile das Schneiden von Blechen mit Lasern gegenüber den traditionellen Verfahren aufweist. Schneiden mit dem Laserstrahl bedeutet nämlich ein berührungsloses und kräftefreies Bearbeiten des Materials, wie sich jeder klarmachen sollte, der sich für das besondere Licht interessiert. Anders als beim Stanzen oder Nibbeln kann nahezu jede Konturform erzeugt werden, ohne dass ein einziger Werkzeugwechsel nötig ist.

Tatsächlich erwies sich in den kommenden Jahren, dass ein fokussierter Laserstrahl das denkbar einfachste Schneidewerkzeug darstellt, mit dem in nahezu jedem Material jede beliebige Kontur (Form) erzeugt werden kann. Dabei kann man eine wesentliche Umkehrung der herkömmlichen Bewegungsabläufe vornehmen, was bedeutet, dass man mit bewegten Leitern eine »fliegende Optik« zustande bringt, die es erlaubt, an Stelle des Werkstücks einen Bearbeitungskopf zu mobilisieren und über das Blech »fliegen« beziehungsweise schweben zu lassen, das selbst liegen bleibt.

Die Leistungsfähigkeit von CO_2-Lasern – die Dicke der zu schneidenden Bleche und die dabei mögliche Geschwindigkeit – ist inzwischen Stoff für Lehrbücher geworden. Man findet eine historische Darstellung zum Beispiel in dem von Helmut Hügel und Thomas Graf verfassten Buch *Laser in der Fertigung*, das 2009 aus dem *Strahlwerkzeug Laser* hervorgegangen ist, das Hügel allein vorgelegt hatte (1992). Die neue Ausgabe beschreibt umfassend »Strahlquellen, Systeme, Fertigungsverfahren« und macht deutlich, was der Laser geschafft hat: Er hat sich von einer Strahlquelle zu einem Strahlwerkzeug gemausert.

KAPITEL 8

Das Strahlwerkzeug

Eine erstaunliche Entwicklung – aus einer Einsicht in das Verhalten von Atomen ist erst ein Mechanismus zur Verstärkung von Licht, dann eine Strahlenquelle und zuletzt ein Werkzeug geworden. Und was mit ihm möglich wird, stellt das Lehrbuch *Laser in der Fertigung* in seiner ganzen Vielfalt vor. Dieses Buch soll keine Physiker oder andere Grundlagenwissenschaftler, sondern »insbesondere Konstrukteure und Fertigungstechniker mit der Lasertechnik vertraut« machen, wie es im Vorwort heißt. Das bedeutet, dass die Autoren im Studienangebot der deutschen Hochschulen auf dem Gebiet des Maschinenbaus eine Lücke erkannt haben, die sie mit ihrem Buch schließen (wozu auch andere beigetragen haben). Die beiden Wissenschaftler gehören zur Führungsriege des zur Universität Stuttgart gehörenden Instituts für Strahlwerkzeuge, das 1986 gegründet wurde, also zu der Zeit, als Haas-Laser das erste Laserlichtkabel für die Materialbearbeitung auf den Markt brachte. Als erster Direktor des IFSW wurde Helmut Hügel berufen, der das Institut bis zu seiner Pensionierung leitete und dem als eine Art Abschiedsgeschenk der höchste Preis zugesprochen wurde, den die Welt der Laser zu vergeben hat: der Arthur L. Schawlow Award des Laser Institutes of America. Hügels Nachfolger in Stuttgart wurde im Juni 2004 sein Kollege und späterer Koautor Thomas Graf.

Die Aufgabe des Instituts bestand darin, »zum Fortschritt der Lasertechnik und zu ihrem erfolgreichen Einsatz in der industriellen Fertigung« beizutragen, und wie zeitgemäß seine Gründung war, zeigt der Blick auf die Wandlung der Angebote von Trumpf in denselben 1980er Jahren. Öffentliche Einrichtungen wie das IFSW – und private Gründungen vergleichbarer Art – haben in Deutschland stets für ein gutes wissenschaftliches Umfeld gesorgt, in dem die Laserindustrie gedeihen und an die Weltspitze preschen konnte. Auf diesen Tatbestand einer führenden Rolle Deutschlands in der Materialbearbeitung und Fertigung mit Lasern hat Berthold Leibinger in seiner Rede zum zehnjährigen Jubiläum des Instituts für Strahlwerkzeuge hingewiesen. In diesem Zusammenhang hob er mehrmals das gute Umfeld hierzulande hervor, in dem Industrie und Universität von den speziellen Eigenschaften des Lasers wechselseitig profitieren.

Laserinstitute in Deutschland

Wir konzentrieren uns in diesem Buch exemplarisch auf das Stuttgarter Institut und bitten die vielen anderen Gründungen mit ähnlicher oder verwandter Zielrichtung um Verständnis und Nachsicht. Natürlich gehörte es sich zum Beispiel, das 1985 von Gerd Herziger in Aachen gegründete Institut für Lasertechnik (ILT) ausführlich zu würdigen, das als eine Einrichtung der Fraunhofer-Gesellschaft zur Förderung der angewandten Forschung e.V. (FhG) betrieben und zur Zeit von Reinhart Poprawe geleitet wird. Überhaupt müsste mehr über die eben genannte – bereits 1949 gegründete – Gesellschaft erzählt werden, die zur bedeutendsten Organisation für eine praxisorientierte und dienstleistungsfähige Forschung und Entwicklung in Europa herangewachsen ist. Der größte Standort der FhG findet sich heute in Dresden, wo es unter anderem seit 1990 das Institut für Werkstoff- und Strahltechnik (IWS) gibt, das von Eckhard Beyer geleitet wird, der 2008 den Laserolymp erreichte, als ihm ebenfalls der Arthur L. Schawlow Award zuerkannt wurde. Bei dem IWS in Dresden wird unter anderem an der Verbesserung des Schweißens mit Laserstrahlen gearbeitet, das etwa da auf Grenzen stößt (Risse produziert), wo man sich an härtbaren Stahl oder Kohlenstoffstähle heranwagt. Als Lösung bietet das Fraunhofer IWS zum Beispiel ein von ihm entwickeltes »induktiv unterstütztes Laserstrahlschweißen« an, das nicht nur Bauteile aus den genannten Materialien absolut rissfrei verbinden kann, sondern sich durch geringen Energieverbrauch auszeichnet und wenig Investitionskosten verursacht.

Was das ILT in Aachen angeht, so kann es sein fünfundzwanzigjähriges Bestehen in dem Monat feiern, in dem der Laser selbst fünfzig wird. Bei dieser Gelegenheit wird sicher an die Kooperationen mit Unternehmen wie Trumpf oder Rofin-Sinar erinnert, die leistungsstarke CO_2-Laser (40 Kilowatt) und diodengepumpte Festkörperlaser hervorbrachten. Es wird aber auch über künftige Aufgaben gesprochen werden, die etwa die Geschäftsfelder »Laser und Plasmatechnologie« oder »Laseranlagen und Systemtechnik« abdecken sollen. Das Fraunhofer ILT hat sich mit anderen Forschungseinrichtungen sowie mit kleinen und mittelständischen Unternehmen zu dem europäischen Netzwerk European Laser Institute (ELI) zusammengeschlossen, mit dessen Hilfe das Laserwissen der Wissenschaft der Industrie zugeführt werden soll.

Wie gesagt, der Laser steht noch am Anfang seiner Möglichkeiten. Als Werkzeug betrachtet beginnt seine Entwicklung erst jetzt. Die Laserinstitute helfen dabei.

Über dieses Anwendungsgebiet lässt sich schon in den frühen 1980er Jahren viel Lobendes sagen, als bei Trumpf entschieden wurde, die in den Stanz-Nibbel-Maschinen eingesetzten Fremdlaser durch Produkte der eigenen Entwicklung zu ersetzen. Natürlich verfügte man zu diesem Zeitpunkt über mehr Mut als über Wissen, aber der Mangel an Kenntnissen konnte durch die Fülle von Kontakten ersetzt werden, die die Firmenleitung zur Deutschen Forschungs- und Versuchsanstalt für Luft- und Raumfahrt (DFVRL, heute DLR) knüpfen konnte. Die hier und an dem in Stuttgart angesiedelten Institut für Technische Physik tätigen Forscher galten als führend auf dem Gebiet neuartiger Techniken zur Anregung von leistungsstarken Lasern, für die sogenannte Hochfrequenzgeneratoren entwickelt wurden. Sie sollten dem Lasermedium die Energie zuführen, die es für die Emission zugehöriger Strahlung benötigte.

Bei den ersten gemeinsamen Gehversuchen wurden zwar Laser zuwege gebracht, die 900 Watt leisteten, sie vermochten dies aber nur rund 10 Sekunden in Folge.

Die ersten Anstrengungen waren mit Lasern vorgenommen worden, bei denen das Gas quer zur Achse verläuft, an der entlang sich der Strahl ausbildet. Als sie nicht vorankamen, schlugen die Ingenieure von Trumpf vor, eine andere Strömungsrichtung des Gases – längs der Achse – auszuprobieren. Sie hielten diese Anordnung für weniger wärmeempfindlich und daher für stabilisierungsfähig. Um herauszufinden, ob dies tatsächlich der Fall ist, musste eine Menge eigener Entwicklungsarbeiten unternommen werden. Der damalige Leiter der Laserentwicklung, Hans Klingel, kontaktierte Gerd Herziger, der nun einen Lehrstuhl an der Universität Darmstadt hatte. Mithilfe seiner Ideen und Hinweise wurde eine hauseigene, interdisziplinär besetzte Arbeitsgruppe gebildet, die unter zahlreichen Vorgaben der Führungsebene den ersten Laser von Trumpf bauen sollte. Verlangt wurden hohe Strahlleistung, kompakte Bauweise, benutzerfreundliche Steuerung, minimale Wartung und geringfügige Aufwärmzeit – im Zehntelsekundenbereich –, und unbedingt nötig war die Stabilisierung des Laserstrahls.

Es dauerte ein bis zwei Jahre, bis die Liste abgearbeitet und Trumpf seine Laserproduktion starten konnte. Als Berthold Leibinger 1996 auf diese Startphase zurückblickte, konnte er einen gewissen Stolz nicht verbergen, als er nach einem Lob für die reine Wissenschaft, ein so »komplexes physikalisches Gerät« wie einen Laser entwickelt zu haben, auf den Unterschied zwischen der Strahlquelle und dem Maschinenbauprodukt hinwies: »Wir haben als Maschinenbauer auch einiges [in die Entwicklung] eingebracht, denn die Physiker haben bis zu diesem Zeitpunkt den Laser immer auf der optischen Bank aufgebaut und [dabei] eher fragile Gebilde produziert. Wir dagegen haben ein recht stabiles Gebilde produziert. Wir wollten ein thermisch und mechanisch außerordentlich stabiles Gerät haben, und diese Handschrift des soliden Maschinenbauers hat dem Laser gut getan.«[1]

Es benötigte eine zugleich intensive und gleichberechtigte Zusammenarbeit zwischen der Industrie – in diesem Fall der Firma Trumpf – und der Wissenschaft – repräsentiert durch das IFSW –, um die instrumentellen Qualitäten und technischen Fähigkeiten so zu entwickeln, wie es in diesem Beispiel gelungen war. Konnte Blech anfangs nur in einer Stärke von 6 Millimetern mit Laser geschnitten werden, so gelang es bis Mitte der 1990er Jahre diese über die Zwischenstufen von 12 und 20 Millimetern bis auf 40 Millimeter zu erhöhen. Gleichzeitig stieg – eher noch dramatischer – die Geschwindigkeit, mit der die Laser die dickeren Bleche schneiden konnten – von 0,4 Metern pro Minute auf 2,8 Meter pro Minute, was einer Steigerung um den Faktor 7 gleichkommt und ungeheuer eindrucksvoll wirkt. Außer der Stärke der Bleche dehnten sich auch die Flächenausmaße des zu bearbeitenden Materials aus. Die Ingenieure hatten mit Formaten von 1 × 2 Metern begonnen und waren in zehn Jahren bis auf einen Arbeitsbereich von 2 × 6 Metern vorgedrungen – was 12 Quadratmetern und etwa der Größe eines Studentenzimmers entspricht.

Mit dieser Quantität stiegen zugleich die Anforderungen an die Qualität des Lasers, dessen Licht bei größer werdenden Wegen mit gleichbleibender Präzision und Intensität an die angepeilten Schneidestellen gelangen muss. Zur Lösung solcher Aufgaben suchte man den Rat der Wissenschaft, vertreten durch das IFSW, dessen Mitarbeiter sich zum Beispiel daranmachten, besondere Spiegelteleskope zu entwickeln, mit denen das räumliche Auseinanderlaufen (Divergenz) des Laserstrahls eingeschränkt, wenn nicht gar vermieden werden konnte. Darüber hinaus entwarfen die Stuttgarter Forscher eine spezielle (adaptive) Optik, mit der die Spiegel reguliert werden konnten, die den Laserstrahl so präzise wie möglich auf den Punkt fokussieren sollten, den es zu bearbeiten galt.

Ein »Lichtstrahl« mit System

»Der Laser ist in Deutschland ein gelungenes Beispiel von Technologietransfer.« »Die deutsche Wissenschaftslandschaft ist in der Lasertechnik für uns Laserhersteller und Maschinenbauer außerordentlich gut – ich möchte sogar sagen: hervorragend.« Berthold Leibinger wurde nicht müde, Sätze voller Lob und Freude zu wiederholen,[2] und er pries – neben Stuttgart natürlich – die Kooperation mit Universitäten wie Aachen, Erlangen und München.

In einem solchen Umfeld findet man mehr als die Erfolgsgeschichte von Trumpf. Im Folgenden wenden wir uns darum einem Unternehmen zu, das keinen Vergleich zu scheuen braucht. Als Trumpf erste eigene Strahlquellen entwickelte, gehörte Rofin-Sinar aus Hamburg bereits zu den deutschen Lieferanten von Leistungslasern. Rofin-Sinar profitierte damals wie heute von der Kooperation mit Wissenschaftlern, auch mit denen aus Stuttgart. Während die DVFLR mit Trumpf an der Entwicklung des quergeströmten Lasers arbeitete, bemühte sich eine andere Gruppe des Instituts um eine längsgeströmte Variante. Als sich die Wege von Trumpf und der DVFLR trennten, ging die eben genannte Gruppe eine Kooperation mit Rofin-Sinar ein und konzentrierte sich auf diffusionsgekühlte Gaslaser, die zu einem Erfolgsprodukt von Rofin-Sinar werden sollten, das 1975 ursprünglich als Verkaufsgesellschaft gegründet worden war.

Das Hamburger Unternehmen nannte sich zunächst Sinar-Laser-Systeme, weil das erste Wort – nach Ansicht von Experten – in Sanskrit die Bezeichnung für »Lichtstrahl« sein sollte. Doch der Name war bereits von einer Schweizer Firma, der Sinar AG, belegt, die Spezialkameras anbot. Zum Glück bot sich die Möglichkeit, eine schwächelnde britische Firma Rofin zu übernehmen, und so firmierte das Unternehmen in Rofin-Sinar Laser GmbH um.

In dem ursprünglichen Firmennamen findet man – wie im Deutschen üblich – den Bestandteil, auf den es ankommt, am Schluss des zusammengesetzten Worts. Wichtig waren also nicht die

Laser, sondern die Systeme. Der Gründer von Rofin-Sinar, ein junger Schwede namens Samuel Simonsson, hatte von Anfang an erwogen, mit den besser werdenden Strahlquellen nur Handel zu treiben. Ihm schwebte schon sehr früh vor, komplette Anlagen mit Lasern anzubieten – und eventuell auch zu installieren, falls dies sich als profitabel erweisen würde.

Simonsson war über Umwege von Stockholm nach Hamburg gekommen und stets auf der Suche nach zukunftsträchtigen Geschäften. Als er Mitte der 1970er Jahre hörte, dass der US-Gigant General Telephone & Electronics Corporation (GTE) jemanden suchte, der seine Laser in Europa verkaufte, überredete er einen Geschäftsfreund seines Vaters, den Unternehmer Eberhard Lohss, ihn finanziell zu unterstützen, um eine eigene Verkaufsgesellschaft zu gründen.

Sinar-Laser-Systeme lieferte (und installierte) schon bald erste CO_2-Laser – zum Beispiel an das 1977 gegründete Bremer Institut für Angewandte Strahltechnik (BIAS), mit dem Gerd Sepold und Werner Jüptner aus Hannover die Qualitäten des Laserlichts für industrielle Materialbearbeitung und eine Messtechnik mit höchster Präzision erkunden und nutzen wollten, wobei ihre zunächst private Initiative im Lauf der Zeit staatlich gefördert wurde.

Simonssons Unternehmen bediente aber nicht nur dieses erste Laserinstitut, das sich überhaupt in Deutschland etablieren konnte, es lieferte weitere Laser an Hersteller von Thermoelementen und anderen Elektrogeräten, die schon immer vor der schwierigen Aufgabe standen, dünne Rohre verschweißen zu müssen. Ein berühmter Kunde war das riesige Traditionsunternehmen MAN, hinter dessen Buchstaben sich die alte Bezeichnung »Maschinenfabrik Augsburg-Nürnberg« verbirgt, die in den frühen Tagen des 20. Jahrhunderts zum Beispiel die Wuppertaler Schwebebahn angefertigt hatte. Bei MAN stellte man verschiedene Arten von Nutzfahrzeugen mit diversen Motoren her, und die Unternehmensleitung suchte ständig nach Wegen, Details der Konstruktion zu verbessern und zuverlässiger zu machen.

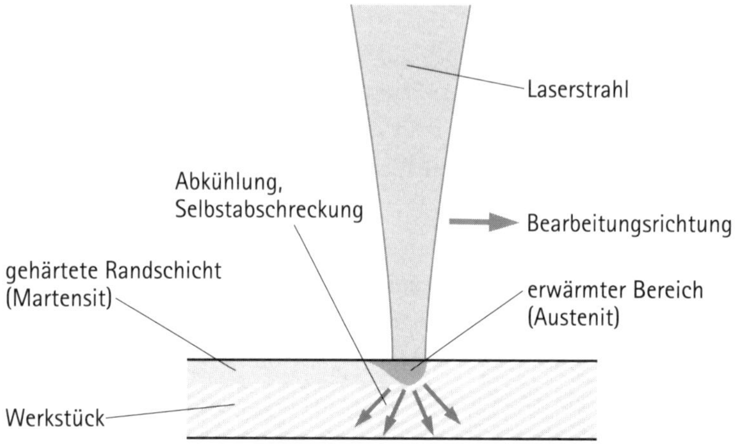

Abb. 22: Bei der Laserhärtung erwärmt der Strahl die Randschicht des Werkstücks bis knapp unter die Schmelztemperatur. Der Laserstrahl bewegt sich dabei in Abhängigkeit von der Leistung so schnell über das Werkstück, dass der materialabhängige Sollwert genau erreicht wird. Durch die hohe Temperatur verändern Kohlenstoffatome im Metallgitter ihre Position (das Fachwort heißt Austenitisierung). Nach der kurzen Erwärmung kühlt sich das Metallgitter so schnell ab, dass es nicht mehr in seine Ausgangsposition zurückfindet. Es entsteht, was in der Fachsprache Martensit heißt, ein gehärtetes Metallgefüge.

Für Sinar-Laser-Systeme ging es um sogenannte Zylinderlaufbuchsen, die als Metallwerkstück in Zylindern von Hubkolbenmotoren eingesetzt werden. Das Funktionieren eines solchen Motors kann man sich anhand eines Autos vorstellen: Bei allen Umdrehungszahlen sind die Laufbuchsen hohen Belastungen ausgesetzt, und es kommt leicht zu Verschleißerscheinungen. Eine Lösung für dieses schon länger bestehende technische Problem bot das neue Laserlicht, mit dem sich Oberflächen geeignet härten ließen. Und so kam das Unternehmen Sinar-Laser-Systeme mit MAN ins Geschäft und lieferte dem Fahrzeughersteller CO_2-Laser, die für eine Leistung von 5 Kilowatt ausgelegt waren.

Zivile Vorteile

Die ersten Erfolge bestärkten Simonsson und seine Leute in der Überzeugung, dass der gebündelten Lichtenergie des Lasers eine große wirtschaftliche Zukunft bevorstand – beispielsweise in der Autoindustrie, in der es auf präzises Schweißen von Karosserien ankommt. Ende der siebziger Jahre heuerte der gerade erst dreißigjährige Schwede zwei Physiker an, von denen einer – Hinrich Martinen – für die Entwicklung neuer Laser und der andere – Peter Wirth – für das verantwortlich sein sollte, was darüber hinaus noch zu tun blieb. Wirth ist dem Unternehmen bis in unsere Tage hinein treu geblieben. 2004 hat er eine *Einführung in die industrielle Lasermaterialbearbeitung* geschrieben, in der die Vorteile von Laserbearbeitungsverfahren gegenüber traditionellen Techniken erläutert werden, wozu Wirth unter anderem die »gute Integrationsmöglichkeit in konventionelle Fertigungsprozesse« zählt. Diese Angabe scheint übrigens auch darauf zuzutreffen, wie Wirth selbst sich mit Martinen bei Rofin-Sinar einfügte. In dieser Konstellation entschieden die beiden zusammen mit dem Firmengründer im Jahr 1980, eigene CO_2-Laser zu bauen. Die Geräte Marke Eigenbau brachten im Lauf der Jahre immer mehr Leistung zustande, erreichten rasch den Kilowattbereich und wurden dann nach Ditzingen geliefert, wo Trumpf sie in die Blechverarbeitung und den Maschinenbau integrierte.

Rofin-Sinar konnte bald fünfzig bis sechzig Laser im Jahr verkaufen, wobei ein Durchschnittspreis von 300 000 DM für eine Strahlenquelle angesetzt werden konnte. Gefördert wurde der Erfolg des Hamburger Unternehmens unter anderem durch eine Tatsache, über die Simonsson beim Lesen der Tageszeitung stolperte. In Japan war dem großen Handelsunternehmen Marubeni, das bislang Laser von amerikanischen Firmen vertrieben hatte, plötzlich der Lieferant abhanden gekommen. Die Geschäftsführung suchte nach Ersatz, wie die Zeitung meldete. Simonsson griff zum Telefon und bot seine Hilfe an. Rofin-Sinar stand bereit, bekam den Auftrag und füllte mit seinen Strahlquellen aus Deutschland die im Fernen Osten entstandene Lücke.

Mit zu den Gründen für den Erfolg nicht nur der Hamburger Laserfirma, sondern für einige andere deutsche Unternehmen, die auf dem Lasermarkt tätig waren – neben Trumpf die Hoechst-Tochter Messer Griesheim zum Beispiel oder Heraeus aus Hanau –, gehört die damals vielfach für Verblüffung sorgende Tatsache, dass die ursprünglich führenden amerikanischen Unternehmen die zivile Entwicklung mehr oder weniger verschlafen hatten. »Die besten Leute«, so Simonsson 1987 in einem Gespräch mit dem Nachrichtenmagazin *Der Spiegel*, »kümmern sich nur um SDI«,[3] also um die »Strategic Defense Initiative«, die der damals amtierende amerikanische Präsident Ronald Reagan meinte betreiben zu müssen, um einen Krieg der Sterne gegen das sogenannte Reich des Bösen führen zu können, das er weit weg von Hollywood im Osten Europas vermutete. Die vielfach umworbenen und bewunderten US-Spezialisten für Laser schienen sich in diesem politischen Zusammenhang seit den siebziger und spätestens in den achtziger Jahren auf militärische Anwendungen zu konzentrieren und über keine Kapazitäten für die industriellen Möglichkeiten zu verfügen, die dann anderswo ergriffen wurden – und zwar dankbar und freudig.

Den Europäern konnte das nur recht sein, und es waren vor allem deutsche Unternehmen, die von der amerikanischen Nachlässigkeit im zivilen Bereich profitierten: »Vor fünf oder sechs Jahren«, so wird der Industrieberater David Belforte aus Massachusetts 1987 im *Spiegel* zitiert, »kauften die Deutschen anderer Leute Laser – jetzt sind sie Führer auf dem Weltmarkt.«[4] Sie beherrschten vor allem den Sektor des Weltmarkts, in dem es um direkt anwendungsfähige Lasersysteme ging, die Autohersteller wie VW oder Fiat – oder auch Computerfirmen wie Nixdorf und Siemens – in ihren Produktionsanlagen gebrauchen und einsetzen konnten.

Es ist offensichtlich – die USA haben in den 1980er Jahren ihren Vorsprung in der laserbasierten Fertigungs- und Produktionstechnik verloren und ihre Führung aus der Hand gegeben. Die Innovationen kamen von nun an aus deutschen Unternehmen, zum Beispiel von den Mitarbeitern von Rofin-Sinar, die in den achtziger Jahren schrittweise die Leistung ihrer CO_2-Laser-Modelle um den Faktor 10 von 500 Watt auf 5 Kilowatt steigern konnten. Sie kamen aber auch von Unternehmen, die wir bislang nicht erwähnt haben, wie etwa die Held Systems Deutschland GmbH, die von Jürgen Held gegründet worden war und sich seit den 1970er Jahren um Lasertechnik kümmerte, wobei das Spektrum vom Ziehen von Glasfasern über den operativen Einsatz am Auge (Lichtkoagulation) bis zu Getrieberadschweißmaschinen auf Laserbasis reicht. Die Chronik des Unternehmens führt im Lauf der 1980er Jahre vermehrt den Bau und Einbau von Laserschweißanlagen unter anderem bei Mercedes Benz und Audi an. 2001 wurde Held Systems von der Meyer Werft in Papenburg beauftragt, eine Fertigungsstraße zur Herstellung von Paneelen für den Schiffsbau zu bauen.

Also viel Grund, stolz zu sein. Bei Rofin-Sinar freute man sich über die im gleichen Zeitraum aufgenommene Kooperation mit VW, die zu dem weltweit ersten Einbau einer von Lasern betriebenen Schweißanlage für automatische Getriebe führte. Die 10 Millionen DM teure Installation sah zwei Laser mit je 5 Kilowatt Leistung vor, deren Licht über sogenannte Strahlweichen so geleitet beziehungsweise umgeleitet werden konnte, dass die Laserleistung nacheinander an mehreren Stationen abgerufen werden konnte.

Zwei CO_2-Laser mit jeweils 1,5 Kilowatt – die Modelle mit dem sich selbst erklärenden Namen RS 1500 – wurden ebenfalls in den 1980er Jahren bei der Thyssen AG in Duisburg eingerichtet. Sie gehörten mit zu dem ersten europäischen System, das in der Lage war, maßgeschneiderte Bleche für Karosserien – in diesem Fall für das Modell Audi 100 – mit Lasern zusammenzuschweißen, um das Gewicht zu optimieren. Die technische Herausforderung bestand darin, zwei Bleche, die als Schutz vor dem Rosten vollständig verzinkt waren, so zu verschweißen, dass auch die Schweißnaht keinen Rost ansetzen konnte.

Nicht nur diese Aufgaben, sondern zahlreiche andere Herausforderungen wurden bestens bewältigt – zum Beispiel die Installation des ersten Dachschweißsystems, das für und mit der Firma Volvo in Göteborg durchgeführt wurde. Das hatte zur Folge, dass Millionenumsätze eingefahren wurden, was wiederum Großkonzerne anlockte, die sich das viel versprechende Geschäft anzueignen versuchten. Und so wurde 1987 Rofin-Sinar eine 100-prozentige Tochter von Siemens.

Eine Frage der Sicherheit

Der Autohersteller Volvo galt lange Zeit als Inbegriff der Sicherheit (und sicher haben die solide lasergeschweißten Dachnähte mit dazu beigetragen). Das Thema der Sicherheit im Verkehr hatte seit den 1960er Jahren große politische Aufmerksamkeit bekommen, nachdem Statistiker übereinstimmend festgestellt hatten, dass die Unfallzahlen auf den Straßen unaufhaltsam stiegen – und mit ihnen die Personenschäden.

Als erstes Unternehmen nahm Mercedes-Benz sich dieses Themas ernsthaft an. Die Idee bestand darin, etwas in die Kraftfahrzeuge einzubauen, was technisch als Insassenrückhaltesystem (oder ergänzendes Rückhaltesystem) bezeichnet wird, während im Volksmund von einem Airbag (Luftsack) die Rede ist. 1967 begann man bei Mercedes-Benz mit der praxistauglichen Entwicklung dieses aufblasbaren Schutzschilds. Dafür mussten mindestens drei Probleme gelöst werden: das der Erzeugung des Gases, mit dem der Sack blitzschnell aufgeblasen werden sollte; das der Sensorik, die diesen lebensrettenden Prozess auszulösen und einzuleiten hatte, und schließlich das des Gewebes des Airbags, das geeignet hergestellt werden und viele Jahre unbenutzt halten musste.

Wir übergehen das erste (chemische) Problem und konzentrieren uns auf die beiden anderen Probleme, zu deren Lösung der Laser beigetragen hat und an denen ein allgemeines Prinzip erkennbar wird: Der Einsatz von Lasern kombiniert Wirtschaftlichkeit mit einer Qualität, die für jeden geliefert wird. In dem beschriebenen Fall handelt es sich um Sicherheit und Schutz der körperlichen Unversehrtheit, die man auch als Gesundheit bezeichnen kann.

Ein Airbag tritt in Aktion, wenn ein Zünder über einen Stromimpuls einen festen Treibstoff abbrennt. Die entstehenden Gase blasen den Airbag auf, der dann den Aufprall dämpft – und das muss alles in Sekundenbruchteilen passieren. Der Airbag-Kapsel-Zünder muss natürlich ein raffiniert verschweißtes Metallstück sein, und bei dessen Herstellung spielen längst überall Laser eine wichtige Rolle.

Was das Material angeht, aus dem ein Airbag besteht, so haben chemische Synthesen und mechanische Erprobungen in den 1970er Jahren zu einer geeigneten Folie für den Airbag geführt, die als Grundstoff geliefert und zunächst auf- und ausgeschnitten wird, bevor die Teile in einem weiteren Arbeitsgang als funktionierende Einheit zusammengefügt werden. Schneiden und Fügen – perfekte Aufgaben für Laser, die beides können. Wenn man das Ausschneiden mit dem Messer durchführte, würde die Schnittkante aufgeraut und zerfasert, was Verletzungen der Insassen hervorrufen könnte. Mit dem Laserschneiden gelingt es hingegen, die Folienelemente miteinander so zu verschweißen, dass ein versiegelter Rand zustande kommt, der nicht nur dieses Problem löst, sondern auch die Schwierigkeit beseitigt, die in der letztlich komplexen Struktur der Folie liegt und die nicht nur einen sauberen, sondern zudem einen exakten Schnitt benötigt. Ihn bringt man in der Praxis zum Beispiel mit CO_2-Lasern zustande, die kontinuierlich eine Leistung zwischen 200 und 500 Watt liefern. Vielfach werden auch gepulste Gaslaser verwendet, deren Spitze die doppelte Durchschnittsleistung übertrifft und für eine noch bessere Kantenqualität bei den derzeitig verwendeten »Insassenrückhaltesystemen« sorgt. So konnte dank dem Strahlwerkzeug Laser der Airbag in den achtziger Jahren nicht nur technisch ausgereift in Serie gehen und in jedes Auto eingebaut werden, sondern bald konnten die Statistiker – neben den im gleichen Zeitraum sinkenden Unfallzahlen – vor allem viel weniger verletzte Autofahrer und Verkehrstote verzeichnen.

Remote Welding

Natürlich ging die Geschichte von Rofin-Sinar sowie von Trumpf – und anderen Laserherstellern wie etwa das des in den USA gegründeten und sich dann in Deutschland engagierenden Unternehmens Coherent Inc. – nach den 1980er Jahren auf vielfältige Weise weiter. Dazu gehörten Übernahmen, Ausgründungen, Expansionen und mehr, auf die nicht näher eingegangen werden soll, weil unser Augenmerk sich vornehmlich auf die Entwicklung des Einsatzes der von ihnen gelieferten Strahlwerkzeuge richtet. Und selbst dabei müssen wir uns auf drei Bereiche konzentrieren:

1. die allmähliche Anwendung von ständig verbesserten Festkörperlasern und zum anderen die Erzeugung neuer Formen dieses Lasertyps:
2. den Scheibenlaser, bei dem das aktive Medium, der Laserkristall, die Form einer (möglichst dünnen) Scheibe hat und einen besonderen Rang einnimmt;
3. eine Technik, die von deutschen Ingenieuren gern als Remote Welding bezeichnet wird und worunter Schweißen aus großem Abstand mit Lasern zu verstehen ist.

Statt Remote Welding wird manchmal auch der Ausdruck Scannerschweißen verwendet. Beide meinen dasselbe, weil der Laserstrahl mit einer sogenannten Scanneroptik an das Werkstück herangeführt und mit ihrer Hilfe auf den Zehntelmillimeter genau positioniert werden kann. Das englische Wort »scan« für abtasten, absuchen oder überstreichen, ist bereits in die deutsche Alltagssprache eingegangen, bedenkt man zum Beispiel den Einsatz von Lasern an modernen Kassen im Kaufhaus oder Supermarkt, bei denen der Preis des Produkts »eingescannt« wird. Bei der Scanneroptik sorgen gewöhnlich zwei bewegliche Spiegel dafür, dass ein vorweg sorgsam fokussierter Laserstrahl über die Werkstücke an die zu verschweißende Stelle geführt und dort so präzise wie möglich auf einen bestimmten Punkt des zu bearbeitenden Materials gelenkt wird. Die beiden Spiegel stehen im rechten Winkel zueinander, was ihnen erlaubt, eine Fläche vollständig abzudecken beziehungsweise zu scannen.

Wer etwa in der Automobilproduktion Laser einsetzen und Dachrahmen oder andere Karosserieteile mithilfe ihrer Strahlen verschweißen möchte, wird früher oder später mit einem Laserhersteller Kontakt aufnehmen und mit ihm gemeinsam Maschinen (Systeme) konzipieren, die beides vereinen. Das Ziel heißt Scannerschweißen, und wer das Verfahren nutzen möchte, muss erst entscheiden, ob er das Licht und die Optik fest positionieren und das Werkstück bewegen will, oder ob der umgekehrte Weg besser ist.

Daimler-Chrysler hat in den 1990er Jahren die zweite Lösung angestrebt. Das heißt, die Ingenieure von Daimler haben ein Verfahren entwickelt, bei dem mithilfe eines Roboters die Grobkontur – etwa einer Autotür – abgefahren wird und zugleich die filigranen Laserschweißnähte über eine Scanneroptik, die der Roboter trägt, erzeugt werden. Dabei ist das äußerst wirtschaftliche und als RobScan bezeichnete Laserschweißverfahren entstanden, das 2008 mit dem Innovationspreis für Lasertechnologie ausgezeichnet worden ist.

Laseranwendungen in der Automobilproduktion

Laserstrahlhärten
Laserstrahllöten
Laserstrahlschweißen
Laserstrahlbohren
Laserstrahlschneiden
Laserstrahlabtragen
Laserstrahlstrukturieren
Laserstrahlbeschichten
Lasermesstechnik

Um ein Beispiel für den Einsatz von RobScan zu nennen: Wenn die Karosserie der Mercedes-Benz C-Klasse gefertigt wird, sorgt das ausgeklügelte Verfahren dafür, dass rund sechshundertfünfzig Schweißnähte für Türen, Seitenwände, Heckmittelstück und Heckklappe passend und zuverlässig gesetzt werden. Als Herzstück von

RobScan agiert dabei eine eigens zu diesem Zweck entwickelte elektronische Steuerkomponente, die für eine kontinuierliche Kommunikation zwischen Scanner, Laser und Roboter sorgt. Sie erlaubt das, was man auf Englisch als »welding on the fly« bezeichnet, also ein Schweißen im Flug, bei dem die Fokussierungsoptik an den Arbeitspunkt heranfliegt.

Um Verfahren dieser Art in Gang zu bringen, müssen sich Entwicklungsallianzen bilden, wie zum Beispiel Hans-Josef Haepp als ehemaliger Leiter der Produktions- und Werkstofftechnik bei der Daimler AG in Sindelfingen aus eigener Erfahrung weiß. Für das Laserschweißen im Karosseriebau fanden sich neben der Daimler AG das Stuttgarter Institut für Strahlwerkzeuge und die Ingenieure von Trumpf zusammen, wobei das IFSW die wissenschaftlichen Kenntnisse (etwa über die Wechselwirkung des Lichts mit den Werkstoffen und die Überwachung von Fertigungsprozessen) lieferte, aus denen die Praktiker aus Ditzingen industrietaugliche Systeme zusammenstellten, die dann in Sindelfingen ihre Feuertaufe zu bestehen hatten.

Ingenieure und Wissenschaftler bezeichnen gern das, was ihnen gelungen ist, als »steuerungstechnische Meisterleistung«. Immerhin wird mittels der Scanneroptik innerhalb von Millisekunden die Position des Roboters – und damit des Laserstrahls – erst erkundet, dann mit dem vorgegebenen (programmierten) Weg verglichen, dem entlang die Schweißpunkte liegen, und schließlich mit entsprechenden räumlichen Korrekturen versehen, falls sie sich als notwendig erweisen.

Zweifellos hat sich inzwischen »das Laserschweißen (...) als flexibles, schnelles und nicht zuletzt auch kostensparendes Fügeverfahren in vielen Bereichen der industriellen Fertigung durchgesetzt«, und deutsche Unternehmen »verfügen im internationalen Vergleich über ein beachtliches Know-how in Bezug auf die relativ neue Technologie des Remote-Schweißens«, wie etwa auf der Internetseite des Laser Zentrums Hannover unter dem Stichwort »Remote Welding« nachzulesen ist, die auch mahnt, dass »weiterführende Arbeiten auf diesem Gebiet zwingend erforderlich sind«.

Eine davon betrifft die Verbesserung des Qualitätsmanagments beim Schweißen im Karosseriebau, um das sich Haepp bemüht hat, als er für die Verfahrensentwicklung bei Daimler-Chrysler in Sindelfingen zuständig war. Die Aufgabe eines solchen Qualitätsmanagements besteht Haepp zufolge darin, »eine gleichbleibende Schweißqualität entsprechend aus der Konstruktion vorgegebenen Festigkeitswerten« zu gewährleisten, wie er dem Autor in einem Gespräch erläutert hat, und zwar so, dass lästiges, kostentreibendes und zeitaufwändiges Nacharbeiten der Schweißpunkte beziehungsweise der Schweißnaht überflüssig werden.

Wenn das Remote Welding mit Lasern dem klassischen Punktschweißen entscheidend den Rang ablaufen will – was durch die höhere Schweißgeschwindigkeit, die frei programmierbare Form (Geometrie) der Naht und die Tatsache gelingen sollte, dass es bei diesen Verbindungsverfahren ausreicht, den Strahl von einer Seite an die Fügestelle zu bringen –, dann muss die Qualitätssicherung nachziehen. Dafür werden eigenständige und wahrlich innovative Lösungen benötigt. Denn anders als beim herkömmlichen Punktschweißen, das über den Strom gesteuert wird, der über die anvisierte Stelle der Verbindung fließt, besteht beim Laserschweißen keine unmittelbare Rückkopplung zwischen den Steuergrößen und der Fügestelle, da die Energie mit dem Laserlicht komplett an den Schweißpunkt übertragen wird. Wenn man die Qualität der Verbindung beurteilen will, muss man auf sekundäre Signale zurückgreifen – eine keineswegs leichte Aufgabe, da die Karosserien – und ihre Schweißpunkte oder Schweißnähte – in der laufenden Produktion vermessen werden müssen.

Ein Weg, den das Autounternehmen mit dem in Aachen ansässigen Fraunhofer-Institut für Lasertechnik beschreitet, besteht darin, das beim Schweißen entstehende Schweißplasma, das als eine Art Fackel aus dem vom Laserstrahl getroffenen Material aufsteigt, zu analysieren. Es gilt dabei vor allem, die Schweißtiefe zu erkunden und herauszufinden, ob sich Poren oder andere Schwachstellen bilden, die es unter allen Umständen zu vermeiden gilt.

Die Ingenieure verfolgen noch weitere Wege, um die Qualitätssicherung beim Remote Welding so weit voranzubringen, dass die Vorteile des Scannerschweißens in ihrer ganzen Breite genutzt werden können und mit ihm der Einsatz von Lasern zum Standard wird, der dann in Zukunft »klassisch« genannt werden wird.

Mit Diodenlasern gepumpte Festkörperlaser

Wenn Laserexperten sich über das Remote Welding unterhalten, kommen sie unweigerlich auf diodengepumpte Festkörperlaser zu sprechen, wobei sie dann noch zwischen der Scheiben- und der Faservariante unterscheiden, die es beide zu erläutern gilt.

Beginnen wir mit den Scheibenlasern, die in den 1990er Jahren am Stuttgarter Institut für Strahlwerkzeuge unter der Leitung von Helmut Hügel und der Mitarbeit von Adolf Giesen und Andreas Voss entwickelt wurden. Giesen führt dabei die Publikationsliste der Autoren an, die über Scheibenlaser geschrieben haben, eine Variante, mit der man einen Festkörperlaser formen kann. Das aktive Lasermedium liegt hier nicht wie sonst üblich etwa als Stab, sondern als Scheibe vor. Dadurch besteht die Möglichkeit, die Qualität des Lichtstrahls deutlich zu verbessern, da eine Scheibe besser gekühlt werden kann. Befürworter von Scheibenlasern weisen darauf hin, dass mit diesem Konzept stärkere Laser möglich werden, ohne dass es zu einem Verlust an Strahlqualität kommt und ohne dass es nötig wird, die Leistungsdichte im Inneren zu erhöhen. Da sich das Licht von Scheibenlasern, wie bei der überwiegenden Zahl der Festkörperlaser, durch Glasfasern leiten lässt, zeigten die Verfahrensingenieure großes Interesse für diese Konstruktion, die zum Beispiel gleich für das Karosserieschweißen eingesetzt wurde.

Während das IFSW in Stuttgart den Scheibenlaser lobt, preist das Fraunhofer IWS in Dresden den Faserlaser als zukunftsweisende Entwicklung an. Faserlaser sind Festkörperlaser, deren Kernstück eine optische Faser bildet, die zum Beispiel mit Neodym ausgestat-

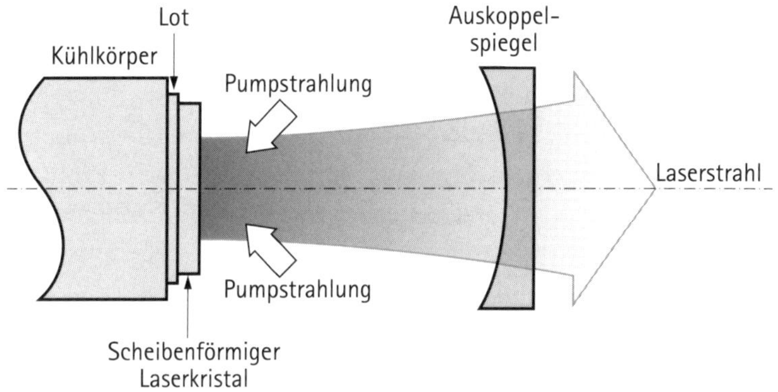

Abb. 23: Anders als bei den gewöhnlich als Stab vorliegenden Festkörperlasern werden Scheibenlaser von vorne gepumpt (mit Anregungsenergie versorgt). Die entsprechende Strahlung wird von Diodenlasern geliefert und an der Rückseite der Scheibe reflektiert. Um effizient zu werden, muss das Pumplicht durch geeignete Spiegel wiederholt auf die Scheibe gebracht werden und sie mehrfach durchlaufen. Dazu ist eine (hier nicht abgebildete) besondere Optik nötig. Die gekühlte Rückseite der Laserkristallscheibe dient zugleich als Resonatorspiegel.

tet laseraktiv wird. Das Konzept dazu hat Elias Snitzer zwar schon 1961 vorgelegt, aber es dauerte bis zum Ende der 1980er Jahre, bis Fasern geeignet gepumpt und leistungsstark gemacht werden konnten. Heutige Faserlaser werden von Dioden gepumpt, was den Vorteil mit sich bringt, dass der erzeugte Laserstrahl die Faser bis zu seinem Einsatz nicht mehr verlassen muss. So verlängert sich die Lebensdauer, und man erspart sich viel Mühe bei der Justierung.

Tatsächlich bieten die beiden Festkörperlaser den Anwendern neue Möglichkeiten in der Materialbearbeitung, in der Medizin- und Messtechnik und in anderen Feldern. Aus Fachkreisen ist zu hören, dass die Zukunft zunehmend den Festkörperlasern gehört, da sie immer vielfältiger und zugleich leistungsfähiger werden.

Natürlich gibt es immer wieder technische Probleme mit den neuen Varianten, die aber nur den Scharfsinn der Ingenieure herausfordern. Scheibenlaser plagen sich etwa mit der Tatsache, dass das Licht, mit dem seine aktiven Bestandteile (zum Beispiel das Element Ytterbium) in den laserfähigen Zustand gebracht werden (die Umkehrung der Besetzungszahlen), die sehr dünn gehaltene

Scheibe mehrfach durchlaufen muss, um zum Ziel zu kommen. Die Pumpenergie kann nicht in einer einzigen Lieferung erfolgen. Um unter diesen Umständen möglichst wenig Wärme zu erzeugen, galt es, eine Lichtquelle zu finden, die dem angestrebten Übergang des Ytterbiums weitgehend angepasst ist. Ein solches Licht kann am besten von einem anderen Laser geliefert werden, und deshalb werden Scheibenlaser von einem Diodenlaser gepumpt (der selbst wiederum aus den Laserdioden zusammengesetzt ist).

Man darf über das Endergebnis ruhig staunen – Laserdioden werden zu Diodenlasern gestapelt, die dann Scheibenlaser optisch pumpen, die mit einer raffinierten Scanneroptik versehen werden und sich in dieser zum verlässlichen Schweißen von Autotüren und Dachnähten einsetzen lassen, um dem Gefährt Solidität und Zuverlässigkeit zu verleihen.

Hochleistungs-Festkörperlaser und ihre vielen Varianten

Die Verwendung von Lasern beim Fügen im Karosseriebau hat zugenommen, seit es Festkörperlaser mit angemessener Leistung und ausreichender Strahlqualität gibt. Ohne auf technisch spannende und für den Ingenieur maßgebliche Details einzugehen, soll im Folgenden wenigstens ein Überblick über das Spektrum dieses Lasertyps gegeben werden, von dem wir offenbar in Zukunft immer mehr hören werden. Bekanntlich hat alles mit einem Festkörperlaser angefangen, nämlich mit dem Rubinkristall, den Ted Maiman 1960 mit einem Blitzlicht dazu brachte, einen roten Laserstrahl zu generieren. Bereits in den 1960er Jahren konnte ein Kristall mit Namen Yttrium-Aluminium-Granat (YAG) gefertigt werden, in dem sich Neodym- oder Ytterbiumionen einbringen lassen. Die Übergänge zwischen ihren energetisch verschiedenen Zuständen sorgen für die gewünschte Laseraktivität. Dabei entsteht Licht mit Wellenlängen, die etwas über 1000 Nanometern liegen und damit zu dem Bereich gehören, der als nahes Infrarot bezeichnet wird. Damit ist »nah am sichtbaren Teil des Spektrums« gemeint. Dieses Licht hat den Vorteil, mithilfe von flexiblen Lichtleitern (aus Quarzglas) verlustarm über weite Strecken an seinen Zielort geführt werden zu können.

Mit diesen Vorgaben lassen sich Festkörperlaser durch ihre Form und die Art der Anregung unterscheiden und einteilen. Als frühe (traditionelle) Form des

Laserkristalls gibt es den Stab, dem die Scheibe und die Faser folgten. Beim Stablaser setzt man entweder Blitzlampen ein, was gepulste Laserstrahlen produziert, oder man sorgt für einen Strahl als Dauerstrich (englisch »continuous wave«, cw). Eine besondere Art, mit Festkörperlasern im CW-Modus (Dauerbetrieb) umzugehen, besteht in der erwähnten Güteschaltung (»Q-switching«), die den stetigen Strahl sperrt und die zugeführte Pumpenergie in einem Zwischenspeicher lagert, um sie zuletzt als Ganzes einzusetzen. Dabei entsteht ein sehr kurzer Puls, dessen Spitzenleistung viele hundert Kilowatt und mehr erreichen kann.

Scheibenlaser bestehen heutzutage zumeist aus Ytterbium, das in einen YAG-Wirtskristall eingeführt wird, wobei die Scheibe sehr klein gehalten werden kann. Sie ist ein paar hundert Mikrometer dick, und ihr Durchmesser beträgt ein paar Millimeter. Faserlaser bestehen im Idealfall aus einer langen und dünnen Quarzglasfaser, an deren Endstücken die Spiegel integriert sind, die den Resonator des Lasers abgeben. Für den Hochleistungsbereich werden die Fasern mit Ytterbium dotiert und mit einem Mantel für das Pumplicht umhüllt. Dabei muss dafür gesorgt werden (durch Materialien mit passenden optischen Eigenschaften), dass das Laserlicht im Inneren bleibt.

Das Licht von Festkörperlasern aller Bauarten kann mithilfe geeigneter Kristalle und deren Fähigkeit zur erwähnten Frequenzverdopplung seine Wellenlänge ändern. Dabei verliert es natürlich an Effizienz. Ein auf 100 Watt angelegter Nd:YAG-Laser mit der Wellenlänge 1064 Nanometern kann nach einer Konvertierung der genannten Art noch 50 Watt erreichen – allerdings mit leuchtend grünem Licht, das industriell zur Beschriftung geeignet ist.

Eine eigene Klasse von Festkörperlasern bilden die Diodenlaser, die aus Laserdioden zusammengesetzt sind. In ihnen werden Halbleiter – wie Galliumarsenid – so angeordnet, dass bei entsprechender Anregung (mittels elektrischer Spannung) Laserlicht mit einer Leistung von ein paar Milliwatt erzeugt wird. Als typische Bauweise findet man Laserdioden (die winzige Ausmaße im Mikrometerbereich haben) zu einem sogenannten Laserbarren zusammengefügt. Er wird oft etwas leichtfertig als Diode bezeichnet. Mehrere Diodenlaserbarren lassen sich erneut stapeln, und man kann dabei ein paar Dutzend zu einem sogenannten »Stack« aus- und aufbauen, dessen Laserlicht insgesamt mehr als 1 Kilowatt liefert.

Das Licht von Diodenlasern wird unter anderem genutzt, um Stablaser mit Energie zu versorgen (pumpen). Die Einbringung des Diodenlichts kann entweder an der Stirnfläche des Stabs erfolgen – longitudinales Pumpen – oder

an der Seite – transversales Pumpen. Durch die genau angepasste Energie der Diodenlaser wird kaum überschüssige Wärme erzeugt, was erlaubt, den so aktivierten Stablasern eine hohe Strahlqualität zu verpassen. Wenn für die Laserdioden neben dem Galliumarsenid (GaAs) noch Aluminium verwendet wird (AlGaAs), dann kann man mit dessen Anteil dafür sorgen, dass die Energie des pumpenden Lichts vollständig in der Anregung des Neodyms aufgeht. So lässt sich der Wirkungsgrad von Nd:YAG-Lasern verbessern, in dessen Windschatten auch die Lebensdauer steigt, wie die Ingenieure die Zahl der Betriebsstunden nennen. Immerhin – Strahlqualität, Wirkungsgrad, Verfügbarkeit – viel Platz für neue Ideen und bessere Laser für mehr Anwendungen. Laserdioden liefern Strahlleistungen im Bereich von einigen Watt mit der Folge, dass schon bald nach ihrer Einführung Wege gesucht wurden, ihre Ausgangsleistung zu erhöhen. Eine einfache Konstruktionsidee bestand darin, viele Einzeldioden zu einem Diodenstapel zusammenzufügen, wobei man dafür auch das Wort Barren verwendet, weil das Ganze wie eine Stange (englisch »bar«) aussieht. Wer die geeigneten – zum Teil höchst kniffligen – optischen Maßnahmen ergreift, um die einzelnen Strahlen ohne Qualitätsverlust zusammenzubringen (zu kollimieren), kann Laserdiodenbarren erneut kombinieren, wobei das Aufeinanderschichten diesmal mit dem »Stacks« (englisch für Stapel) bezeichnet wird. Natürlich können Stapel erneut gestapelt werden, und auf diese systematische Weise lassen sich – immer bei geeigneter optischer Führung der Laserstrahlen – zum Beispiel sechs Laserdiodenstacks zu je 500 Watt zu einem Hochleistungsdiodenlaser (HLDL) von 3 Kilowatt zusammenstellen und zum Einsatz bringen.
Hochleistungsdiodenlaser (HLDL) sind ein Schlüsselbegriff der heutigen Lasertechnik. Darauf ist man in Deutschland besonders stolz, wie man zum Beispiel der entsprechenden aktuellen Internetseite des Bundesministeriums für Bildung und Forschung (BMBF) entnehmen kann. Dort wird das wirtschaftliche Potenzial der neuartigen Lasersysteme mit vielen Milliarden Euro beziffert, und Deutschlands Anteil an diesem Weltmarkt übertrifft den aller Wettbewerber, vor allem den der USA. Das BMBF fördert die Entwicklung von Hochleistungslasern und diodengepumpten Festkörperlasern seit 2004 unter einer Initiative mit der Bezeichnung »Brillante Hochleistungsdiodenlaser«, und bis zum Jahr 2010 stehen für die damit verbundenen Aufgaben insgesamt 43 Millionen Euro zur Verfügung. Das Programm hat viele Anwendungen im Visier, die von der Trocknung von Farbe im Offsetdruck bis zur Photodynamischen Therapie von Krebserkrankungen reichen.

KAPITEL 9

Informationen im Alltag

Wer einen deutschen Journalisten oder Redakteur fragt, was für ihn die Jahreszahl 1968 bedeutet, wird Auskünfte über Bürgerrechtsbewegungen und Studentenproteste bekommen, etwas über den Prager Frühling und den Krieg in Vietnam erfahren und vielleicht auch an die Apollo-Mission der Amerikaner und das erste Umrunden des Erdtrabanten erinnert. Wer das unruhige Jahr vor der Landung des Menschen auf dem Mond und der gleichzeitigen Einführung des Wortes »Umweltschutz« in die Politik als Erwachsener miterlebt hat, wird sich auch an psychedelische Drogen, Rockmusik und all das erinnern, was bald als sexuelle Revolution bezeichnet wurde, die mit der Antibabypille kaum noch Mühe machte.

1968 war offenbar eine Menge los, und doch kann man der Ansicht sein, dass in der bisherigen Aufzählung das wahrscheinlich wichtigste Ereignis dieses Epochenjahrs fehlt. Es betrifft eine Revolution, die von den Intellektuellen in den Medien gern genutzt wird, ohne dass sie sich der fortschrittlichen Ideen bewusst werden, denen sich der damalige Umbruch verdankte. Gemeint ist der Siegeszug der immer kleiner und immer schneller werdenden Rechner, der zu jener Zeit begann und unmittelbar zum »Aufstieg der Software-Ingenieure« führte, die 1968 die neue Wissenschaft der Informatik begründeten. Diese löste einen beispiellosen Boom aus, der unser Leben nachhaltiger beeinflusst hat als die politischen Proteste jener Tage. »Die eigentliche Revolution hat unsere Branche geschafft«,[1] wie der Schriftsteller Friedrich Christian Delius den Erfinder des Computers, Konrad Zuse, voller Stolz sagen lässt. Der Pionier der elektronischen Datenverarbeitung kommt in dem Buch über *die frau, für die ich den computer erfand* zu Wort, wie der Titel mit eigenwilliger Kleinschreibung lautet. Mit dieser fernen Geliebten meint Zuse die britische Mathematikerin Ada Lovelace, die sich in den Jahren, als Charles Darwin den Gedanken der Evolution entwickelte, um die Konstruktion einer mechanischen Rechenmaschine bemühte (Analytical Engine), die, geeignet gesteuert, mit einer großen Zahlenmenge zu operieren in der Lage sein sollte.

Ada Lovelace versuchte im 19. Jahrhundert leider vergeblich das umzusetzen, was der Philosoph und Mathematiker Gottfried Wilhelm Leibniz bereits im frühen 18. Jahrhundert ins Auge gefasst hatte, nämlich das mühevolle Rechnen mit Zahlen einer Maschine anzuvertrauen. Der entscheidende, bis heute wirksame – und erst mithilfe von Lasern bestens umzusetzende – Gedanke von Leibniz bestand darin, das automatisierte Kalkulieren nicht mit den arabischen Ziffern durchzuführen, sondern mit Zahlen, die in das sogenannte Dualsystem überführt worden sind. In diesem System gibt es nur die Ziffern 0 und 1. Es leuchtet sofort ein, dass eine Maschine damit betrieben werden kann, wenn 1 zum Beispiel bedeutet, dass an einer Stelle ein Strom fließt oder eine Einbuchtung vorliegt, während 0 bedeutet, dass an der Stelle kein Strom fließt beziehungsweise dass es dort keine Einbuchtung gibt.

Das duale Zahlensystem

Wenn wir die uns vertrauten Zahlen schreiben – etwa 476 –, dann kürzen wir damit 4 mal 100, 7 mal 10 und 6 mal 1 ab. Das heißt, wir schreiben Zahlen gewöhnlich in einem Zehnersystem. In diesem System benötigen wir neun Ziffern (1, 2, 3, 4, 5, 6, 7, 8, 9) und die Null. Jede Zahl ergibt sich aus den Einsen, den Zehnern, den Hundertern, den Tausendern und so weiter. Wie oben gezeigt: 9305 meint 9 mal 1000, 3 mal 100, 0 mal 10 und 5 mal 1. In einem Zweiersystem muss man statt der Zehnerreihe (1, 10, 100, 1000, 10000, ...) die Zweierreihe nutzen, die im Zehnersystem 1, 2, 4, 8, 16, 32, 64 und so weiter lautet. Die arabische 21 kann erfasst werden als einmal sechzehn, keinmal 8, einmal 4, keinmal 2 und einmal 1, was dann ausgeschrieben 10101 wird. Das Verfahren wird rasch mühsam, wenn die Zahlen

größer werden – so verwandelt sich die 98 im Zehnersystem in die Folge 1100010 (64 + 32 + 2). Das heißt, das Dualsystem wird mühsam für unseren Schädel. Aber dafür werden Computer gebaut, damit sie uns das Rechnen abnehmen. Für sie ist es mühsam, so zu rechnen, wie wir es tun. So viele Zeichen verwirren den Computer.
Übrigens – im Zehnersystem haben wir die Folge 1, 10, 100, 1000 und so weiter. Die gibt es im Zweiersystem auch, nur dürfen wir nicht mehr 10 oder 100 sagen. Wir müssen »eins null« beziehungsweise »eins null null« sagen. Wenn man die die Ziffernfolgen 1, 10, 100, 1000 ... aus dem Zweiersystem in das Zehnersystem zurückrechnet, bekommt man in der Zweierreihe 1, 2, 4, 8, 16, ... und damit das Analogon zu den Zehnerpotenzen.

Wenn es nur zwei Zeichen gibt, sprechen die Wissenschaft und Ingenieure auch von einem Binärsystem, und seit den Tagen von Leibniz haben viele Menschen an seiner Entwicklung und mechanischen Umsetzung gearbeitet. Als Ada Lovelace sich mit der mechanischen Rechenmaschine befasste, erfand zum Beispiel der Amerikaner Samuel Morse seinen ebenfalls dualen Code für das Telegrafieren von Nachrichten, in dem alle Buchstaben durch eine Kombination von »kurzen« oder »langen« Signalen verschlüsselt waren.

Die Digitalisierung

Das von Leibniz als relevant erkannte Dual- oder Binärsystem der Schreibweise von Zahlen trat nach dem Zweiten Weltkrieg einen unvergleichlichen Siegeszug an, als Wissenschaftler und Ingenieure genauer verstehen wollten, wie Nachrichten gesendet und eine möglichst störungsfreie Kommunikation mithilfe von Telefonen, Telegrafen und anderen technischen Geräten gelingen kann. Vor allem wollten sie herausfinden, wie man das Rauschen reduzieren kann, das vielfach relevante Nachrichten untergehen lässt, wie viele Menschen noch aus der Nachkriegszeit aus eigener Erfahrung wissen, als die Telefonleitungen noch nicht so rauscharm wie heute funktionierten. Und in einem dritten Schritt sollte es darum gehen, Nachrichten zu verschlüsseln, um sie abhörsicher zu machen, und die Daten dabei möglichst dicht zu komprimieren, um Platz und Zeit zu sparen.

1948 erschien von dem in den Bell Laboratories tätigen Claude Shannon eine *Mathematische Theorie der Kommunikation*, die als Geburtsstunde der Informationstheorie bezeichnet wird. Auf Seite 1 dieser längst legendären Arbeit taucht zum ersten Mal in schriftlicher Form der Ausdruck »Bit« auf, mit dem sich Informationen messen beziehungsweise vergleichen lassen. Das Wort »bit« zieht die beiden Begriffe »binary digit« zu einem neuen Wort zusammen, wobei »digit« einfach Ziffer bedeutet. Jede Information – so konnte Shannon nachweisen, und so machen wir es uns heute zunutze – kann binär dargestellt werden, und die Menge der benutzten Digits gibt Auskunft über die Quantität der damit vorliegenden Daten. Mit anderen Worten, sämtliche Informationen können digitalisiert – in Ja-Nein-Entscheidungen verwandelt – werden, und die Menschheit bereitet sich selbst das digitale Zeitalter. In ihm leben wir – und die Laser helfen uns dabei nicht nur, sondern machen alltäglichen Gebrauch von der digitalen Information und geben sie in unsere Hände.

Die Laser im Wohnzimmer

Die Bedeutung der Laser kann vorzüglich am Beispiel der Speicherung von Musik dargestellt werden, die zuerst mittels Schallplatten gelang, deren Entwicklung in der zweiten Hälfte des 19. Jahrhunderts begonnen hatte. Die heute nur noch mühsam aufzutreibenden Schallplatten sind runde Scheiben, auf denen eine Rille in Form einer Spirale von außen nach innen verläuft, die beim Abspielen von einer Nadel abgetastet wird. Die Wände der Rille enthalten Informationen über Frequenz und Stärke (Amplitude) des Schalls. Sie tun dies in analoger Form, weil man sich vorstellen kann, dass die klanglichen Bewegungen der Musik in den mechanischen Auslenkungen der Rille enthalten sind und ihnen entsprechen. Albert Einstein hat einmal darauf hingewiesen, dass man die *Neunte Sinfonie* von Beethoven auch als Luftdruckkurve darstellen könnte. Dies biete sicher kein ästhetisches Vergnügen, wie er sofort hinzufügte, aber die Bemerkung macht deutlich, wie man selbst höchst komplizierte Signale in physikalische Parameter (zum Beispiel Bits) verwandeln und in dieser Form aufzeichnen, speichern – und zuletzt auch abspielen oder reproduzieren – kann.

So herrlich es war, Musik von einer Platte abzuspielen und eine Ahnung von der Fülle ihres Wohlklangs im heimischen Wohnzimmer zu bekommen – die analoge Speicherung schien vielen Ingenieuren von Anfang an zu stör- und rauschanfällig. In den 1970er Jahren begannen einige Elektronikkonzerne mit Versuchen zur digitalen Audioaufzeichnung. Ihre Experimente führten schließlich zu dem, was man ruhig die Revolution des Hörens nennen könnte. Sie begann in den frühen 1980er Jahren, als das Speichermedium »Compact Disc« (CD), eine kompakte Scheibe, auf den Markt kam.

Als die erste CD 1981 auf der Berliner Funkausstellung vorgeführt wurde – zunächst durch die niederländische Firma Philips und ihren japanischen Kooperationspartner Sony – konnten Musikliebhaber gar nicht genug schwärmen von den Vorteilen, die diese glitzernde Scheibe bei der Wiedergabe von Musik gegenüber dem traditionellen Medium der schwarzen Schallplatte aufwies. Zum einen begann das Hören in der Stille – da krachte keine Nadel auf eine Platte, und es gab auch kein anfängliches Kratzen mehr, bis endlich die erwünschten Klänge zu vernehmen waren. Und zum anderen konnte man nun Streichquartetten oder Sinfonien ohne Unterbrechung lauschen, ohne das lästige Wenden der alten Langspielplatten vornehmen zu müssen, bei denen bestenfalls rund dreißig Minuten Musik auf einer Seite untergebracht werden konnten.

Die ersten CDs vermochten, mehr als sechzig Minuten Musik am Stück wiederzugeben, und es heißt, dass aufgrund dieses Wunschs, Musik ohne Unterbrechung zu hören, der in aller Welt eingehaltene Durchmesser der CD festgelegt wurde. Das kompakte Speichermedium sollte – so erzählt seit einiger Zeit eine Legende – nach Vorgabe des damaligen Vizepräsidenten von Sony, der ein großer Liebhaber von Beethovens Musik war, die *Neunte Sinfonie* in voller Länge erfassen – und die dauerte sechsundsechzig Minuten, wenn sie von den Berliner Philharmonikern unter der Leitung von Herbert von Karajan gespielt wurde. Die Ingenieure rechneten aus, dass eine solche CD – bei den verfügbaren Lasern, die zum Abspielen erforderlich sind – einen Durchmesser von 12 Zentimetern haben müsste. Als man dann feststellte, dass die Taschen in Herrenanzügen genauso breit sind und also bequem eine CD aufnehmen können, wurde der genannte Durchmesser als Maß festgelegt.

Mit der CD kam der Laser in die Wohnzimmer, wobei man allerdings noch bis 1982 warten musste, bis es die ersten CD-Player zu kaufen gab, mit denen die auf der Scheibe eingefangene Musik hörbar gemacht werden konnte. Und damit sind wir endlich bei den Lasern angekommen. In diesen Geräten erzeugen nämlich winzige Diodenlaser feine Lichtstrahlen mit Leistungen von einigen Milliwatt und mit einer Wellenlänge von 780 Nanometern. Mit dem von ihnen erzeugten Strahl wird die CD abgetastet beziehungsweise wird ihr die musikalische Information entnommen, die anschließend – mit den traditionellen Zwischenstufen aller üblichen Sendegeräte – so umgewandelt wird, dass ein menschliches Ohr sie hören kann. Was geht bei dieser Übertragung vor sich?

Eine CD besteht – chemisch gesehen – aus dem Kunststoff Polycarbonat, der zum ersten Mal 1953 von den Farbenfabriken Bayer hergestellt werden konnte. Der Stoff zeichnete sich nicht nur durch eine geeignete mechanische Festigkeit bei Raumtemperatur aus, er erwies sich darüber hinaus auch nach Erwärmung als äußerst beständig und somit belastungsfähig. Diese Eigenschaften – und die Möglichkeit einer kostengünstigen industriellen Massenproduktion – machten das Polycarbonat rasch zu einem Kandidaten für Speichermedien, vor allem weil sich in dieses Material problemlos Vertiefungen einpressen lassen, die als »Pits« bezeichnet werden (nach dem englischen Wort für Grube). Das dazu angewandte Verfahren kennt die Fachwelt seit längerem als Spritzgießtechnik oder einfach als Spritzgießen. Dabei wird ein Kunststoff in ein Werkzeug eingeführt, dessen Hohlräume die gewünschte Form annehmen.

Die Pressung erfolgt so, dass die Pits stets gleich tief bleiben, aber unterschiedlich lang angelegt werden. Diese Strukturen werden auf der CD – wie bei der Schallplatte – als Spirale aufgebracht, sie verläuft allerdings anders als bei dem alten Tonträger von innen nach außen. Zwischen den aufgebrachten Vertiefungen finden sich unbearbeitete Abschnitte unterschiedlicher Länge. Diese unverändert gebliebenen Oberflächenbereiche der Scheibe zwischen den Pits werden »Lands« genannt. Auf einer CD wechseln also verschieden geformte und unterschiedlich ausgedehnte Pits und Lands miteinander ab. Die in dieser Anordnung enthaltene Information wird von einem Laserstrahl »gelesen«, wobei das Laserlicht nur in Aktion treten kann, weil man die CD nach dem Spritzgießverfahren, mit dem ihr die Vertiefungen und das charakteristische Pits-Lands-Muster eingepresst worden sind, zusätzlich noch mit einer Schicht aus Aluminium überzieht. Der Laserstrahl trifft nun auf diese Metallhaut und wird von ihr reflektiert, und dabei übermittelt er der CD die digitale Information, die ihr aufgeprägt worden ist. Wie kommt das zustande?

Es kommt auf die Übergänge zwischen den Vertiefungen und der ursprünglichen Oberfläche an. Bei dem Übergang von einem Pit zu einem Land verändert sich die Reflexion des Laserlichts, und dies wird in der Logik der Apparatur als 1 verarbeitet. Solange sowohl in den Pits als auch in den Lands die Intensität für eine vorgegebene Strecke konstant bleibt, also keine Änderung zu messen ist, wird dies als 0 angesehen. Dabei wird das reflektierte Laserlicht einer Fotodiode zugeleitet, in der Halbleiter Lichtsignale in Strom umwandeln. Die variablen oder konstanten Reflexionen des Laserlichts liegen nun als elektrische Signale vor, die in die herkömmlichen Übertragungssysteme eingespeist werden. So entsteht die Musik oder Sprache, die wir hören wollen.

Dichtere Scheiben

In den heute auf dem Markt angebotenen Laufwerken werden die CDs mit dem infraroten Licht einer Laserdiode aus dem Halbleiter Aluminium-Gallium-Arsenid (AlGaAs) abgetastet. Der hierbei produzierte Strahl funktioniert fabelhaft, solange der Abstand zwischen den Spuren aus Pits und Lands – den Rillen der alten Schallplatte – nicht kleiner als 1,6 µm wird und die Länge der Grübchen (Pits) nicht unter die Hälfte dieses Wertes rutscht. Unter diesen Vorgaben kann eine CD rund 0,65 Gigabyte speichern, und das reicht tatsächlich für die gesamte *Neunte Sinfonie* von Beethoven aus – wenn Karajan sie dirigiert.

Solche Erfolge wecken bekanntlich Begehrlichkeiten, und in den 1990er Jahren wurde immer stärker der Wunsch vernehmbar, die Bequemlichkeit der Audio-CD auch bei der Speicherung von Filmen nutzen zu wollen. Die Industrie und ihre Ingenieure machten sich folglich daran, die Speicherkapazität der Scheiben zu erhöhen – runde 5 Gigabyte wurden ins Auge gefasst –, und es gelang ihnen, etwa ab 1995 die »Digital Versatile Disc« (digitale vielseitige Scheibe), abgekürzt DVD, zu produzieren. Die höhere Informationsdichte eines solchen zugleich visuellen und auditiven Datenträgers konnte dadurch erreicht werden, dass man die Spuren aus Pits und Lands enger nebeneinander anbrachte und die minimale Länge einer eingepressten Vertiefung verringerte.

Natürlich benötigte ein Lese- beziehungsweise Abspielgerät für eine solche kompakt bestückte Scheibe einen anderen Diodenlaser als eine CD, und die erste Wahl des geeigneten Halbleiters fiel auf den erst seit der Mitte der 1970er Jahre herstellbaren Werkstoff Aluminium-Gallium-Indium-Phosphid (AlGaInP). Eine damit bestückte Laserdiode produziert Licht, dessen Wellenlänge bei 650 Nanometern – also im grünen Bereich des Spektrums – liegt, und der von ihr erzeugte Strahl lässt sich ausreichend und geeignet bündeln (fokussieren), um die kurzen Pits und die dichten Abstände zu meistern.

Wer die Speicherdichte einer DVD weiter erhöhen (und in dieser Form nutzen) will, braucht einen noch besser einzuengenden Laserstrahl, und dieser Wunsch kann man am ehesten mit kurzwelligem – also blauem – Licht erfüllt werden. Tatsächlich finden sich seit der Jahreswende 2009/2010 in den Geschäften erste Exemplare der neuen DVD namens BluRay, die von ebenfalls verfügbaren Geräten abgespielt werden, in denen Laser agieren – etwa die Diode aus Galliumnitrid (GaN) –, die das gewünschte Licht mit einer Wellenlänge von 405 Nanometern produzieren. Der blaue Strahl kommt dabei mit einem so kleinen Abstand der Spuren und derart winzigen Pit-Längen zurecht, dass eine BluRay-DVD derzeit rund 25 Gigabyte speichern kann. Wenn man das in Filmlängen umrechnet, landet man bei zwölf Stunden, was wohl in Erstaunen versetzt.

Blau versus Rot

	DVD	**BluRay**
Speicherplatz[2]	4 – 7 GB	25GB
Laserwellenlänge	650 nm	405 nm
Transferrate	10 Mbits/sec	54 Mbits/sec
Filmlänge	2 Std.	12 Std.
Auflösung (Bildpunkte)	720 × 576	1920 × 1080

Brennen

Am Schluss dieses Ausflugs in die Welt der CDs und DVDs sei noch auf die Brenner hingewiesen, die es ab 1993 für die Audio-CD und seit 1999 für die DVD gibt. Unter Brennen versteht man das Beschreiben beziehungsweise Bespielen von leeren CDs oder DVDs. Anders als bei der ursprünglichen Pressung der Scheiben übernehmen diesmal Laser die Arbeit der Informationsaufprägung, und zwar dieselben Strahlquellen, die bislang nur für das Abtasten der Informationen zuständig waren.

Ausgangspunkt des Brennens sind unbearbeitete, also ungeprägte Scheiben ohne Pits und Lands (Rohlinge), denen neben der erwähnten Reflexionsschicht aus Metall noch eine zusätzliche stoffliche Ebene – etwa aus einem Farbstoff – aufgetragen wurde. Um eine Information mit einem Laser auf einen Rohling zu übertragen, wird die Intensität seines Lichts in Abhängigkeit von den Daten variiert, die man speichern will. Wenn der Laserstrahl stark genug ist, greift er die erwähnte Farbschicht an. Er verdampft das dort versammelte Material, weshalb der Vorgang Brennen heißt. Zuletzt liegen aufgelöste und unberührte Farbspuren so hintereinander wie die Pits und Lands bei der ursprünglichen Herstellung einer CD im Spritzgießverfahren. Wie in diesem Fall kann man den Übergang von den unterschiedlich reflektierenden Abschnitten der Farbschicht durch Laser abtasten und registrieren lassen und damit die Information gewinnen. CD- und DVD-Brenner unterscheiden sich – wie die entsprechenden Scheiben selbst – durch eine höhere Auflösung, was es im zweiten Fall erlaubt, einem Rohling die zusätzlichen Informationen aufzuprägen, die ein visuelles Medium braucht.

Der Laser an der Kasse

Wer eine CD, eine DVD oder irgendein anderes Produkt in einem Kaufhaus oder Supermarkt erwirbt, wird feststellen, dass der Preis nicht mehr mit der Hand in eine Kasse eingetippt, sondern von einem Lesegerät ermittelt wird. Eine rote Linie überstreicht ein Muster aus mehreren parallelen schwarzen und weißen Balken und lässt den zu entrichtenden Betrag aufscheinen. Das schwarzweiße Muster wird Strichcode (oder Barcode) genannt, und diese offenbar digitale Information wird mittels Laserlicht erfasst (abgetastet), wobei sich für das gesamte Verfahren der englische Ausdruck »Barcode Scanner« durchgesetzt hat. (Man findet einen solchen Barcode auf den meisten Produkten – oder ihren Verpackungen –, zum Beispiel auch auf diesem Buch.)

Hinsichtlich des Lasers gibt es bei dieser Errungenschaft des Alltags wenig Neues zu berichten. Die Lesegeräte verwenden die gleichen roten Diodenlaser, die sich auch in CD-Geräten oder in einem Laserpointer finden. Deren Strahl wird in einem ersten Schritt aufgeteilt, was bedeutet, dass das Licht zur einen Hälfte direkt in einen Detektor geleitet wird und zur anderen Hälfte den Umweg über den Barcode nimmt. Durch einen Drehspiegel wird dieser messende Teil des Laserlichts dazu gebracht, das Schwarzweißmuster zu überstreichen. Die dabei auftretenden Reflexionen werden registriert und ebenfalls dem Detektor eingespeist, der bereits die durch die Außenwelt unberührte Hälfte des Strahls empfangen hat. Jetzt können die beiden Lichteingänge verglichen werden; dabei wird die Information extrahiert, die in dem Barcode untergebracht ist.

Über solche Barcodes hat man sich schon seit dem Zweiten Weltkrieg Gedanken gemacht, als man anfing, das damals neue Konzept der Information ernst zu nehmen und technisch nutzbar zu machen. Weitergekommen in diesem Bemühen ist man aber erst nach der Einführung von Lasern in den frühen 1970er Jahren. Zwar hatte man in der Schweiz bereits in den späten sechziger Jahren Versuche unternommen, Handelsartikel in den Migros-Märkten über Codes zu registrieren, aber letztlich war der Druck nötig, den die amerikanische Supermarktkette Wal-Mart auf die Produzenten ausübte, um den ersten gebrauchsfähigen Universal Product Code (UPC) zu produzieren – und das war 1974 der Fall. Die Ehre, das erste mit einem Strichcode versehene und zum Verkauf angebotene Produkt zu sein, wurde einem Kaugummi der Firma Wrigley aus Chicago zuteil.

Die Entwicklung des amerikanischen UPC-Modells wurde in Europa erst sehr genau verfolgt und dann zum Anlass genommen, einen eigenen Standard zu entwickeln, der als European Article Number (EAN) bezeichnet wurde und sich bis heute bewährt hat. Die Organisation, die diese Aufgabe übernehmen sollte, wurde 1977 gegründet, und noch im gleichen Jahr lagen die ersten Produkte, die mit einem EAN-Strichcode ausgezeichnet waren, in den Geschäften. 1979 wurden schließlich die ersten Supermärkte mit den laserbestückten Scannern ausgerüstet, und heute findet man sie überall.

Der EAN-Code besteht aus 13 Ziffern, die Auskunft geben über das Herkunftsland der Ware und den Hersteller sowie über den – jederzeit leicht aktualisierbaren – Preis. Zugleich liefern sie dem Handel Informationen über den Bestand im Lager und in den Regalen. Zur Kontrolle des ganzen Vorgangs haben die Erfinder des EAN-13-Codes am Ende noch eine Prüfziffer eingegeben: Der Scanner führt mit den zuvor abgelesenen Informationen – Ziffern – eine ihm eingegebene Berechnung (Algorithmus) durch und vergleicht das Ergebnis mit der Ziffer, die er als letzte im Code findet. Stellt das Lesegerät dabei Abweichungen fest, piepst die Anlage und blockiert das weitere Vorgehen, wie sicher jeder schon einmal erlebt hat.

Übrigens – eine spezielle Form des EAN-13-Codes, der vorwärts wie rückwärts gelesen werden kann, findet sich in Büchern wie diesem als ISBN-Code, wobei die vier Buchstaben als Abkürzung für International Standard Book Numbering System stehen. Den ISBN-13-Code gibt es seit Januar 2007; er hat die ursprünglich – von England ausgehenden – eingeführten Buchnummern mit zehn Ziffern abgelöst. Somit haben sich die Bücher in das übliche Warenwirtschaftssystem eingefügt.

Laserdrucker

Wie die CD-Player und die Lesegeräte der Strichcodes, die sich unter anderem auf den Waren in Supermärkten finden, arbeiten die seit den 1970er Jahren angebotenen Laserdrucker mit Laserdioden. Am weitesten verbreitet ist die Halbleiterkombination aus Aluminium-Gallium-Arsenid (AlGaAs). Sie erzeugt Licht mit einer Wellenlänge von 780 Nanometern, und ihr Strahl kann so geführt werden, dass sich auf einer traditionellen Seite im DIN-A4-Format insgesamt 32 Millionen Bildpunkte ansteuern lassen – das sind 600 »dots per inch«, wie es in der Fachsprache heißt, die trotz aller Modernität gerne an dem alten Maß Inch festhält, das wir in vergangenen Jahrhunderten im deutschen Zoll genannt haben (und womit etwas mehr als 2,5 Zentimeter gemeint sind).

Laserdrucker nutzen eine Erfindung aus den 1930er Jahren, die auf den aus ärmlichen Verhältnissen stammenden Amerikaner Chester F. Carlson zurückgeht. Beim Studium der umfangreichen Fachliteratur in einer großen Bibliothek fragte sich der junge Mann, ob er all die vielen Seiten abschreiben müsse (die Bücher selbst waren zu teuer), wie das die Mönche mit der Bibel im Mittelalter gemacht hatten. Konnte die Neuzeit mit ihren technischen Möglichkeiten nicht ein einfaches Kopierverfahren ersinnen, das stumpfsinniges Abschreiben obsolet machen würde?

Fieberhaft suchte Carlson nach einer zeitsparenden Reproduktionsmethode, und nach jahrelangen Experimenten mit Schwefel auf dem Herd seines winzigen Apartments gelang ihm am 22. Oktober 1938 der Durchbruch: Mit Tusche schrieb sein Partner, der Physiker Otto Kornei, das historische Datum auf ein Mikroskopglas und legte dieses auf eine Platte mit elektrostatisch aufgeladenem Schwefel. Nach einer kurzen Belichtung entfernten die Forscher das Mikroskopglas und streuten Bärlappsamen auf die Schwefelplatte: Ein nahezu perfektes Abbild der Schriftzeichen erschien auf der Platte, und das Kopierverfahren, die Xerografie war geboren. Der Name – dessen erste vier Buchstaben an die einst berühmte Firma Rank Xerox erinnern, die als erste erfolgreich Kopierer vermarktete – bringt den Vorteil der Erfindung auf den Punkt: Er bedeutet »trocken schreiben« und stellt das Gegenstück zur klassischen Entwicklung von Fotografien dar, die auf einem aufwändigen chemischen Nassprozess beruhte und viel Zeit für das Trocknen erforderlich machte.

Die seit 1950 kommerziell verfügbare Xerografie ist in erster Linie ein physikalischer Prozess, der ohne feuchte chemische Zusätze auskommt. Eine Halbleiterschicht – etwa aus Selen –, die im Dunklen als Isolator agiert, wird zunächst möglichst homogen aufgeladen und dann durch geeigneten Lichteinfall punktuell in einen elektrischen Leiter verwandelt. Es sind die auf diese Weise belichteten Stellen, an denen später das Papier bedruckt wird.

Worin besteht aber der Unterschied zwischen der Xerografie und einem Laserdrucker? Während bei der Xerografie die zu kopierende Information bereits als Text – und damit als ein optisch verfügbares Muster – vorliegt, muss der Laserdrucker den elektronisch gelieferten Daten – etwa aus einem PC – erst einmal eine optische Dimension geben. Dem Laserdrucker wird dazu die digitale Information für eine Seite übermittelt, die er erst speichert und dann in Form von einzelnen Lichtpunkten – also erneut digital – überträgt. Der Strahl wird dabei so gelenkt, dass die erwähnte Halbleiteroberfläche an den Stellen belichtet wird, an denen später die Druckerfarbe (der Toner) haften bleiben soll. Das Laserlicht erzeugt in dem Halbleiter die vielfach vorgestellten und bewährten Elektron-Loch-Paare, und sein Überstreichen der auf einer Drucktrommel aufsitzenden Halbleiterschicht sorgt dafür, dass dort ein Ladungsmuster zurückbleibt, das dem Negativ der zu bedruckenden Seite entspricht. Um dieses »Schriftbild« zu erzeugen, muss der Laserstrahl sehr schnell parallel zur Achse der sich drehenden Trommel bewegt und dabei millionenfach ein- und ausgeschaltet werden. Der Weg zu dieser ausgereiften Technik hat 1973 begonnen, als die Xerox Corporation im kalifornischen Palo Alto einen kleinen Personal Computer (PC) vorstellte, der mit einem Gerät ausgestattet war, das mit einem modulierten Laserstrahl ein Druckbild nach dem oben beschriebenen Prinzip erzeugen konnte.

Die von den Lasern vorbereiteten Stellen werden von sogenannten Tonerteilchen besetzt, die weniger als 100 Mikrometer Durchmesser aufweisen und größtenteils aus einem Kunstharz gefertigt sind. Da deren Oberflächen mit farbigen Substanzen versehen werden können, ist es schon seit langem möglich, auch Farbbilder mit Lasern zu drucken, wobei der gesamte Druckvorgang für jede der Grundfarben – meist Rot, Grün und Blau – wiederholt werden muss, wie es auch bei der herkömmlichen Herstellung von Farbbildern der Fall ist.

Die Frage, wie die Qualität von Laserdrucken verbessert werden kann, findet eine einfache Antwort in der Größe der Tonerteilchen, die inzwischen so klein sind, dass viele hundert von ihnen gebraucht werden, um einen Punkt auf dem i zu setzen. Eine anspruchsvollere Tendenz findet man in den Bemühungen, die zu druckenden Informationen direkt auf die Druckplatte zu übertragen, wozu Laserdioden benötigt werden, die im blauvioletten – also sehr kurzwelligen – Bereich Licht aussenden. Experten sprechen dabei von Digitaler Druckplattenbelichtung (DDB) oder einer »Computer-to-Plate«-Technologie (CTP), und man rechnet damit, dass die violetten Laserdioden bald gut und leistungsstark genug sind, um Laserdrucker mit professionellen Offsetdruckmaschinen konkurrieren zu lassen, die bekanntlich für die beste Qualität von Farbbildern gebürgt haben.

Moderne Zeigestöcke

Der bislang beschriebene Einsatz von Diodenlasern erforderte keine besonders hohen Leistungen. Wenn man ihre anderen Vorteile mit berücksichtigt – sie zeigen einen erfreulichen Wirkungsgrad von 50 Prozent und mehr, verursachen geringe Kosten, haben eine lange Lebensdauer und benötigen Abmessungen von weniger als einem Millimeter, um Laserlicht zu produzieren –, wird rasch klar, weshalb sie sich im Alltag so bewährt haben – nicht nur in den CD- und DVD-Playern, sondern zum Beispiel auch in den modernen Zeigestöcken, den Laserpointern. Die ersten Instrumente dieser Art, die inzwischen als Schlüsselanhänger, in Taschenmessern oder als Kugelschreiber angeboten werden, operierten mit roten Laserdioden – also einer Wellenlänge um 700 Nanometer. Inzwischen gibt es Laserpointer, die einen grünen oder blauen Strahl aussenden, was vor allem für jene nützlich ist, die durch ihre Farbenblindheit – meist einer Rotgrünblindheit – nicht in der Lage sind, einen roten Punkt auf einer präsentierten Folie zu sehen.

Laserpointer sind schon seit längerer Zeit auf dem Markt – und waren anfangs sehr klobig und unhandlich. Sie folgten auf die

Lichtzeiger der 1960er Jahre, die vielen Menschen der Nachkriegsgeneration noch in Erinnerung sind. Eine Lampe warf mittels einer geeigneten Optik einen meist nicht besonders hellen Pfeil auf die Leinwand, auf der etwas demonstriert werden sollte. Laserpointer erfüllten diese Aufgabe von Anfang an besser, wobei die Lichtstärke dieses heute weit verbreiteten Instruments in den letzten Jahren einige Menschen zu ärgerlichen Dummheiten verleitet hat. In den Zeitungen ist immer wieder davon zu lesen, dass es Blendattacken mit Laserlicht gegen Piloten gibt, die ein Flugzeug zur Landung bringen wollen. Flugkapitäne werden gezielt mit Laserpointern angestrahlt und folglich kurzfristig orientierungslos. Die meisten Fälle dieser Art werden aus Deutschland, den USA und Australien gemeldet. Inzwischen hat man sogar dafür gesorgt, dass derart verwendete Laser als Waffe angesehen werden, um das zugleich sinnlose und gefährliche Blenden von Piloten keinesfalls als Dummejungenstreich durchgehen zu lassen, sondern als Straftat einzustufen.

Telekommunikation

Die Telekommunikation, früher Fernmeldewesen genannt, hat eine lange Geschichte, die zeigt, dass Menschen hier ein Grundbedürfnis befriedigen. Die Informationsübertragung über weite Entfernungen begann in prähistorischen Zeiten mit Rauchsignalen, setzte sich über die Fackeln fort, mit denen die Griechen den Stand des Peloponnesischen Kriegs meldeten, fand seinen ersten technischen Höhepunkt in den Telefonapparaten des 19. Jahrhunderts und führte schließlich zu den Glasfasern, die seit 1988 zu transatlantischen Verbindungen ausgebaut werden und seit dem Beginn des 21. Jahrhunderts mehr als 10 Terabytes pro Sekunde übertragen können.

Der Wechsel von den traditionellen Kupferleitungen zu den Glasfasern hat mit der einfachen physikalischen Tatsache zu tun, dass die Menge an Information, die ein Kabel übertragen kann, mit der Frequenz der Welle zunimmt, die das Signal trägt. Glasfasern übertragen Laserstrahlen bis zu einer Frequenz von 100 Terahertz – wobei ein Terahertz die unvorstellbare Menge von 1000 Milliarden Schwingungen pro Sekunde darstellt.

Auch wenn das schon fantastisch klingt, so denken Ingenieure immer an neue Möglichkeiten, beispielsweise daran, in einer Glasfaser nicht nur einen, sondern viele Kanäle für die Kommunikation unterzubringen. Sie sprechen dann von Wellenlängen-Multiplexing, was WDM abgekürzt wird (Wavelength Division Multiplexing). Mit diesem Verfahren werden die Übertragungsraten von Glasfasern 100 000-mal größer als die von Kupferleitungen.

Die in der optischen Telekommunikation verwendeten Fasern bestehen aus Quarzglas, das Licht mit Wellenlängen im fernen Infrarotbereich – zum Beispiel 1,31 oder 1,55 Mikrometer – nahezu verlustfrei transportiert. Als Quellen für dieses Licht bieten sich Halbleiterlaser aus Indium-Gallium-Arsenid-Phosphid (InGaAsP) an. Ein Strahl dieses Diodenlasers kann in einer Glasfaser rund einen Kilometer zurücklegen, ohne um mehr als 5 Prozent gedämpft zu werden.

Bei dem oben genannten Wellenlängen-Multiplexing geht es darum, Licht mit mehreren Wellenlängen durch ein und dieselbe Faser zu führen, wobei man dies unternimmt, da jede dieser für sich laufenden Wellenzüge durch eine eigene Information moduliert werden kann. Auf diese Weise kann jede von ihnen übertragen werden. Das Verfahren funktioniert, aber es setzt sich aus raffinierten Komponenten zusammen, die spezielle Fachkenntnisse erfordern. Dazu gehören zum Beispiel abstimmbare Laser und besondere Modulatoren – Elektroabsorptionsmodulatoren –, mit denen die elektrischen Signale den verschiedenen Laserwellenlängen aufgeprägt werden können.

Jeder einzelne Laserstrahl, der beim Multiplexing in eine Glasfaser gelangt, wird als Kanal bezeichnet. Er kann unabhängig von seinem Nachbarn funktionieren, wenn sich die dazugehörigen Wellenlängen nur um rund einen Nanometer unterscheiden. In diesem Fall spricht man von »Dense Wavelength Division Multiplex« (Dichtes Wellenlängen-Multiplexing, DWDM). Dieses Verfahren kann über die Telekommunikation hinaus zur Steigerung der Leistungsdichte der Hochleistungsdiodenlaser eingesetzt werden. Es gilt dabei, die Strahlen zweier Diodenbarren geeignet zu überlagern, was unter anderem mit Kristallen gelingen kann, die besondere optische Qualitäten aufweisen – sie sind doppelbrechend, das heißt, sie spalten einen Strahl in zwei Teile auf.

Die Entwicklung des Wellenlängen-Multiplexing dient dem Ziel, die Übertragungskapazitäten zu erhöhen. Sie wird mit der Überzeugung durchgeführt, dass zu seiner Erreichung photonische Komponenten an die Stelle von elektronischen treten müssen. Die Arbeiten sind zuletzt gut vorangekommen, weil viele optische Bauelemente und Netze aus Glasfasern geschaffen werden konnten, die die erwünschten – also rein photonischen – Lösungen für die Kommunikation ermöglichen. Noch findet man – vor allem im Bereich der Schaltsysteme – vor allem traditionelle elektronische Komponenten, aber die Photonen des Lichts gewinnen an Bedeutung. Noch speichern wir einen Text etwa elektronisch ab – aber die optischen Computer mit optischen Speichern sind bereits anvisiert und Gegenstand aktiver Forschung. Wir werden bald sehen, was die Lichtteilchen können.

KAPITEL 10

Ein Gewinn für die Medizin

»Mit Laserstrahlen gegen Tumore«: So lautete die Überschrift eines Beitrags, der auf der Wissenschaftsseite einer der großen deutschen Zeitungen im Herbst 2009 erschienen ist. Berichtet wurde von einem neuen Verfahren, bei dem mithilfe von Lasern gezielt Tumorgewebe zerstört werden konnte. Das Licht der Strahlquelle, für die sowohl ein CO_2- als auch Nd:YAG-Laser zur Verfügung standen, hatte lokal im Körper ausreichend Hitze erzeugt und auf diese thermische Weise verhindert, was Patienten und Ärzte bei einer Krebserkrankung am meisten fürchten, nämlich die Bildung von Metastasen, das heißt die Ausbreitung des ursprünglich betroffenen Gewebes auf ein anderes Organ. In dem beschriebenen Fall ging es um Darmkrebs, der sich leider häufig auf die Leber ausdehnt und die Überlebenschancen der Patienten verringert.

Bei vielen Krebskranken können die Metastasen in der Leber nicht mehr auf traditionellem Weg durch einen Chirurgen entfernt werden, was längst bekannt ist und was Laserexperten auf den Plan rief. In dem erwähnten Beitrag stellten sie nun die Möglichkeit vor, durch Thermoablation – durch Ablösung infolge von Wärmeentwicklung – die Metastasen einzudämmen beziehungsweise ihren Herd zu zerstören. Dabei bleibt jedoch offen, was die lokale Hitzebehandlung im zellulären und molekularen Detail genau erreicht. Die ersten Untersuchungen des durch den Laser induzierten Mechanismus weisen auf eine Stimulierung des Immunsystems – also auf Stärkung von Selbstheilungskräften – hin, aber diese Vermutung wird erst noch in weiteren Studien zu klären sein.

Laser in der Zahnmedizin

Mit dem geschilderten Einsatz lässt sich auf jeden Fall erkennen, wie weit die Anwendung von Lasern in der Medizin erprobt ist. Nach dem Pioniereinsatz dieses Mittels in der Ophthalmologie versuchte man, Laser auch für die Zahnmedizin nutzbar zu machen, etwa zur Behandlung der Karies, bei der Streptokokken den Zahnschmelz befallen und in das Dentin (Zahnbein) vordringen. Diese Bemühungen blieben lange Zeit ohne den erwünschten Erfolg. Erst 1987 gelang es dem damals frisch promovierten und in Ulm tätigen Physiker Raimund Hibst zusammen mit dem Oralchirurgen Ulrich Keller zum ersten Mal, mit dem Licht eines Lasers schonend und zugleich effektiv kariös befallene Zahnstellen abzutragen. Die beiden Pioniere setzten dazu einen Erbium-YAG-Laser ein, da das von ihm emittierte Licht mit seinem mittleren Infrarot eine Wellenlänge aufweist, die bestens von Wasser aufgenommen werden kann – was den Laserstrahl für den menschlichen Organismus zuträglich machte.

Die Ulmer Pioniere waren dabei mehr oder weniger zufällig auf den passenden Laser gestoßen. Bei ihren Versuchen zur Gewebeablösung benutzten sie zunächst Excimerlaser, ohne damit zufriedenstellende Ergebnisse zu erzielen. Hibst und Keller hatten sich für ihre Forschungen in dem 1985 gegründeten Institut für Lasertechnologie in der Medizin und Messtechnik (ILM) zusammengetan, das von der Landesregierung Baden-Württembergs als Stiftung des bürgerlichen Rechts eingerichtet und an die Universität Ulm angebunden war. Ein wesentlicher Anteil am Aufbau und an der wissenschaftlichen Qualität des ILM kommt dem Physiker Rudolf Steiner zu, der als einstiger Leiter des Instituts stolz darauf sein konnte, der »einzigen Forschungsstätte in Europa« vorzustehen, die in der Lage war, von den Grundlagen über die Entwicklung bis hin zur Anwendung des Lasers am Patienten alles in einem Haus durchzuführen.

Als sich Hibst, der heute das ILM führt, auf die Suche nach einem passenden Laser für seine Zwecke der Gewebeabtragung machte, entdeckte er in den späten 1980er Jahren, dass es an der

Universität Ulm tatsächlich ein Exemplar eines Erbium-YAG-Lasers gab. Mit diesem konnte man sich erneut an eine Behandlung von Karies wagen. Als Hibst das Verfahren 1988 auf der Jahrestagung der Amerikanischen Gesellschaft für Laserchirurgie vorstellte, konnte er mit seinen Ergebnissen auch das Interesse der in Tuttlingen angesiedelten Firma Aesculap wecken, was eine zwanzigjährige Kooperation zur Folge hatte. Sie hat – wie man sagt – mit einem Selbstversuch begonnen, bei dem Hibst einen eigenen kariös befallenen Zahn mit einem Laser von der Infektion befreite und heilte.

In den 1990er Jahren konnten die Ulmer Laserforscher zusammen mit der Biberacher Firma KaVo Dental einen Detektor für Karies entwickeln, der das schädigende Wirken einiger im Zahnschmelz sich tummelnder Bakterien (wie *Porphyromonas gingivalis*) bereits mit optischen Mitteln aufspüren kann, bevor die Zahnfäule einsetzt. Der möglicherweise von Karies befallene Zahnbereich wird mit einem Laserstrahl abgetastet, dessen Wellenlänge mit 650 Nanometern im roten Bereich des Spektrums liegt. Das bestrahlte Gewebe nimmt die Energie auf und gibt sie nach kurzer Zeit als eine Strahlung mit geringerer Frequenz ab, die als Fluoreszenz bezeichnet wird. Ihre Intensität hängt davon ab, ob der anvisierte Zahnbereich gesund oder kariös verändert (zum Beispiel entkalkt) ist. Mittels des als Laserfluoreszenz bezeichneten Verfahrens kann also der Zahnarzt eine verlässliche Diagnose stellen.

Die Haut betreffend

Subkutan ist das, was uns unter die Haut geht. Das von Ärzten gern benutzte Wort »kutan« bedeutet »die Haut betreffend« – und bei uns Menschen ist das eine ganze Menge. Die Haut ist nämlich unser größtes Sinnesorgan, und wir können es sowohl zärtlich streicheln und wohltuend massieren als auch schmerzhaft zerkratzen oder verbrennen. Die Haut ist zugleich ein wirksamer Schutzschild, mit dem wir Strahlung ebenso abwehren wie Mikroorganismen. Darüber hinaus ist sie eine wunderbare Leistung der Evolution, da sie uns erlaubt, die bei großen Anstrengungen erforderliche Kühlung des Körpers durch Schwitzen zu erreichen, was uns große Vorteile gegenüber Raubtieren bringt, deren Haut bei der größten Anstrengung trocken bleibt. Sie müssen die bei der Beutejagd an heißen Tagen angestaute Energie anders – durch Hecheln oder Pausieren – loswerden, und während sie sich nach geglücktem Zugriff im Schatten ausruhen und kurzfristig handlungsunfähig sind, können wir ungefährdet einen Teil der erlegten Beute für uns sichern.

Unsere Haut ist wertvoll, weshalb wir sie mit einer Menge Aufwand pflegen, aber sie ist dennoch anfällig. Schon kurz nach der Erfindung des Lasers begannen Dermatologen, sich Gedanken zu machen, wie sie die neue Lichtquelle zur Behandlung von Hautkrankheiten nutzen konnten. Heute gehört die Lasertherapie in der Dermatologie zu einem sehr weit entwickelten Fach, wie unter anderem in dem gleichnamigen Lehrbuch nachzulesen ist, das die Regensburger Kliniker Michael Landthaler und Ulrich Hohenleutner 1999 herausgegeben haben und das 2006 in zweiter Auflage erschienen ist.

Die Wissenschaftsgeschichte meint inzwischen, in den frühen 1980er Jahren einen besonderen Fortschritt bei den Laseranwendungen zur Behandlung der Haut feststellen zu können, als zwei in den USA tätige Ärzte – John A. Parrish und R. Rox Anderson – das Verfahren vorstellten, das inzwischen unter dem Namen »selektive Photothermolyse« weltweit eingesetzt wird und bei dem die Parameter von Lasern mit der Wirkung des Lichts verknüpft werden. Darunter ist die mithilfe von geeigneten Lasern gelingende Zerstörung oder Entfernung von genau umschriebenen Bereichen der Haut gemeint, etwa in Form von erweiterten (überflüssigen) Blutgefäßen oder störenden Pigmentablagerungen. Als Parrish und Anderson 2007 für ihre Konzeption der selektiven Photothermolyse den Discovery Award der amerikanischen Dermatology Foundation bekamen, wies der Laudator darauf hin, dass ihre Methode maßgeblich das Design der Laser beeinflusst habe, mit denen sich Hautkrankheiten von Warzen bis zu Tumoren behandeln lassen.

Selektive Fotothermolyse (nach Landthaler und Hohenleutner, 2006)

Laserparameter	**Wirkung**
Wellenlänge	Das Licht wird dank seiner Wellenlänge in einer Zielstruktur absorbiert und erzeugt so Hitze in der Zelle.
Energiedichte	Die Energiedichte des Laserstrahls reicht aus, um die Zielstruktur erst aufzuheizen und dann zu zerstören.
Impulsdauer	Die Zielstruktur wird nur für eine kurze Dauer erhitzt; wenn der Impuls kurz genug bleibt, bleibt die zerstörende Wirkung des Lichts auf sie beschränkt.

Das Konzept erlaubt uns eine nähere Beschäftigung mit der vielfach gewünschten Aufhellung oder gar Beseitigung von Tätowierungen. Nach dem Konzept der selektiven Photothermolyse entfaltet das Laserlicht seinen Effekt durch das genaue Auftreffen auf den Pigmenten (Farbstoffen), die für das ursprüngliche Tattoo sorgen. Der Durchmesser der Pigmente liegt im Bereich von Mikrometern, und eine Analyse ihrer Stabilität zeigte, dass Laserpulse in der Länge von Nanosekunden oder weniger ausreichen – wenn das damit eintreffende Licht vom Tätowierungspigment absorbiert wird. In den meisten Fällen werden blauschwarze Farbstoffe gewählt, die zum Glück gut behandelt werden können, da sie alle Wellenlängen absorbieren. Schwieriger wird es mit bunten Tattoos, die meistens unbefriedigend auf Laserbehandlungen ansprechen. Wenn die Pigmente vom Laserlicht getroffen werden, scheinen sie entweder zerstört oder freigesetzt zu werden. Im zweiten Fall werden sie abtransportiert – etwa zu Lymphknoten hin.

Inzwischen sind »Laser aus dem therapeutischen Repertoire der Dermatologie nicht mehr wegzudenken«, wie Michael Landthaler 2006 in einem Vortrag in der Deutschen Akademie der Naturforscher Leopoldina in Halle sagte. Er bezog sich dabei nur am Rande auf die Beseitigung von Tätowierungen und konzentrierte sich unter anderem auf Fehlbildungen von Gefäßen, auf sogenannte Feuermale, auf die Entfernung von übermäßiger Behaarung und die Behandlung von entzündlichen Hautkrankheiten wie der Schuppenflechte, die alle ausführlich im Lehrbuch *Lasertherapie in der Dermatologie* abgehandelt werden. Dabei lässt sich bei aller Bewunderung für das breite Anwendungsspektrum von Lasern in der Dermatologie erkennen, dass die Strahlenquellen keine Wunderwaffen liefern, mit denen alles bedenkenlos zu eliminieren ist, was man möchte. Vielmehr gilt es, in jedem Einzelfall die richtige Indikation zu stellen und das korrekte Anwendungsschema auszuarbeiten. Es wird immer wieder Gelegenheit geben, sich über oftmals nur als klein wirkende Fortschritte zu freuen – etwa die Tatsache, dass seit rund zehn Jahren den Dermatologen Lasersysteme zur Verfügung stehen, die eine therapeutische Belichtung der Haut ermöglichen, ohne dass es zu einer Verkohlung (Karbonisation) kommt.

Welcher Laser?

Die Frage, welcher Laser etwa für das Schneiden und Abtragen (Vaporisieren) von Gewebe am besten geeignet ist oder welcher Laser für welche medizinische Aufgabe eingesetzt werden sollte, erfordert stets eine sorgfältige Abwägung. So ist der CO_2-Laser wegen seiner im Bereich hoher Wasserabsorption liegenden Wellenlänge medizinisch am besten für das Schneiden geeignet, weshalb er oft auch als »light-knife«, als Lichtmesser, bezeichnet wird. Er wird seit 1984 in der Chirurgie von Augenlidern eingesetzt; der dafür benutzte Ausdruck »Blepharoplastik der Unterlider« wird im Volksmund als Beseitigung von Tränensäcken bezeichnet.

CO_2-Laser gelten inzwischen als Mittel der Wahl für Einschnitte (Inzisionen) bei Eingriffen im Bereich des Gesichts, die als Facelifting bekannt sind und von plastischen Chirurgen vorgenommen werden.

Argonlaser mit ihrem besonderen Spektrum an Wellenlängen im blauen und grünen Bereich bieten sich vor allem als Instrumente an, mit denen sich Blutgefäße koagulieren lassen. Es ist das Hämoglobin in den Zellen, das diese Strahlung gut aufnimmt und ihr zur Wirkung verhilft.

Nd:YAG-Laser können dank ihrer infraroten Strahlung tiefer als andere Lasersysteme in das Gewebe eindringen und dort die therapeutisch anvisierten Prozesse in Gang bringen.

Besenreiser

Im Folgenden soll am Beispiel der sogenannten Besenreiser vorgestellt werden, wie unterschiedliche Laser unterschiedlich genutzt werden können. Besenreiser sind kleine, direkt unter der Hautoberfläche liegende und in das subkutane Fettgewebe reichende, sichtbare netz- oder fächerförmige Venen, die oft Beine verunzieren. Dieses Wort kommt aus der Botanik – Reisig – und erinnert daran, dass man früher aus solchen Zweigen Besen anfertigte. Besenreiser, eine Unterform von Krampfadern (Varizen), sind relativ ausgedehnte Blutgefäße, für die theoretisch Laser mit längeren Pulsdauern und höheren Wellenlängen infrage kämen, wobei dies auch den Vorteil hätte, dass der rote Blutfarbstoff – das Hämoglobin – weniger Licht aufnimmt. Nach dem Prinzip der selektiven Fotothermolyse scheinen lang gepulste Farbstofflaser mit Wellenlängen um 600 Nanometer geeignete Geräte zur wirksamen Entfernung von dünnen Besenreisern zu sein. Die Behandlung erfolgt im Bereich von Millisekunden und mit Energiedichten von 20 Joule/cm^2, was eine Oberflächenkühlung der Haut erforderlich macht – etwa mit Eiswürfeln.

Im Jahr 2000 wurden auch Diodenlaser ausprobiert, die Licht im nahen Infrarot aussenden, wobei das Ergebnis aber enttäuschend war. Etwa zur gleichen Zeit wurden klinische Studien mit gepulsten Nd:YAG-Lasern unternommen, die eine Energiedichte zwischen 80 und 120 Joule/cm^2 für 10 bis 30 Millisekunden einsetzten, um

Besenreiser mit einem Durchmesser zwischen 1 und 3 Millimetern zu therapieren. Vergleichende Studien haben die Fachleute inzwischen von der Überlegenheit des Festkörperlasers überzeugt.

Eine Gesellschaft für Lasermedizin

Diese kurze Aufzählung lässt erkennen, wie sehr »die Verbreitung und Weiterentwicklung der sicheren Anwendung des Lasers in der Medizin«[1] eine umfassende und langfristige Aufgabe darstellt. Ihr widmet sich seit den 1980er Jahren die Deutsche Gesellschaft für Lasermedizin e.V., die im November 1982 in München ihre erste Jahrestagung abhielt. Auf ihr räumte der Festredner, der Vorstand der Klinik für Neurochirurgie der Universität Graz, Fritz Heppner, den Laserstrahlen einen festen Platz in der Medizin ein und verglich ihre Erfindung mit der Handhabung des Feuers in der Frühzeit der Menschheit. Heppner sah künftige Möglichkeiten des Lasers – neben bereits erwähnten Anwendungen – unter anderem in der Bekämpfung von Blasentumoren und in der Chirurgie des Kehlkopfs und der Leber. Er vermutete zu Recht, dass »die wirklichen Entscheidungen [über den Einsatz der Laser in der operativen Therapie] erst noch fallen werden – dann nämlich, wenn Einfallsreichtum und Tatkraft in Forschung und Klinik unermüdlich weiter wirken«.

Dies haben sie tatsächlich getan. »Bereits Anfang der 1980er Jahre wurde deutlich, dass die Entwicklung spezieller für die Medizin geeigneter Laser zu einem eigenen Marktsegment führen würde«, wie von der Deutschen Gesellschaft für Lasermedizin zu erfahren ist. Es galt schon damals, dafür Sorge zu tragen, dass die Energie und die Qualität des Laserlichts am Patienten nur mithilfe von »indikations- und verfahrensbezogenen Vorrichtungen«[2] eingesetzt würde. Die ausgewählte Strahlquelle operiert eben nur hilfreich, wenn ihr hoch selektives Licht genau dosiert und zuverlässig positioniert zum Einsatz kommt.

Bei der Erreichung dieses Ziels kam den Medizinern das Engagement der deutschen Industrie zu Hilfe. Ihre Vertreter – zum Beispiel von der oben erwähnten Aesculap-Werke AG aus Tuttlingen oder der Messerschmitt-Bölkow-Blohm Medizintechnik GmbH aus Ottobrunn bei München – hatten erkannt, dass das oben angesprochene Marktsegment nur bedient werden könnte, wenn es entsprechende Forschungseinrichtungen – Laserinstitute – zur Erkundung der dazugehörigen Grundlagen gäbe, und dies musste sowohl in medizinischer als auch in technologischer Hinsicht gelten. Gemeinsam mit der Carl-Zeiss-Stiftung in Heidenheim und dem Berliner Senat wurde in der damals noch geteilten Stadt ein gemeinnütziges Forschungszentrum an der Freien Universität Berlin gegründet, das den Namen Laser-Medizin-Zentrum Berlin GmbH (LMTB) bekam und seinen Geschäftsbetrieb im Juni 1985 aufnahm. Geleitet wurde das bundesweit als Berliner Modell eingestufte Zentrum von Gerhard Müller, der heute als Professor für Biomedizinische Technik an der FU tätig ist, und Hans-Peter Berlien, der heute Chefarzt für Lasermedizin an der Evangelischen Elisabeth-Klinik in der Hauptstadt ist. Berlien müsste man eigentlich in einem Buch über Laser ein eigenes Kapitel widmen. Er setzt das wunderbare und heilende Licht überall dort ein, wo es möglich ist, ganz gleich ob es sich um die Augen, die Haut, die Niere, die Harnblase, die Prostata oder einen anderen Körperteil handelt. Wenn man sagt, Berlien ist Professor für Lasermedizin, dann trifft der Ausdruck voll und ganz zu – er konzentriert sich auf Laser und erfasst die ganze Medizin.

Das LMTB konnte im Jahr 2000 neue Räume in Dahlem beziehen – auf dem Gelände von ehemals amerikanischen Hospitälern – und unter anderem den Einsatz von Lasern bei der Behandlung von Lebertumoren entwickeln, wobei ein Erfolg der Bemühungen in der sogenannten laserinduzierten Thermotherapie (LITT) liegt. Bei diesem Verfahren kommt es darauf an, ein oder mehrere Lasersysteme genau zu positionieren, um in einem minimal invasiven Eingriff das Tumorgewebe auszuschalten. Nach zahlreichen Vorarbeiten konnte die LITT zum ersten Mal 1993 an Patienten eingesetzt werden. Diese

Lasertherapie hat sich bewährt – nicht nur in Berlin, sondern auch an Universitätskliniken in anderen Städten. Als Strahlquelle werden zumeist Nd:YAG-Laser verwendet, deren Licht das Gewebe ausreichend durchdringt und mittels Glasfaser geeignet an das Zielorgan herangeführt werden kann.

Im Anschluss an das Berliner Kooperationsmodell aus den achtziger Jahren kam es zur Gründung weiterer Laserinstitute wie etwa in Ulm, Düsseldorf, Hannover und Lübeck. Im Folgenden soll nur noch auf das Laser-Forschungslabor hingewiesen werden, das Anfang der 1990er Jahre am Klinikum Großhadern in München konzipiert wurde und in die dortigen Laser- und Immunologie-Forschungseinrichtungen (LIFE) eingefügt wurde.

LIFE ist ein verführerisches Wort, das zum Beispiel auch als Abkürzung für »Laser Induced Flow Enhancement« angesehen werden kann, wobei die von einem Laser bewirkte Verstärkung in der Prostata zum Einsatz kommt und gutartige Vergrößerungen (benigne Prostatahyperplasien) abtragen kann. LIFE steht aber auch für eine völlig andere Möglichkeit von Lasern, nämlich für »Laser Inertial Fusion Engine«, womit amerikanische Forschungseinrichtungen die Hoffnung ausdrücken, dass endlich mithilfe von Lasern gelingen kann, was jahrzehntelange Bemühungen nicht bewerkstelligen konnten, nämlich einen Weg zu finden, die Fusion (das Verschmelzen) von Atomkernen zustande zu bringen, aus der die Sonne ihre Energie schöpft.

Photodynamische Therapie

Wenn man auf die Möglichkeiten zu sprechen kommt, die Licht – insbesondere Laserlicht – für die Gesundheit bieten könnte, wird unweigerlich auf den Einsatz der Photodynamischen Therapie (PDT) hingewiesen. Bei diesem Verfahren wird dem Patienten eine lichtempfindliche Substanz verabreicht, die mit Licht aktiviert beziehungsweise einsatzbereit gemacht werden kann.

Die grundlegenden Beobachtungen von solchen lichtabhängigen Mechanismen wurden bereits zu Beginn des 20. Jahrhunderts gemacht, als einigen Ärzten zum Beispiel auffiel, dass Mittel gegen Parasiten nur dann wirkten, wenn sie dabei von Sonnenstrahlen unterstützt wurden. Nicht nur die Dosis bestimmte, ob ein Stoff als Gift wirkte oder harmlos blieb. Es war auch die Anwesenheit von Licht, die eine Rolle spielte, und diese Beobachtung brachten der Medizinstudent Oscar Raab und sein Lehrer Hermann von Tappeiner auf den Begriff der »photodynamischen Reaktion«.

Einige Forscher begannen damals sogleich mit Versuchen, diesen Lichteffekt zur Behandlung von verschiedenen Hautkrankheiten zu nutzen – zum Beispiel bei der Schuppenflechte –, wobei es Friedrich Meyer-Betz war, der 1913 den ersten klinischen Versuch einer PDT unternahm – und zwar an sich selbst. Er spritzte sich intravenös einen Stoff, der als Hämatoporphyrin bekannt und mit dem roten Blutfarbstoff, dem Hämoglobin, verwandt ist. Die Biochemiker wussten, dass solche Verbindungen (Porphyrine) sich durch Licht aktivieren lassen. Sie können die von den Strahlen (Photonen) übernommene Energie anschließend auf den Sauerstoff in den Zellen übertragen, der daraufhin einen neuen Zustand annimmt, in dem er selbst aktiv wird. Der so präparierte Sauerstoff gehört notwendig zum gesamten Ablauf, der eine Photodynamische Therapie ausmacht. Eine PDT ist also die durch Licht erfolgte Aktivierung eines lichtsensiblen Stoffes – des sogenannten Photosensibilators –, der es dann in Kombination mit dem im Gewebe vorhandenen Sauerstoff erlaubt, Tumoren und andere Gewebeveränderungen zu behandeln.

Trotz der frühen Versuche fand die PDT erst in den 1970er Jahren auf breiter Basis Eingang in die Dermatologie. Diese Entwicklung hing nicht nur mit der Verfügbarkeit von Lasern, sondern auch mit der Tatsache zusammen, dass damals erste Abkömmlinge (Derivate) des ursprünglich verwendeten Hämatoporphyrins verfügbar wurden, die bei der Behandlung von Hauttumoren Erfolg zeigten.

Den entscheidenden Fortschritt brachte dann das Jahr 1990, als die Vorstufe des Moleküls verfügbar wurde, aus dem im Körper die Verbindung (Häm) hergestellt wird, mit welcher der rote Blutfarbstoff Sauerstoff transportieren kann. Dieser Vorläufer trägt den chemischen Namen 5-Aminolävulinsäure (ALA). ALA sammelt sich in Tumorzellen stärker als in gesundem Gewebe an. Trifft nun Licht auf dieses Molekül, wandelt sich ALA so um, dass aus dem sonst trägen Sauerstoff eine höchst reaktive Substanz wird, die das Tumorgewebe, in dem er sich aufhält, spezifisch zerstört. Als aktivierendes Licht kommen Laserstrahlen mit verschiedenen Wellenlängen infrage, wobei die erwähnten Porphyrine bevorzugt auf rotes Licht (mit Wellenlängen um 630 Nanometer) reagieren. Typische Bestrahlungsstärken werden mit 100 Milliwatt/cm^2 angegeben, die zwischen 10 und 100 Minuten lang eingesetzt werden.

Biophotonik

Wenn Licht – vor allem von Lasern – eingesetzt wird, um Krankheiten früh zu erkennen und schonend zu behandeln, spricht man inzwischen von Biophotonik. Das Bundesministerium für Forschung und Technologie fördert seit 2001 eine besondere Forschungsinitiative unter diesem Titel, die 2005 in eine zweite Phase eintreten konnte, für die insgesamt 25 Millionen Euro vorgesehen sind. Die Biophotonik bekommt ihre Bedeutung dabei nicht nur für die Erforschung der Mechanismen, die zur Gesundheit und Gesunderhaltung führen. Sie liefert auch das, was Politiker und Manager »Innovationsfaktoren« für die Wirtschaft nennen. Die Biophotonik soll die deutsche Medizintechnik fördern, deren Produktvolumen derzeit bei 100 Milliarden Euro liegt, was einem Anteil von 14 Prozent am Weltmarkt entspricht.

Nichtlineare Fluoreszenztomographie

Unter dem Stichwort Biophotonik wird vom Bundesministerium für Bildung und Forschung (BMBF) auch der Forschungsverbund gefördert, der sich unter der Abkürzung FluoTOM vorstellt und die Diagnostik von Krebserkrankungen mittels Fluoreszenz meint. Es geht um den komplexen Prozess der nichtlinearen Fluoreszenztomographie. Das Ziel der Forscher, die aus Jena, Berlin und Darmstadt kommen, besteht darin, den weißen oder hellen Hautkrebs besser und zeitiger diagnostizieren zu können, von dem allein in Deutschland 80000 Fälle pro Jahr auftreten.

FluoTOM kommt ohne chirurgische Eingriffe und ohne Strahlenbelastung für den Patienten aus und liefert dem Arzt Bilder, mit denen er den Tumor einschätzen kann. Die Bilder werden im Körpergewebe mittels lichtempfindlicher Strukturen (Chromophoren) erzeugt, die durch kurze Laserpulse angeregt werden. Seine wissenschaftliche Raffinesse bekommt das Verfahren dadurch, dass die Anregung zur Fluoreszenz zwei Photonen benötigt, die von einem Titan:Saphir-Laser geliefert werden, der Pulse (Femtosekunden) mit Licht abgibt, das im Bereich des nahen Infrarots liegt (um 900 Nanometer). Mit dieser Entwicklung gelingt es erstmals, tiefer liegende Gewebeschichten zu erfassen und zu diagnostizieren.

Natürlich sollte man auch europäische Dimensionen ins Auge fassen, und aus diesem Grund haben mehr als sechzig Firmen und Forschungseinrichtungen am 1. Dezember 2005 in Brüssel die Europäische Technologie-Plattform (ETP) Photonics21 ins Leben gerufen. Photonics21 organisiert den Bereich der Optischen Technologien in Europa, wozu unter anderem Informations- und Kommunikationstechnologien, Medizintechnik, Sensorik und die industrielle Fertigung gehören. Dabei wird geschätzt, dass auf diesem Gebiet bald mehr als 250000 Menschen beschäftigt sind, die einen Umsatz von mehr als 50 Milliarden Euro machen. Über 5000 Unternehmen sind inzwischen an der Herstellung Optischer Technologien beteiligt, wobei es sich meist um kleine bis mittelständische Firmen handelt. Das BMBF will mit seinen Fördermaßnahmen sicherstellen, dass Deutschland auf dieser Plattform eine gute Figur abgibt und seine führende Rolle behalten kann.

Als Beispiel sei auf das Institut für Photonische Technologien der Universität Jena hingewiesen, dessen wissenschaftlicher Direktor Jürgen Popp seit 2002 Sprecher des Forschungsschwerpunkts Biophotonik ist und von Jena aus das europäische Netzwerk »Photonics4Life« koordiniert. Es geht also um »optische Verfahren für das Leben«, und die Betreiber rechnen fest damit, einen Einfluss auf die Medizin und das Gesundheitswesen ausüben zu können. Die Herausforderung liegt darin, Ärzte, Naturwissenschaftler und Techniker zu einem interdisziplinären Diskurs zu bringen, bei dem es darum geht, wie sich die einzelnen Fachrichtungen den Aufgaben anpassen, die sie lösen wollen.

Mit Sicherheit

Natürlich gilt es bei allem technischen Fortschritt, an die Sicherheit der Menschen zu denken, die in den jeweiligen Bereichen tätig sind. Dies trifft insbesondere für medizinische Anwendungen zu, die sowohl die Patienten als auch das Personal gefährden könnten. Schon früh hat man sich Gedanken über die »klinische Lasersicherheit« gemacht, und inzwischen liegen gesetzliche Bestimmungen für den Umgang mit Strahlquellen vor. Im Rahmen des Medizinproduktegesetzes (MPG) findet man ein seit 1997 gültiges Regelwerk für Laseranwender, in dem die Laser je nach ihrer Intensität in Schutzklassen eingeteilt werden. Für jede Strahlenquelle ist ein Gerätebuch über seinen Gebrauch zu führen, und zusätzlich muss ein Gerätebeauftragter ernannt werden, der die Verantwortung für den zulässigen Einsatz übernimmt.

Laserklassen

Von Lasern der Klasse 1 geht keinerlei Gefahr aus, da sie – wie etwa die Diodenlaser in einem CD-Player – durch ein Gehäuse vollständig abgeschirmt sind. Laser der Klasse 2 senden nur sichtbares Licht aus, was dann, wenn der

Strahl direkt ins Auge trifft, den Reflex auslöst, der das Lid schließt. Bei Lasern der Klasse 3a besteht dann eine Gefahr für die Augen, wenn jemand unmittelbar in den Strahl schaut, nachdem dieser zum Beispiel durch das Linsensystem eines Endoskops (für urologische Untersuchungen) stark verkleinert (konzentriert) worden ist. Bei Lasern der Klasse 3b besteht unabhängig von solchen optischen Systemen die Gefahr, dass ein direkter Blick in den Strahl in enger Distanz zu seinem Austritt Risiken mit sich bringt. Bei Lasern der Klasse 4 gelten sowohl der direkte als auch der reflektierte Lichtstrahl als gefährlich für das Auge und die Haut.
Zu beachten gilt, dass die in der Medizin zur Anwendung kommenden Laser zu den Klassen 3b und 4 gezählt werden.

Es gibt Vorschriften, die den Bereich erfassen und abgrenzen, in dem die mit Lasern operierenden Therapiegeräte untergebracht sind. Der Betreiber – zum Beispiel ein Krankenhaus – muss Schutzkleidung (etwa Handschuhe) und vor allem Laserschutzbrillen zur Verfügung stellen, für die genaue Normen des Gesetzgebers gelten. In der Tat muss den Augen die höchste Priorität bei den Schutzmaßnahmen gelten, da es leicht zu irreversiblen Schäden kommen kann. Die besondere Gefahr für die Augen kommt unter anderem dadurch zustande, dass die meisten Laser in der Medizin mit Impulsdauern strahlen, die kürzer sind als die Zeit, die das Auge braucht, um sich durch einen Reflex mit dem Schließen des Lids zu schützen. Und Laser, die mit Wellenlängen außerhalb des sichtbaren Bereichs operieren – also zum Beispiel mit dem Infrarot –, lösen überhaupt keinen Lidschlussreflex aus, was zu Schäden im Glaskörper und in der Hornhaut führen kann.

Der erwähnte Laserspezialist Hans-Peter Berlien hat in einem Fortbildungsprogramm für die Mitarbeiter an der Elisabeth-Klinik »Goldene Regeln«, die nicht anders klingen als die Vorsichtsmaßnahmen, die jeder, der mit einem gesunden Menschenverstand ausgestattet ist, zu Hause in seiner Küche bedenkt, wenn er mit heißen Kochplatten umgeht. Tatsächlich ist Berlien der Ansicht, dass die »teilweise überzogenen Sicherheitsvorschriften gelockert« werden sollten, die sich seiner Einschätzung nach in den 1980er Jahren als Hemmnis für den Einzug des Lasers in die Medizin erwiesen haben. Ihm schweben »aktive Sicherheitssysteme« vor, mit deren Hilfe die Wahrscheinlichkeit für Augenverletzungen (beim Personal) derart verringert werden könnte, dass niemand mehr in Schutzkleidung im Operationssaal erscheinen muss. Im Übrigen plädiert Berlien für einen konstruktiven Einsatz von Lasern, wobei ihm vor allem Faserlaser »eine Riesenzukunft« zu haben scheinen: »Ich glaube, dass es zwischen Sehen und Zerstören noch etwas geben muss«,[3] sagt Berlien – und damit meint er das, was mit Laserlicht gelingt, wenn man mit seiner Hilfe die konstruktiven Möglichkeiten erweitert, die zur Gesundheit oder Heilung führen.

KAPITEL 11

Weiter in der Wissenschaft

Der Einsatz von therapeutischen Mitteln hängt, wie beispielsweise einer Meldung der Augenklinik der Universität Heidelberg zu entnehmen ist, von der Entwicklung der Wissenschaft ab. Im Sommer 2008 teilte Gerd Auffahrt, der leitende Oberarzt dieser Klinik, einem Reporter des *Deutschen Ärzteblatts* mit, dass in seinem Haus Sehschwächen mit einem Laser behandelt werden könnten, der Impulse nicht im Milli- oder Mikrosekundenbereich, sondern in einer Femtosekunde liefere. In einer Femtosekunde legt Licht, das in einer ganzen Sekunde fast achtmal die Erde umrunden könnte, gerade einmal den Bruchteil des Durchmessers eines menschlichen Haars zurück – es ist der millionste Teil eines milliardsten Teils einer Sekunde.

Der Vorteil von Lasern, deren Lichtimpulse derart kurz sind, besteht nach Auskunft der Mediziner darin, dass sie die Oberfläche der Hornhaut völlig unberührt lassen und unmittelbar in ihr Inneres gelangen. Dort können sie dann kleinste (eventuell pathologische) Bereiche auflösen (verdampfen), was die leichten Verformungen an der Oberfläche zur Folge hat, derentwegen man die Laserbehandlung überhaupt vorgenommen hat. Femtosekundenlaser können feine Ringmuster in die Hornhaut einprägen und damit Sehschwächen behandeln beziehungsweise korrigieren.

Kurze Zeiten

Die Femtosekundentechnologie spielt in der Laserwelt spätestens seit dem 1. Oktober 2000 eine Rolle. Damals fand an der Universität Stuttgart unter Leitung von Friedrich Dausinger vom Institut für Strahlwerkzeuge (IFSW) die erste Jahrestagung eines sogenannten Projektverbands statt, der sich mit der Femtosekundentechnologie befasste und vom Bundesministerium für Bildung und Forschung gefördert wurde. Ziel dieses Forschungsvorhabens sind die bessere Bearbeitung von Materialien für die Industrie (wobei die Wärmeentstehung mehr oder weniger auf die Oberfläche beschränkt wird) sowie möglichst kurze und risikolose Anwendungen bei der Behandlung von Geweben. Wenn Femtosekundenlaser auf Organschichten mit ihren Zellen und Molekülen treffen, gehen alle Abtragungen fast sofort und deshalb ohne spürbare thermische Schädigungen vor. Die Zeit der Wechselwirkung mit den biologischen Strukturen reicht in diesem Fall für solche Nebeneffekte nicht aus.

Femtosekundenlaser sind aber nicht nur praktisch von Bedeutung. Sie erlauben auch grundlegende Einsichten für die Wissenschaft selbst, etwa dann, wenn man die dem Auge kaum zugänglichen und nach wie vor unvorstellbar kurzen Laserblitze einsetzt, um den Bewegungen von Molekülen und Atomen auf die Spur zu kommen. Tatsächlich können mit den ultrakurzen Strahlpulsen die dynamischen Schwingungen von Molekülen »fotografiert« werden.

Wasserstoffmoleküle sind 5000-mal kleiner als die Wellenlänge des sichtbaren Lichts. Mit traditionellen optischen Methoden gelingt es nicht, das Unsichtbare sichtbar zu machen. Um das zu erreichen, kann man aber das Wasserstoffmolekül zunächst mit einem ersten Laserpuls anstoßen (pumpen) und anschließend mit einem weiteren kohärenten Strahl vermessen (proben). Da die Bewegung, die man »fotografieren« will, in einer Zeitspanne vor sich geht, in der das Licht selbst gerade einmal fünf Schwingungen vollzieht, brauchte man für den genannten Zweck eine Pump-Probe-Appara-

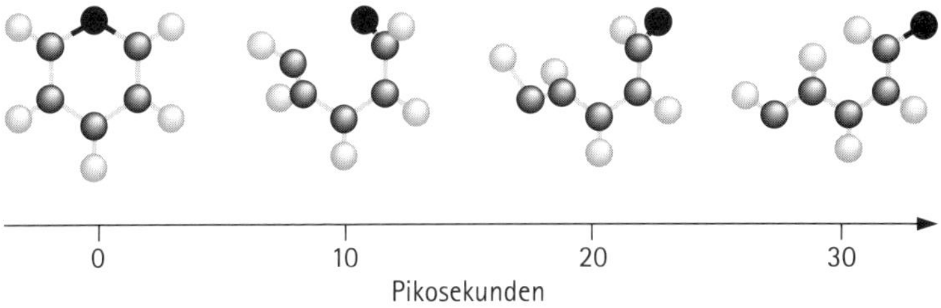

Abb. 24: Die Bilderfolge zeigt, was passiert, wenn ein Molekül namens Pyridin mit einem Lichtblitz angeregt wird. Im Lauf von Pikosekunden öffnet es seinen Ring, um eine neue Struktur anzunehmen. Ein (schwarz markiertes) Stickstoffatom löst zunächst seine Bindung zu einem benachbarten Kohlenstoffatom, und das Gerüst dreht sich anschließend aus der Ringebene heraus, bis eine energetisch günstige Position erreicht ist, in der das Molekül stabil bleibt.

tur mit Lasern, deren Pulse nur wenige Femtosekunden dauern durften. Inzwischen kann man mit Lasern die Dynamik der Abläufe und die Zwischenstufen von Reaktionen sichtbar machen, die in molekularen Systemen stattfinden, wenn etwa chemische Bindungen zustande kommen oder aufgehoben werden. Als Pionier dieser Forschungsrichtung feiert die Fachwelt den in Kalifornien tätigen ägyptischen Chemiker Ahmed Zewail, der dafür im Jahr 1999 mit dem Nobelpreis für Chemie ausgezeichnet wurde.

Er benutzte dabei einen besonderen Festkörperlaser, den Titan:Saphir-Laser, bei dem Titan-Ionen in einem Korund-Kristall (aus Al_2O_3) eingebettet sind und dort als laseraktives Medium gepumpt werden – und zwar auch auf besondere Weise. Zewail setzte für die Energiezufuhr einen frequenzverdoppelten Nd:YAG-Laser ein. Die Forscher haben diese kompliziert klingende Kombination entwickelt, weil Ti:Sa-Laser – dies die Kurzbezeichnung – so eingerichtet werden können, dass sie selbstständig die Lichtpulse im Bereich von Femtosekunden generieren. Der physikalische Trick hinter diesem Effekt heißt Modenkopplung und ist weiter oben im Text erörtert worden. Das Besondere am Saphirkristall besteht darin, dass er selbst das Schalten übernimmt und dafür sorgt, dass das im Resonator hin und her laufende Licht nicht kontinuierlich abgestrahlt wird. Saphirkristalle sind in der Lage, Licht in Abhängigkeit von seiner Leistung zu fokussieren, was dazu genutzt werden kann, das Licht nur dann austreten zu lassen, wenn seine Leistung ausreichend hoch ist – in der jetzt gepulsten Form. Mit ihm kann man dann gewissermaßen fotografieren, wie sich Moleküle drehen und biegen, verbinden und trennen. Es ist eine neue Welt, die das Laserlicht sichtbar macht.

Noch kürzer

Der Gedanke des Nobelpreises ist interessanterweise zeitgleich mit dem Geist der Olympischen Spiele aufgekommen, also am Ende des 19. Jahrhunderts. Das damals visionäre Motto des »citius, altius, fortius« (»schneller, höher, stärker«) lebt sowohl im heutigen Sport als auch in der modernen Wissenschaft fort, was bedeutet, dass die Physiker und Ingenieure nach noch viel kürzeren Impulsen als Femtosekunden zu streben begannen – und so gelang es ihnen, den Attosekundenlaser zu erfinden. Eine Attosekunde verhält sich zu einer Femtosekunde wie eine Millisekunde zu einer Sekunde, wobei das Besondere an der neuen Dauer darin besteht, dass damit Dimensionen erreicht werden, mit denen die Atome, aus denen wir bestehen, vertraut sind. Wenn sich zum Beispiel ein Elektron in einem Wasserstoffatom bewegt, braucht es etwa zwei Dutzend Attosekunden, um seine kleine Welt zu durchqueren (weshalb man auch die entsprechend gepulsten Laser braucht, um die inneratomare Dynamik mit diesem Zeitrahmen zu erforschen). Übrigens, in der genannten Spanne schafft es das sichtbare Licht selbst nicht, eine Distanz zurückzulegen, die einer einzigen Wellenlänge entspricht – was der (philosophischen) Frage nach der Natur des Lichts, das dem Attosekundenlaser entweicht, eine neuartige Perspektive gibt.

Um Laserpulse mit der Dauer von Attosekunden zu erzeugen, bedarf es einiger raffinierter Vorgaben. Sie beginnen mit einem Laser, der Femtosekundenpulse aussendet, die dann zum Beispiel auf einen konventionellen Strahl aus Atomen wie Argon und Xenon gelenkt werden. In jedem Licht stecken elektrische Felder, und mit jedem eintreffenden Puls des Laserlichts wirken deren Kräfte auf die Atome ein, vor allem auf die Elektronen, die am weitesten vom Kern entfernt sind. Dabei nehmen einige dieser äußeren Elektronen so viel Energie auf, dass sie freigesetzt werden.

Nun nimmt im Lauf der Bewegung des Laserlichts die Stärke des elektrischen Feldes rasch ab. Dies erlaubt den positiven Ladungen (Protonen) der Atomkerne, die abgezogenen Elektronen zurückzuholen. Wenn sie wieder eingefangen werden, setzen sie die von ihnen vorher aufgenommene Energie frei, und dies erfolgt in Form von hochenergetischen Photonen, also von Licht, dessen Wellenlänge dem extremen Ultraviolett zuzuordnen ist oder gar den Charakter von Röntgenstrahlung annimmt. In beiden Fällen dauert die Freisetzung etwa hundert Attosekunden – und damit haben wir den kurzen Puls, den wir suchen.

Langsames Licht

Wenn eben von der verschwindend kleinen Entfernung die Rede war, die Licht im Lauf einer Attosekunde überwinden kann, dann haben wir dabei natürlich angenommen, was wir von Albert Einstein gelernt haben, dass nämlich die Geschwindigkeit des Lichts konstant ist. Einstein hat aber erkannt, dass dieser Sachverhalt nur für Licht gilt, das sich durch ein Vakuum bewegt. Das kommt jedoch unter gewöhnlichen Umständen nicht vor – jedenfalls nicht auf der Erde, wo das Licht ja durch die Luft, durch Wasser oder durch Glas muss. Die Physiker konnten den Nachweis erbringen, dass sich die reale Geschwindigkeit des Lichts tatsächlich dadurch ergibt, dass man den bekannten Wert für das Vakuum – die berühmten 299 792 458 m/sec – durch eine Zahl teilt, die Auskunft darüber gibt, wie stark ein Medium das Licht beeinflusst. Damit meint man konkret, wie weit Licht abgelenkt oder gebrochen wird, wenn es von einem dünnen Medium wie Luft in ein dichteres wie

Glas gelangt. Die eben erwähnte Zahl gilt in der Physik als der Brechungsindex des jeweiligen Mediums.

Die relevante Geschwindigkeit von Licht erhält man also als Quotienten aus der Geschwindigkeit im Vakuum und dem Brechungsindex des Mediums, in dem die Ausbreitung stattfindet. Wasser lenkt Licht stärker ab als Luft, es hat einen höheren Brechungsindex, und so bewegt sich das Licht langsamer durch Wasser als durch Luft. Der Unterschied ist dabei zwar so minimal, dass er praktisch kaum der Rede wert ist, aber sein grundsätzliches Vorhandensein weckte schon immer die Begehrlichkeit der Forscher, mit seiner Hilfe langsames Licht zu erzeugen.

Spätestens nachdem Newton Sonnenlicht auf ein Prisma gelenkt und dabei den weißen Strahl in seine farbigen Teile zerlegt hat, verstanden die Physiker, dass Licht von ungleicher Wellenlänge unterschiedlich gebrochen wird. Und daraus folgt, dass sich der Brechungsindex mit der Wellenlänge ändert. Ihre Bemühungen kamen dann wirklich in Schwung, als sie nachweisen konnten, dass dieser Parameter bei Wellenlängen sehr groß wird, bei denen das bestrahlte Material nahezu alles Licht absorbiert. In diesem Fall spricht man davon, dass es Resonanzübergänge gibt. 1995 fragte sich Steve Harris von der Stanford University, was passiert, wenn man einen Stoff derart mit Laserstrahlen traktiert, dass diese Übergänge gesättigt sind. Dann – so der Grundgedanke – müsste der Brechungsindex für die vom Laser eingestrahlte Wellenlänge so groß werden, dass man das Licht mehr als nur marginal verlangsamt. Und tatsächlich – es gelang kurz danach, spezielles Laserlicht in eine Wolke aus Bleidampf so einzustrahlen, dass es darin nur noch mit 1800 km/sec von der Stelle kam, was immerhin eine Verlangsamung um den Faktor 165 ausmachte.

Wirklich dahinschleichendes Laserlicht konnte 1999 generiert werden, und zwar durch die dänische Physikerin Lene Hau, die an der Harvard University lehrt. Sie schaffte es, die Geschwindigkeit von Licht auf den sich unserer menschlichen Vorstellungskraft fügenden Wert von 17 Metern/sec zu verlangsamen. Ein solcher Strahl kommt nur noch etwa doppelt so schnell wie die Läufer voran, die für 100 Meter weniger als 10 Sekunden brauchen und dabei Weltrekord laufen. Diese bislang unübertroffene Verlangsamung des Lichts ist der Physikerin gelungen, indem sie einen Laserstrahl auf Natriumatome lenkte, die zuvor sehr stark abgekühlt worden waren. Und damit haben wir uns einem Thema genähert, bei dem Laserlicht erneut eine extrem wichtige Rolle gespielt hat: der Kühlung.

Laserkühlung

Laser warten immer wieder mit Überraschungen auf: Zu den spannendsten Entwicklungen der Wissenschaft aus jüngster Vergangenheit gehört die Umsetzung der Idee, mithilfe der hochgradig homogenen Strahlung von Lasern Materie abzukühlen. Den grundlegenden Gedanke kennt die Physik bereits seit 1929, als der Physiker Peter Pringsheim in der *Zeitschrift für Physik* »Zwei Bemerkungen über den Unterschied von Lumineszenz- und Temperaturstrahlung« veröffentlichte. Pringsheim (seine Schwester Katia wurde Thomas Manns Ehefrau) wies auf die Möglichkeit hin, dass Materie durch Licht abgekühlt werden könne, womit er meinte, dass Licht in der Lage sein müsse, die Bewegung von einzelnen Atomen abzubremsen.

Beschränkt man sich an dieser Stelle auf den gasförmigen Zustand der Materie, so lassen sich die Ergebnisse der Physik des 19. Jahrhunderts in dem Satz zusammenfassen, dass die Temperatur eines Gases durch die Geschwindigkeit zustande kommt, mit der sich die Atome bewegen, aus denen es besteht. Schnelle Atome führen zu warmen (und schnellere zu heißen) Gasen, während langsame Atome kühle (und ganz langsame eiskalte) Gase ergeben, wobei mit den Geschwindigkeitsangaben Durchschnittswerte und Verteilungen gemeint sind.

Die Idee, die Pringsheim 1929 vorgetragen hatte, benötigte Laserlicht, um konkret geprüft zu werden, und so dauerte es bis 1975, bevor Theodor W. Hänsch und Arthur L. Schawlow sich daranmachen konnten, den alten Vorschlag mit den neuen Strahlen umzusetzen und aus der Sphäre der Gedanken in die Welt des Laboratoriums zu verlagern. Es gelang ihnen tatsächlich, die Temperatur von Gasen mit eingestrahltem Laserlicht deutlich zu senken. 1997 wurde dann der Nobelpreis für Physik für die Entwicklung der Laserkühlung vergeben – allerdings nicht an Hänsch und Schawlow, sondern an den derzeitigen amerikanischen Energieminister Steven Chu, der als Nachfolger von Hänsch an der Universität von Kalifornien in Berkeley auch in dessen Forscherspur trat und das Laserkühlen zu neuen Rekorden führte. Hänsch ging aber nicht – ebenso wenig wie Schawlow – leer aus und wurde 2005 mit dem Nobelpreis für Physik für seine Pionierleistungen auf dem Gebiet der Laserspektroskopie ausgezeichnet.

Um Atome abzukühlenl, muss man ihre zufälligen Bewegungen abbremsen beziehungsweise verlangsamen. Man lenkt einen Laserstrahl auf ein Gas, wobei dessen Atome die eintreffende Energie als ein Paket aus Photon registrieren. Diese eingespeiste Energie – und dies geht nur mit dem Lasereffekt und seiner monochromen Strahlung – muss über einen ganz genauen Betrag verfügen und darf nicht breit streuen. Sie muss einen präzisen Wert haben, der ein klein wenig unterhalb der Energie liegt, die es braucht, um ein ruhendes Gasatom anzuregen. Was still steht, bleibt dann nämlich unberührt vom Laserlicht – so wie man es will. Das Laserlicht trifft auf die Atome, die sich bewegen (und die man aufhalten beziehungsweise abbremsen will). Ein Atom, das sich auf ein Photon des Laserstrahls zubewegt, macht dieselbe Erfahrung wie eine Person, die auf eine Schallquelle zuhält. Sie nimmt eine höhere Frequenz wahr als eine ruhende Person. Diese Verschiebung ist seit dem 19. Jahrhundert bekannt und wird als Doppler-Effekt bezeichnet.

Ein Atom, das einem genau abgestimmten Photon des Laserstrahls entgegenkommt, nimmt also eine etwas höhere Frequenz wahr als sein unbewegter Kollege – und wenn man alles richtig macht, reicht diese kleine Erhöhung gerade aus, um dem Atom eine Energie zu bieten, die es aufnehmen kann. Es kommt also zu einem

Zusammenstoß zwischen Atom und Strahlteilchen, was nicht zuletzt die Folge mit sich bringt, dass das Atom seine Bewegung verlangsamt. Mit anderen Worten, wenn ein Gas mit dem geeigneten Laserlicht bestrahlt wird, nimmt die Geschwindigkeit seiner (getroffenen) Atome ab, mit der Folge, dass es selbst abkühlt und seine Temperatur sinkt.

Dieser Effekt wird natürlich nicht eingesetzt, wenn man im Bereich der Raumtemperatur arbeitet und ein gewöhnlicher Kühlschrank ausreicht. Laserkühlung kommt zum Tragen, wenn die Temperatur bereits so niedrig ist, dass sie kurz vor dem absoluten Nullpunkt angekommen ist und man trotzdem dem unerreichbaren Ziel noch ein Stück näher kommen will. Gemeint sind dabei keinesfalls mehr Temperaturen von 1 Kelvin. (Kelvin ist die Einheit der thermodynamischen Temperatur; der absolute Nullpunkt der Kelvinskala liegt bei –273,15 Grad Celsius.) In der aktuellen Wissenschaft geht es vielmehr um Bruchteile eines solchen Grades, und zwar von der Größe eines Milliardstels. Physiker zeigen sich an solchen Extremsituationen deshalb interessiert, weil sie immer wieder Überraschungen bei den möglichen Zuständen erlebt haben, die Materie mit derart tiefen Temperaturen annehmen kann. Der bekannteste Effekt zeigte sich in dem 1911 entdeckten Phänomen der Supraleitung, bei dem bei sehr riefen Temperaturen es dazu kommt, dass die extrem abgekühlten Materialien keinen elektrischen Widerstand mehr zeigen und Strom ohne jeden Verlust transportieren.

Seit das Laserkühlen im Prinzip funktionierte – also seit 1975 –, nahmen sich einige Physiker vor, so dicht an den absoluten Nullpunkt heranzukommen, dass man eine merkwürdige Vorhersage überprüfen konnte, die in der Mitte der 1920er Jahre gemacht worden war – und zu der Einstein beigetragen hat, wie zu Beginn des Buches erwähnt worden ist. Er hatte damals einen Brief aus Indien bekommen, in dem der Physiker Bose seinen Versuch vorlegte, ein Gesetz für das Licht abzuleiten, das ein Körper aussendet, der durch Wärmezufuhr zu leuchten beginnt. Wie Einstein bemerkte, kam Bose mit seinen Überlegungen zurecht, wenn er annahm, dass sich einige Mitspieler auf der atomaren Bühne nicht unterscheiden ließen (was sie anders als Eier macht, die zwar auch gleich aussehen, aber markiert werden können). Teilchen ohne Identität sollten bei ganz starker Abkühlung als Kollektiv den tiefsten Zustand annehmen können, der ihnen möglich ist, und so insgesamt in einen neuen Zustand übergehen. Man stellte sich vor, sie würden kondensieren; dieser Vorgang sollte aus zwei Gründen eine Untersuchung wert sein: zum einen, um zu prüfen, ob die Vorstellungen zutrafen, und zum anderen, um sich die Chance nicht entgehen zu lassen, einen völlig neuen Zustand von Materie zuzubereiten und anzutreffen.

Die Bemühungen, die Temperaturen ausreichend zu senken, um eine Kondensation zu erreichen, begannen um 1980, und sie kamen an ihr Ziel rund fünfzehn Jahre später. Mit Laserkühlung konnte die Temperatur von Rubidiumatomen auf rund 170 eines Milliardstel Grades über den absoluten Nullpunkt gesenkt werden. Dabei kam es tatsächlich zu dem erhofften Effekt, der heute nach seinen theoretischen Entdeckern Bose-Einstein-Kondensation genannt wird. Von den drei Physikern, die dafür 2001 den Nobelpreis für ihre Disziplin bekamen – Eric Cornell, Carl Wieman, Wolfgang Ketterle –, stammte der Letztgenannte aus Deutschland, was zu einigem Stolz berechtigte, wenngleich er seine entscheidenden Experimente in den USA durchgeführt hatte.

Die drei Laureaten konnten sich nicht nur rühmen, einen völlig neuen Zustand der Materie hervorgebracht zu haben, sondern auch zeigen, dass ein Bose-Einstein-Kondensat dazu gebracht werden konnte, individuelle Atome freizusetzen, die vorübergehend im selben Zustand blieben. Weil sich die Atome dabei miteinander kohärent verhielten, nannte man diese Freisetzung einen »Atomlaser« – und er war durch Laserkühlung zustande gekommen.

Die Schnelligkeit der Lichtpulse

Lene Hau hatte die eindrucksvolle Leistung hervorgebracht, die Geschwindigkeit des Lichts zu verlangsamen, indem sie einen Laserstrahl auf Natriumatome lenkte, die zuvor unter die Schwelle abgekühlt worden waren, bei der es zur Bose-Einstein-Kondensation kommt. Voraussetzung war ein hochgradig raffiniertes Laserlicht, das von extremer Homogenität (Bandbreite) sein musste.

Wir wissen genau, was wir meinen, wenn wir von der Geschwindigkeit eines Autos oder eines Zugs sprechen. Wie aber sieht es aus, wenn es um die Geschwindigkeit einer Welle geht? Was ist die Geschwindigkeit eines Laserpulses, wenn wir vernünftigerweise annehmen, dass er im Lauf der Zeit seine dichte Struktur aufgibt und breiter wird?

Ein Wellenzug stellt eine ganze Gruppe von Wellenbergen und Tälern dar, weshalb man auch von der Gruppengeschwindigkeit spricht, wenn ein Lichtpuls sich durch ein Medium – wie Luft oder Glas – bewegt. Wenn man sich nun vorstellt, dass der ganze Puls als mittlere Geschwindigkeit die berühmte Lichtgeschwindigkeit hat, die bei Einstein als c bezeichnet wird und als konstant gilt, dann bedeutet dies, dass die sich ausbreitenden Teile des Laserpulses schneller sind. Darüber hat sich bereits 1914 der Münchener Physiker Arnold Sommerfeld Gedanken gemacht, der wissen wollte, ob dann Einsteins Theorie der Relativität gefährdet ist und möglicherweise sich sogar als falsch erweist.

Photonische Kristalle

Neben den oben geschilderten Verfahren, Licht zu verlangsamen, besteht noch die Möglichkeit, dieses Ziel mit sogenannten photonischen Kristallen zu erreichen. Wenn man geeignete (transparente) Halbleiter oder Gläser geeignet strukturiert, ergeben sie ein Material, dessen Brechungsindex sich räumlich periodisch ändert. Dies ist ein photonischer Kristall. Seine optisch relevanten Variationen kommen dabei über Abstände zustande, die der Wellenlänge des eingestrahlten Lichts entsprechen.

Wenn Licht in eine solche periodische Struktur gelangt, wird es vielfach gestreut, was unter anderem dazu führt, dass es sich insgesamt langsamer ausbreitet, wobei einige Wellenlängen sogar ganz gestoppt werden. Auf jeden Fall hält sich Licht in einem photonischen Kristall ausreichend lange auf, um etwa durch in die Struktur eingefügte Substanzen beeinflusst werden zu können. So träumen die Laserphysiker davon, photonische Kristalle auf Chips unterzubringen, um mit ihrer Hilfe die Lichtführung so steuern zu können, dass »Lichtcomputer« möglich werden.

Laser erlauben inzwischen alle möglichen Experimente, bei denen die Gruppengeschwindigkeit des Lichts größer oder kleiner als die fundamentale Konstante c gemacht werden kann, die Einstein in seine Beschreibung der relativistischen Welt eingeführt hat. Viele Physiker tendieren dazu, im Fall der höheren Geschwindigkeit des Lichts von einem exotischen Phänomen zu sprechen, da sie eine Verletzung von Einsteins Ideen befürchten, was aber unnötig ist. Der Grund dafür liegt darin, dass Einsteins Vorschlag einer zugleich konstanten und nicht zu überbietenden Lichtgeschwindigkeit nicht einen Lichtpuls als physikalische Wellengruppe beschreiben will, sondern verhindern soll, dass eine mit Licht versendete Information ihren Empfänger erreicht, bevor sie den Sender verlässt. (Eine Wirkung kann nur nach ihrer Ursache auftreten.) Es geht also nicht um die Gruppengeschwindigkeit des Laserlichts, sondern um die Information, die man ihm auf irgendeine physikalische Weise anvertraut (eingefügt) hat, beziehungsweise um deren Ausbreitung. Diese Information kann dem Lichtpuls aber nur als mehr oder weniger punktförmige Verformung des gesamten Wellenzugs aufgeprägt (mitgegeben) werden. Und diese Punktformen durcheilen das Vakuum, so wie Einstein es verlangt hat, nämlich mit der konstanten Lichtgeschwindigkeit c. Genau dies kann man mit den Laserpulsen immer genauer nachweisen, wodurch der gesamte physikalische Rahmen unseres Weltbilds erhalten bleibt, in dem wir argumentieren.

Das Licht wird wahrhaft noch fantastischer, wobei dieser Satz zusätzlich Bedeutung durch Experimente aus jüngster Zeit bekommt, die zeigen, dass die Gruppengeschwindigkeit des Lichts sogar negativ werden kann. Das Licht läuft dann rückwärts, wenn man so will, aber wir wollen jetzt nach vorne schauen und fragen, was man mit dieser Kontrolle über die Geschwindigkeit von Laserlichtpulsen gewonnen hat und machen kann.

Die Experten weisen an dieser Stelle vielfach auf den Bereich der optischen Telekommunikation hin, in dem man Zwischenspeicher (optische Puffer) für das vorübergehende Festhalten von Daten benötigt. Langsames Licht kommt als ein solcher Puffer infrage, was aber noch nicht erprobt ist. Weitere Anwendungen erwartet die Fachwelt in dem derzeit sich etablierenden Feld, das in der wissenschaftlichen Literatur als Mikrowellenphotonik bezeichnet wird (und also auf die Mikrowellen der 1950er Jahre zurückgeht). Es geht darum, hochfrequente elektrische Signale im Bereich von Radio- oder Mikrowellen einem Laserstrahl aufzuprägen, was zu Kommunikationsmöglichkeiten mit rascher Abführbarkeit von Wärme und geringen Verlusten führen kann.

Der Laserkamm

Der mehrmals erwähnte Theodor Hänsch, der am Max-Planck-Institut für Quantenoptik in Garching arbeitet, wird heute gern mit seiner 2005 durch den Nobelpreis gekrönten Erfindung identifiziert, dem Laser- oder Frequenzkamm. Diese Bezeichnung steht für die Darstellung einer Vielzahl von Laserpulsen, die nicht zeigt, wie das Licht zeitlich in Erscheinung tritt (und sichtbar beziehungsweise messbar wird), sondern die angibt, wie die Frequenzen der Blitze verteilt sind, die einer Laserquelle entspringen.

Die Zahl der Pulse, die der Laser pro Sekunde auf der Zeitskala erkennen lässt, entspricht dem Abstand der Linien auf der Frequenzskala. Konkret wird aus dem Strahl, den der Laser abgibt, ein Frequenzkamm berechnet, wie er in der Abbildung zu sehen ist.

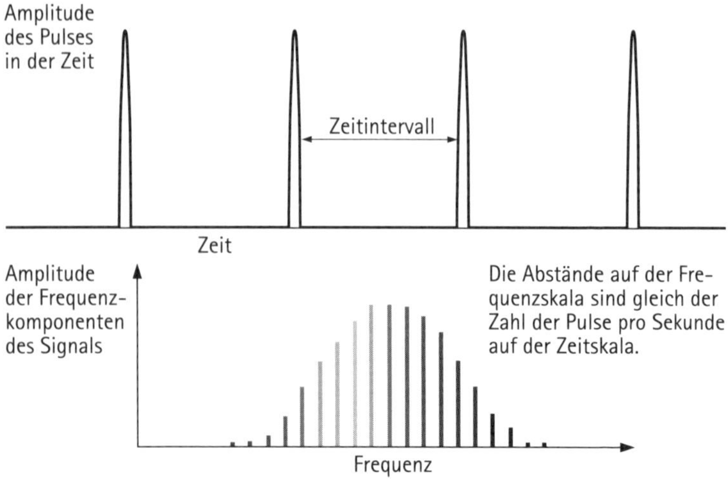

Abb. 25: Wenn ein Laser im Verlauf seines Betriebs Pulse aussendet, lässt sich dies so zeichnen, wie es die obere Figur zeigt. Zwischen den Pulsen vergeht jeweils ein Zeitintervall. Nun sind weder alle Pulse gleich hoch noch alle Intervalle gleich lang. Wenn man eine Vielzahl von Pulsen so darstellt, dass ihre Frequenz gegen die Amplitude aufgetragen wird, bekommt man die unten gezeichnete Verteilung, die man als Laserkamm – genauer: als Frequenzkamm – bezeichnet. Wenn man einen Laser die geeigneten Pulse produzieren lässt, spricht man von einem Frequenzkammgenerator, und mit seiner Hilfe lassen sich Frequenzen anderer Lichtstrahlen mit fantastischer Genauigkeit messen.

Das bekannte Laserlicht – im Femtosekundentakt – wird nun mit dem unbekannten Licht zusammengeführt, das man vermessen möchte – etwa um seine Frequenz zu bestimmen. Durch physikalische Wechselwirkungen kommt es zu einer Interferenz, die sich als ein Muster nachweisen lässt, das man im Bereich von Radiowellen als Schwebung kennt. Wenn die durch den Laser eingesetzten Pulse kürzer werden, nimmt die Ausdehnung des Frequenzkamms zu. Er kann in den besten technisch durchführbaren Fällen eine ganze Oktave umspannen, wie man in Analogie zur Akustik sagt, wenn der vom Kamm erfasste Frequenzbereich durch den Faktor 2 charakterisiert werden kann, also etwa von 1 bis zu 2 Gigahertz reicht.

Wenn der Laserkamm erst einmal eine Oktave breit ist (wenn also die Laserpulse ausreichend kurz erfolgen), dann kann man Laserkämme so kalibrieren, dass mit ihnen extrem genaue Messungen möglich werden, die um Größenordnungen genauer sind als andere mit den bis dahin zur Verfügung stehenden Methoden. Mit ihrer Hilfe kann man zum Beispiel Vorhersagen der Grundlagenphysik über einige Naturkonstanten prüfen oder die Existenz sogenannter Exoplaneten (extrasolarer Planeten) nachweisen. Darunter sind Planeten zu verstehen, die nicht zu unserem Sonnensystem gehören und einen anderen Stern als die Sonne umkreisen. Noch hat man keinen Planeten gefunden, der in Größe und Wärme unserer Erde ähnelt (und damit dem Leben ähnliche Chancen auf Ausbreitung bietet, wie es unsere kosmische Heimat tut). Aber immerhin hat man – dank dem Laserkamm – nachweisen können, dass es diese Exoplaneten gibt. Damit hat die astronomische Forschung eine neue Dimension erhalten.

Trennen und Fusionieren

Die Qualität von Laserstrahlen, nahezu monochromatisches Licht zu emittieren, wurde nicht nur zum Studium fotochemischer Reaktionen eingesetzt, sondern auch bald verwendet, um Exemplare von Uran- und Plutoniumatomen zu trennen, die sich in der Zusammensetzung der Atomkerne unterscheiden. Zu einem bestimmten Element – wie Uran – gehört eine festliegende Zahl von positiv geladenen Protonen, die im Kern mit unterschiedlich vielen neutralen Teilchen, den Neutronen, zusammenkommen. Mit anderen Worten: Es gibt verschiedene Isotope von Uran (oder Plutonium). Das Wort Isotop drückt aus, dass die damit gemeinten Atome an der gleichen Stelle (griechisch »isos topos«) im Periodischen System der Elemente stehen. Das heißt, chemisch unterscheiden sich Isotopen nicht, wohl aber physikalisch.

Im konkreten Fall bedeutet dies, dass nur das Uran, das 235 Neutronen in seinem Kern mit sich führt und deshalb U-235 heißt, in der Lage ist, nach dem Einfangen eines Neutrons die Kettenreaktion auszulösen, die zu der gigantischen Freisetzung von Energie führt, für die Kernreaktoren gebaut werden. Hiermit betreten wir den Bereich von politisch beziehungsweise militärisch gelenkter Forschung. In den 1970er Jahren haben die USA die oben genannte Trennung in staatlichen Instituten stark vorangetrieben, um das gesamte Uranprogramm in den 1990er Jahren in private Hände zu legen, wo es aber noch im 20. Jahrhundert mehr oder weniger zum Erliegen gekommen ist.

Doch bevor auf das eingegangen wird, was auf diese Versuche mit Einsatz von Lasern folgte, sei noch darauf hingewiesen, wie man mithilfe der neuen Strahlquellen in den 1970er Jahren versuchte, das für jede Form von Energiegewinnung nützliche Uran-235 anzureichern.

In der Natur findet man zwei Isotopen von Uran, von denen nur eines für den Betrieb von Kernkraftwerken geeignet ist. Neben dem Uran-235 findet man noch das unbrauchbare Isotop Uran-238, und leider in großen Mengen. Das wichtige Uran-235 liegt gewöhnlich nur in einer Konzentration von weniger als 0,7 Prozent vor. Reaktoren benötigen mindestens ein paar Prozent von Uran-235, weshalb es angereichert werden muss, und dies kann mithilfe von Farbstofflasern geschehen. Seine Wellenlänge wird so eingestellt, dass sie nur mit dem Uran-235 interagiert, und wenn das Uranisotop das Laserlicht aufnimmt, setzt es ein Elektron frei. Dieses Uran ist damit – anders als das Uran-238 – geladen, und so kann es in einem nächsten Schritt mittels einfacher Elektroden aussortiert werden.

Wir wollen aber nicht mehr an die Kernspaltung denken, die letztlich mit dem durch Laser angereicherten Uran-235 möglich wird, sondern an das Gegenstück der Kernfusion, bei der man versucht, die Art, wie die Sonne ihre Energie produziert, auf der Erde nachzumachen. Auf unserem Zentralgestirn verschmelzen (fusionieren) mehrere Wasserstoffe (und ihre Isotopen) nach und nach zu Helium, und dabei kommt Energie frei. Doch was sich so einfach anhört, fängt mit dem Problem an, dass die Fusionen nur bei sehr hohen Temperaturen erfolgen, und damit sind einige Millionen Grad Celsius gemeint.

Seit den 1960er Jahren beschäftigen sich Forschungsinstitute in den USA mit der Fusionsforschung, und in den 1970er Jahren haben die deutschen Laboratorien nachgezogen – etwa am Max-Planck-Institut für Plasmaphysik in Garching, wobei man sich bemühte, das ungeheuer heiße Ausgangsmaterial in sogenannte magnetische Flaschen einzufangen, damit es nicht mit gewöhnlicher Materie in Berührung kam (und sie dabei zerstörte). So dringend Fusionsprojekte sind – angesichts der Energieversorgung einer weltweit wachsenden Bevölkerung mit steigenden Ansprüchen und bei weiter zunehmenden Wirtschaftsleistungen –, so langsam kamen die Bemühungen voran, und derzeit setzen viele Physiker (und Politiker) auf den Fusionskernreaktor ITER (International Thermonuclear Experimental Reactor), der seit kurzem im Bau ist und nicht vor 2018 fertiggestellt werden wird.

Das heißt, andere Physiker versuchen, andere Wege zur Fusion zu gehen, und zwar sollen es Laser sein, die die Sache richten. 1997 hat man im kalifornischen Lawrence Livermore National Laboratory mit der Konstruktion der größten und stärksten Laser begonnen, deren Strahlen sich so fokussieren lassen, dass dabei an einer Stelle die Temperatur erreicht wird, mit der eine Fusion zustande kommen kann. Die zuständige Abteilung, die National Ignition Facility (NIF), soll zum fünfzigsten Jubiläum des Lasers mit den Fusionsexperimenten beginnen. Die gesamte Anlage, die 2009 fertiggestellt wurde, nimmt den Platz von drei Fußballfeldern ein. In dieser Arena werden 192 Laserstrahlen erzeugt, die von allen Seiten auf ein gefrorenes Brennstoffkügelchen gelenkt werden, das aus Wasserstoffisotopen besteht. Als Laser werden Neodym-Glas-Laser eingesetzt – Glas, das mit Neodym dotiert ist –, die Licht mit einer Wellenlänge von 1053 Nanometern aussenden, und sie werden 4,2 Megajoule pro Puls liefern. Mittels raffinierter optischer Schaltungen wird das Laserlicht zweimal frequenzverdoppelt, aber so, dass immer noch knapp 2 Megajoule am Zielpunkt ankommen. In den Pulsen, die keine 20 Nanosekunden dauern, wird dann eine Leistung von 500 Terawatt erreicht, was 1000-mal mehr ist, als die Vereinigten Staaten verbrauchen.

Wenn dieses Experiment gelingt, hätte die Wissenschaft die sogenannte Trägheitsfusion zustande gebracht, womit gemeint ist, dass das Laserlicht das anvisierte Ziel so verändert, dass es dank seiner eigenen Masse (Trägheit) zusammenbleibt, was seine Aufheizung erlaubt und die Fusion in Gang setzt. Wenn das Experiment glückt, hätten die Laser die Energieprobleme der Welt gelöst. Deshalb hat man der Maschine einen weiteren Namen gegeben, in dem das technische Verfahren genannt wird, um zu einem optimistischen Akronym zu führen: Am NIF wird eine »Laser Inertial Fusion Engine« gebaut (LIFE), also etwas für das Leben unternommen.

Im Nanoland

Nach dem größten gehen wir nun zum kleinsten Laser über: Von den Fußballfeldern im kalifornischen Livermore wechseln wir zu einem Goldkörnchen, das mit einem Mantel aus Silikat umhüllt ist, die beide zusammen einen Durchmesser von 44 Nanometern aufweisen. Mit einer solchen Konstruktion ist es tatsächlich gelungen, einen Laser zu bauen, der grüne Lichtpulse aussendet, was erstaunt, wenn man sich erinnert, dass das grüne Licht eine Wellenlänge von 530 Nanometern aufweist. Wie kann ein Gebilde, das nur ein Bruchteil dieser Größe aufweist, zu einem Laser werden? Eine solche Strahlquelle erfordert doch einen Resonator, in dem sich das Licht aufschaukeln muss, und dafür benötigt es doch mindestens so viel Platz, wie ein Wellenzug von ihm einnimmt.

Doch bei dem Goldkörnchen kommt das Laserlicht anders zustande als bei den klassischen Kristallen oder Gasen, weshalb die Physiker von einem Plasmon-Laser sprechen. Plasmonen, diese seit Einstein bekannten Lichtteilchen, gehören zu elektromagnetischen Wellen, also zu Schwingungen von elektrischen und magnetischen Feldern. Nun können der modernen Physik zufolge Schwingungen auch in Festkörpern zustande kommen, und zwar durch die Träger der elektrischen Ladungen, die Elektronen. Da deren Dichte schwankt, kommt es zu periodischen Änderungen (Schwingungen), denen sogenannte Plasmonen zugeordnet werden können. Dies ist eine neue Folge der alten Einsicht von Einstein und seiner Mitstreiter, die im frühen 20. Jahrhundert erkannt haben, dass überall in der physikalischen Welt die Möglichkeit lauert, etwas als Welle und Teilchen zu verstehen. Photonen entstehen durch schwingende Felder, Plasmonen durch schwingende Elektronen an der Oberfläche eines Metalls.

Vor einigen Jahren hatten theoretisch tätige Physiker die Idee, solche Schwingungen als Lasermedium zu nutzen, und dies sollte sogar auf Partikeln gelingen, deren Ausmaße in Nanometern gemessen werden. Im Jahr 2009 konnte gleich zweimal Erfolg gemeldet und tatsächlich aus einem Goldkorn ein Laser werden. Ein gelungenes Experiment geht auf Physiker im Umkreis des aus Russland stammenden Michail Noginow zurück, die sogar einen neuen Namen ins Spiel gebracht haben. Da die kohärente Strahlung durch schwingende Elektronen zustande kommt, haben sie vorgeschlagen, statt von einem Laser von einem »Spaser« zu sprechen, also von einer »Surface Plasmon Amplification by Stimulated Emission of Radiation«. Noginows Team träumt davon, die Spaser als winzige Schalter in Stromkreise einzusetzen, die im Nanobereich angesiedelt sind. Und es erkundet, welche Möglichkeiten es gibt, den bislang kleinsten Laser der Welt in Mikroskope einzubauen, um dort als Lichtquelle zu dienen. »Mehr Licht«, wie Goethe einst sagte. Wir werden es bekommen.

Licht und Leben und Materie

Die neue Physik, die das dem Laser zugrunde liegende Konzept einer stimulierten Produktion von Strahlung überhaupt in den Bereich unserer Denkmöglichkeiten brachte, hat mit der Untersuchung der Wechselwirkung von Licht und Materie begonnen, genauer mit der Analyse des Lichts, das Materie aussendet, wenn sie erhitzt wird. Nachdem dabei in den 1920er Jahren die Quantenmechanik entstanden war und sich der duale Charakter der Natur – Licht und Materie als Welle und Teilchen – herausgestellt hatte, schlug

der dänische Physiker Niels Bohr in den frühen 1930er Jahren vor, sich jetzt um das Wechselspiel von »Licht und Leben« zu kümmern, also deren Interaktion so genau unter die Lupe zu nehmen, um anschließend das Leben so gut zu verstehen, wie es inzwischen mit der Materie gelungen war.
Bohrs Anregung hat zum Beispiel der aus Berlin stammende Max Delbrück aufgenommen, und man hat ihm für seine Arbeiten, die in den 1940er Jahren den Weg für die Molekularbiologie frei gemacht haben, die unsere aktuellen Biowissenschaften bestimmt, den Nobelpreis für Medizin (für das Jahr 1969) verliehen. Aber Bohrs Programm ist dadurch nicht erfüllt. Noch verstehen wir das Leben nicht dadurch, dass wir eine Theorie wie für die Materie (und ihre Atome) haben. Das Thema »Licht, Leben und Materie« bleibt also eine große Aufgabe, an die sich Wissenschaftler mutig wagen. An der Universität Rostock fördert die Deutsche Forschungsgemeinschaft ein sogenanntes Physik-Exzellenzprojekt mit dem Titel »Licht und Materie«. Dieser Sonderforschungsbereich arbeitet eng mit dem Team der Universität Rostock zusammen, das sich insgesamt dem Wechselspiel von »Licht, Leben und Materie« verschrieben hat. Dabei geht es ganz praktisch um neuartige Solarzellen und verbesserte photonische Informationstechniken sowie darum, »intelligentes Licht, mit dem sich der Eintrag von Energie in die Materie steuern lässt«, zu erzeugen, wie Karl-Heinz Meiwes-Broer, der Sprecher des Projekts, es formuliert hat.
Wenn Licht auf Materie trifft, wenn Licht Leben berührt – die Vorgänge bleiben nicht nur so geheimnisvoll wie am ersten Tag. Sie werden eher noch geheimnisvoller, wenn man das Licht der Laser einsetzt. Die Wissenschaft bleibt spannend, erst recht, wenn sie mit Lasern operiert.

Ein offener Vorgang

Als Wilhelm von Humboldt im Jahr 1810 die heute nach ihm benannte Berliner Universität gründete (beziehungsweise dem König die diesbezügliche Denkschrift vorlegte), unternahm er das in der tiefen Überzeugung, dass Wissenschaft ein niemals abzuschließender und also stets offen bleibender Prozess sei. Dies ist eine Idee der Romantik, die der sich aufgeklärt nennenden Denkrichtung widersprach, die davon überzeugt war, das rationale Abenteuer der Forschung irgendwann einem Abschluss zuführen zu können.

Die Welt der Laser lässt leicht erkennen, wie recht Wilhelm von Humboldt mit seiner Wissenschaftsidee hatte, was bedeutet, dass wir endlos mit diesem Kapitel fortfahren könnten. Um jedoch zu einem Abschluss zu kommen, kehren wir an den Anfang zurück, als es um ultrakurze Laserpulse ging. Wenn sie Wellenlängen im fernen Infrarot besitzen, spricht man auch von Terahertzstrahlung. In jüngster Zeit kann sie von sogenannten Quantenkaskadenlasern hervorgebracht werden, die wie die vorgestellten Halbleiterlaser operieren, nur dass das Laserlicht nicht durch die strahlende Rekombination eines Elektrons aus dem Leitungsband mit einem Loch im Valenzband zustande kommt, sondern durch Übergänge, die den Elektronen innerhalb des Leitungsbandes verfügbar sind (Intraband- statt Interbandübergänge). Das Konzept dazu stammt aus den frühen 1970er Jahren, aber es hat dann noch seine Zeit gedauert, bis die Vielzahl von Schichten aus Materialien mit unterschiedlichen Bandlücken aufeinandermontiert werden konnten, die zuletzt als Kaskade – daher der Name des Lasers – die nötigen Energieunterschiede bereitstellen.

Tera steht für eine Billion, wobei die Vorsilbe selbst auf das griechische Wort für Ungeheuer zurückgeht. Wenn man also von Laserpulsen in der Größenordnung von Terawatt spricht, geht es um ungeheuer riesige Leistungen – und sie werden in neuen Fernerkundungsmethoden eingesetzt, die als LIDAR bezeichnet werden. Dieser Ausdruck – er steht für »Light Detection and Ranging« – ist dem uralten Radar nachgebildet und beschreibt die mittels Laserlicht durchgeführten Vermessungen der Atmosphäre, mit deren Hilfe die Zusammensetzung beziehungsweise Verschmutzung unserer irdischen Lebenshülle erfasst werden soll. In einer LIDAR-Anlage können Laser verschiedener Wellenlänge eingesetzt werden, die in die Atmosphäre geschickt werden, um deren Streuung zu registrieren. Auf diese Weise lassen sich nicht nur Wolken und Staubteilchen (Aerosole) vermessen, die sich in der Luft befinden. Es ist auch möglich, die Emission von Industrieanlagen oder privaten Haushalten (aus den Schornsteinen) zu überwachen und zum Beispiel das Ein-

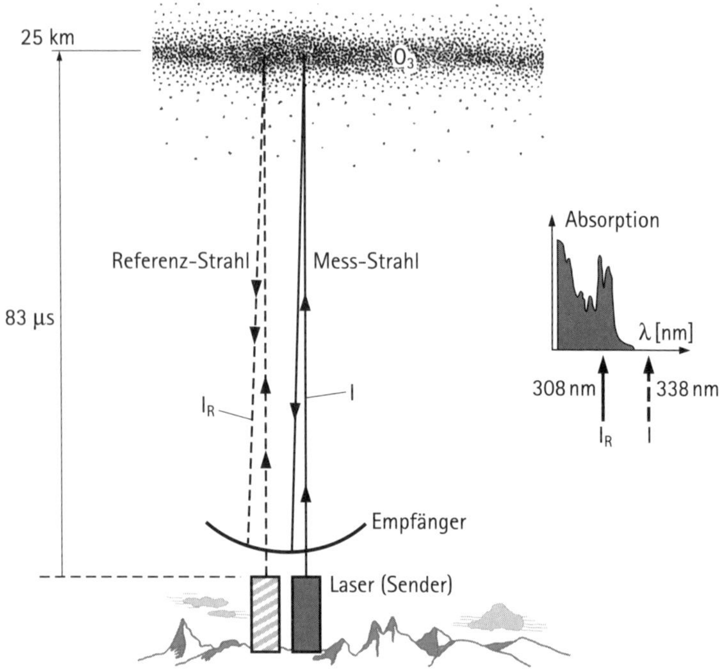

Abb. 26: LIDAR im Einsatz: Für eine Fernanalyse der Ozonschicht O_3 wird je ein Laserpuls der Wellenlänge 380 nm (Messpuls I) und 338 nm (Referenzpuls I_R) zur Ozonschicht gelenkt und deren Echo gemessen. Beide Strahlen zeigen die gleiche Wechselwirkung mit den Luftmolekülen, nämlich keine. Die Intensität des Messpulses wird durch das Ozon abgeschwächt (Absorption); diese Abnahme im Vergleich zu der des Referenzpulses erlaubt es, die Ozonkonzentration zu bestimmen.

halten von Grenzwerten zu kontrollieren, die vom Gesetzgeber nach dem Stand der Wissenschaft vorgegeben werden.

Wenn die Laser in den LIDAR-Anlagen Pulse mit Terawatt erzeugen, kommt es zu mehr als den gewöhnlichen Wechselwirkungen mit den Bestandteilen der Atmosphäre. Der intensive Laserstrahl formt einen leitfähigen Lichtkanal durch die Luft, der es anschließend ermöglicht, die Zusammensetzung der Atmosphäre – das Vorhandensein von Ozon, Methan, Stickoxiden und anderen Spurengasen – mit einem einzigen Lasersystem zu ermitteln.

LIDAR wirkt nicht nur am Himmel, sondern auch auf Erden – etwa in Form der Laserpistolen, mit denen die Staatsmacht Verkehrssünder überführen will, oder auf den Mautbrücken, denen man auf der Autobahn begegnet. In deren Trichter hocken Lasermesssysteme (LMS), die unter anderem in der Lage sind, die dreidimensionalen Konturen von Fahrzeugen zu ermitteln und so einen Lkw von einem Pkw zu unterscheiden. Das Unternehmen, das diese »Sensor Intelligence« anbietet und damit weltweit Erfolg hat, wurde 1946 von dem Ingenieur Erwin Sick gegründet, nach dem es heute noch benannt ist. In den 1970er Jahren wurden in der heute in Waldkirch ansässigen Sick AG Halbleiter-Dioden für Lichttaster eingeführt (was zu einem großen Angebot an Barcodescannern entwickelt wurde). In den 1980er Jahren wurden dort Instrumente für das Entfernungsmessen mit gepulsten Lasern gefertigt, und seit den 1990er Jahren gibt es tastende Laserscanner zur Messung von Volumen.

In der Tat – alles offene Geschichten und überall Platz für neue Ideen, was man mit Lasern unternehmen kann. Während auf der Erde LIDAR groß wird, wächst am Himmel LISA heran, der »Laser Interference Space Analyser«, der von seinen Produzenten auch »Laser Interferometer Space Antenna« genannt wird. Mit diesem vor kurzem ins Leben gerufenen Projekt, bei dem europäische und amerikanische Institutionen zusammenarbeiten, die für den Weltraum zuständig sind – die ESA und die NASA –, geht es darum, die Existenz von sogenannten Gravitationswellen nachzuweisen, wie Einstein sie als Folge seiner kosmologischen Theorie vorhergesagt hat. Die kleinen Kräuselungen der Raumzeit, in der wir leben, haben sich bislang allen Nachweisverfahren entzogen. Jetzt sollen es die Laser richten. Deren Existenz und Wirksamkeit hat vor fünfzig Jahren bewiesen, dass Einstein die Atome richtig verstanden hat. Es wird dem Kosmos nicht anders ergehen.

Einstein hat recht

Einstein hat übrigens tatsächlich recht behalten, als er am Ende seines Lebens feststellte, dass ihn fünfzig Jahre des Grübelns nicht der Antwort auf die Frage näher gebracht hatten, was die Natur des

Lichts sei. Noch bevor er seine Idee der stimulierten Emission von Photonen entwickelte, musste Einstein sich das Phänomen Licht als Welle und Teilchen vorstellen, um die Physik der Strahlen zu verstehen – und darin steckt das Problem. Denn wenn etwas sowohl Welle als auch Teilchen sein kann, dann ist es nicht möglich zu sagen, was es ist. Wir können es zwar durch alle möglichen Messungen und Schaltungen herausfinden, aber nicht mehr sagen, was wir damit wissen. Müssen wir deshalb über das Licht schweigen?

Eine Zeitlang versteckte man sich hinter der Hoffnung, dass sich die von Einstein in einer – von ihm selbst so genannten – revolutionären Tat eingeführte Doppelnatur des Lichts verflüchtigen würde, wenn man nur die entsprechenden Versuche unternehmen könnte. Einige Physiker blieben skeptisch, solange sich all das nur im Rahmen der theoretischen Physik und von Gedankenexperimenten abspielte. Wie sah es denn in der experimentellen Praxis aus? Vielleicht gab es dort ja Auswege zu finden.

Es gibt sie nicht, die Welt ist an dieser Stelle vernagelt, wie Versuche aus den späten Jahren des letzten Jahrhunderts inzwischen überdeutlich machen. Die Wissenschaftler richteten dazu Licht auf einen Doppelspalt, wie es zu Beginn des 19. Jahrhunderts der Engländer Thomas Young gemacht hatte, um überhaupt den Wellencharakter des Lichts nachzuweisen. Bei einem Doppelspalt wird jeder Schlitz zum Ausgangspunkt von kohärenten Wellenzügen, die sich überlagern (interferieren) und dabei helle und dunkle Streifen erkennen lassen. Sie werden dadurch gedeutet, dass sich Licht auslöschen und verstärken kann, so wie man es von Wellen erwartet. Der Doppelspalt macht für das Licht, was zwei Steine für das Wasser bewirken, die gleichzeitig nebeneinander in einen Teich geworfen werden. Von ihnen gehen ebenfalls Wellen aus, die sich verstärken oder aufheben.

Heute kann man dieses Phänomen der Interferenz dank technischer Fortschritte unter besonderen Umständen untersuchen, nämlich für den Fall, dass die Intensität des Lichts, das auf den Doppelspalt trifft, so gering ist, dass jeweils nur ein Photon dort ankommt beziehungsweise die Schlitze durcheilt. Tatsächlich werden die Lichtteilchen als einzelne physikalische Gegebenheiten hinter dem Doppelspalt registriert (was mit dem Teilchencharakter von Licht vereinbar ist). Das braucht nicht weiter zu verwundern – im Gegensatz zu der Beobachtung, die man macht, nachdem viele einzelne Photonen den Doppelspalt passiert haben und man beobachtet, wie sie sich dabei verteilen. Man zählt, wie viele Lichtteilchen an welcher Stelle auf einem Schirm hinter dem Doppelspalt ankommen und erlebt eine Überraschung. Die gemessene Verteilung zeigt nämlich das Muster, das man von Wellen erwartet. Wenn viele Photonen – alle einzeln – die Apparatur durchlaufen haben, bringen sie die Interferenzstreifen von Wellen zustande. Ein einzelnes Photon muss irgendwie darüber informiert sein, dass ihm ein zweiter Weg offensteht, und diese Möglichkeit gehört zu seiner Wirklichkeit – auch wenn wir daran wie Einstein zu kauen haben, wahrscheinlich unser Leben lang.

Licht lässt sich also nicht einfach – wenn überhaupt – verstehen, und vor allem die Physiker am Max-Planck-Institut für Quantenoptik in Garching haben viele ausgeklügelte Versuche gemacht, um mehr über das Licht zu erfahren. Sie haben unter anderem ein Verfahren ersonnen, bei dem sie – mithilfe von Masern – die Frage beantworten können, durch welchen Spalt ein einzelnes Photon läuft, ohne es dabei zu stören. Sie sprechen dabei von einem »Welcher-Weg-Detektor«, der Auskunft gibt, jedoch mit der Folge, dass sie mit diesem Wissen das Licht als Teilchen beobachtet haben und also die Interferenz verschwindet. Wird der Detektor abgeschaltet, bleibt der Weg unbestimmt, und das Licht zeigt sich als Welle. Es ist tatsächlich eins und doppelt. Es behält sein wundersames Geheimnis, auch wenn wir so genau hinsehen, wie es menschenmöglich ist.

Müssen wir deshalb über das Licht schweigen? Offenbar nicht. Wir können doch viel von ihm erzählen und mit ihm erleben. Das Buch und die Laser laden dazu ein.

KAPITEL 12

Im öffentlichen Raum

Bereits 2006 stellte der Lasermarkt ein Volumen von 4 Milliarden Euro dar, und Experten prophezeiten ein Absatzpotenzial von mehr als 10 Milliarden Euro pro Jahr. Nach Auskunft von Optech Consulting hat der Weltmarkt für Lasersysteme, die für die Materialbearbeitung eingesetzt werden, im Jahr 1990 zum ersten Mal die Grenze von 1 Milliarde Euro überschritten, um 2008 bei 6,4 Milliarden Euro anzukommen – wobei die Zahlen für 2009 bei der Niederschrift dieses Kapitels noch nicht vorlagen. Die Strahlquellen selbst machten 2008 einen Umsatz von 2 Milliarden Euro.

Was hat zu diesem Wachstum geführt? Im Folgenden seien die Vorteile von Lasern für viele Anwendungen und Fertigungen aufgezählt:

- Laserquellen bringen kontrollierbares Licht unterschiedlicher Wellenlänge hervor, das sehr genau fokussiert werden kann;
- sie üben ihre Wirkung ohne direkten Kontakt und nur durch Energieübertragung aus;
- ihre Strahlen können flexibel und elegant zum Beispiel durch Roboter gelenkt werden;
- Laser können im Pulsbetrieb kurzfristig ungeheuer große Intensitäten produzieren;
- sie verrichten ihren Dienst zuverlässig, ohne großen Aufwand für die Wartung, viele tausend Stunden;
- sie können inzwischen gut mit Energie versorgt (gepumpt) werden und einen hohen Wirkungsgrad erreichen.

Laser in unseren Händen

Laser können nicht nur Lust am Licht, sondern auch das Gefühl wecken, dass es lohnende Ziele in Wissenschaft und Technik gibt. Denn Wissenschaft und Technik haben mit Lust und Freude zu tun. Wie könnte man sonst verstehen, was Forscher und Ingenieure antreibt?

Unsere Kultur erleidet ein öffentliches Unverständnis – ein »public misunderstanding« – von Wissenschaft, auch wenn amtlich viel Geld für Bemühungen um ein »public understanding« ausgegeben wird, wie deutsche Institutionen offiziell auf Englisch verkünden. Das ist schade, denn mit der Verwendung der Fremdsprache bleibt unklar, ob ein öffentliches »Verstehen« oder ein entsprechendes »Verständnis« gemeint ist, wobei beide nötig sind, auch wenn sie etwas völlig anderes meinen. Dass es bei uns sowohl an Verstehen als auch an genügend Verständnis für Wissenschaft und Technik mangelt, kann man täglich daran erkennen, dass es sich unter den vielen Personen, die an akademischen Einrichtungen mit Philosophie, Soziologie und Geschichte befasst sind (und sich vielfach in den Feuilletons der Zeitungen äußern), noch nicht herumgesprochen hat, dass unsere Gegenwart vor allem von den Entwicklungen in Wissenschaft und Technik beeinflusst wird. Da schreibt zum Beispiel der Historiker Heinrich August Winkler im 21. Jahrhundert eine mehr als tausendseitige *Geschichte des Westens*, ohne auch nur mit einem Satz auf die Geburt der modernen Wissenschaft im frühen 17. Jahrhundert einzugehen, die im Lauf der Jahrhunderte unserem Kontinent den Wohlstand bescherte, der allen gefällt.

In manchen universitären Zirkeln versteht man auch nicht, weshalb Max Delbrück, der 1969 mit dem Nobelpreis für Medizin ausgezeichnet wurde, zu sagen pflegte, dass man als Wissenschaftler den ganzen Tag still in einer Ecke sitzen und dabei die Welt langfristig stärker verändern kann, als sämtliche Militärs zusammen es vermocht haben. Wir leben in einer Kultur voller Wissenschaft und Technik und brauchen uns deshalb nicht zu wundern, dass wir zum Beispiel Wirkungen und Leistungen von Lasern auf Schritt und Tritt im Alltag begegnen – vom Airbag über die CDs bis zu Uhren und Barcodescannern. Schon längst werden die Abdeckungen des Displays auf unseren mobilen Telefonen von Lasern eingeschweißt. Herzschrittmacher können nur hergestellt werden, weil sich mithilfe von Lasern das Gehäuse dicht verschweißen lässt. Herkömmliche Verfahren eignen sich nicht dazu, weil bei diesem Vorgang die Temperatur im Inneren des Geräts, in dem die empfindliche Elektronik steckt, den Wert von 50 Grad Celsius nicht überschreiten darf.

Weiter fällt jedem auf, dass die Zahl der Dächer zunimmt, auf denen die bekannten roten Ziegel durch bläulich wirkende Solarzellen ergänzt werden, mit denen Sonnenenergie aufgefangen und genutzt wird. Solche Solarzellen arbeiten wie Dioden, weshalb sie aus Halbleiterscheiben bestehen. Der Laser fügt den Zellen einen sogenannten Isoliergraben hinzu, der Kurzschlüsse innerhalb der Solarzellen verhindert und ihren Wirkungsgrad erhöht. Die dafür eingesetzten Strahlquellen – gütegeschaltete Festkörperlaser mit hohen Pulsleistungen – müssen zugleich präzise und schnell arbeiten.

Laser tragen nicht nur zu solchen zukunftsweisenden Techniken bei, sie erledigen auch Arbeiten wie zum Beispiel das Polieren von Metallen auf Hochglanz, das inzwischen auch mit stark gewölbten Formen gelingt. Ein beweglich angeordneter Laserstrahl schmilzt die Oberfläche einige Mikrometer tief auf, und eine zusätzlich an das Werkstück angelegte Spannung sorgt dafür, dass das flüssige Metall gleichmäßig verläuft und in glatter Form wieder starr wird.

Laser übernehmen auch immer mehr die Kennzeichnung von Bauteilen und ersetzen durch Folien die klassischen Typenschilder, die früher aus Metall gefertigt wurden. Die Laserbeschriftung ist inzwischen so weit entwickelt worden, dass der Strahl nicht nur die Information durch Umwandlung einer eigens dafür vorgesehenen aktiven Schicht einer Folie aufprägt, sondern sie so ausschneidet, dass sie die für die anschließend vorzunehmende Etikettierung erforderliche Form bekommt. Geräte, die Texte, Logos, Markierungen oder Codes aufbringen sollen, können seit einigen Jahren als kompakte Arbeitsstationen erworben werden, wobei der Wort »kompakt« auf die Möglichkeit eines mobilen Einsatzes hinweist, der auch am eigenen Schreibtisch erfolgen kann.

Lasercodierung

Laserbeschriftungen gelingen schnell, sie können automatisiert erfolgen und individuell erzeugt werden. Diese offenkundigen Vorteile nutzt zum Beispiel die Pharmaindustrie zur Codierung von Glasbehältnissen. Sie kooperiert für solche Projekte mit Glasherstellern und Laserfirmen. Hierzu ein Beispiel aus jüngster Zeit:

Die in Mannheim angesiedelte Roche Diagnostics GmbH hat in einer Zusammenarbeit mit fünf Unternehmen – der Schott forma vitrium ag aus St. Gallen, der Schott AG aus Mainz, der Schott-Rohrglas GmbH aus Mitterteich, der Seidenader Vision GmbH aus Markt Schwaben und der Vesdo AG aus dem schweizerischen Wollerau – ein spezielles Laserverfahren entwickelt, um Spritzen aus Glas mit einem individuellen Code zu versehen, für den natürlich auch eine Lesemethode bereitsteht. Man möchte in der Lage sein, den Weg der Spritzen (Einzelverpackung) genau zu verfolgen, und das Codieren muss so vor sich gehen, dass es in großem Maßstab – großer Serie – kostengünstig erfolgen kann.

Auf den noch heißen Glaskörper der Spritze wird ein sogenannter Data-Matrix-Barcode mit einem CO_2-Laser eingraviert, der Lichtpulse im Mikrosekundenbereich erzeugt und damit lokal Temperaturen von mehr als 2000 Grad Celsius bewirkt. Der Matrix-Barcode, der durch eine einzige Kennzeichnung auf einem Glaskörper seine Funktion erfüllt, besteht aus einer 16-stelligen Zahlenfolge, in der die Verpackungsdaten (zum Beispiel das Datum der Herstellung und das Format der Spritze) und eine Seriennummer codiert sind.

Data-Matrix-Codes werden seit den 1980er Jahren entwickelt, wobei sich zuletzt die als ECC 200 bezeichnete Variante durchgesetzt hat, die als sicher gilt und deshalb in dem hier vorgestellten Projekt verwendet wurde. Die Codierung kann ein Unternehmen davor schützen, dass seine Lieferungen mit anderen Produkten vermischt werden. Neben diesem auch juristisch relevanten »Untermischungsschutz« soll der Code künftig auch verwendet werden, um Produktfälschungen zu verhindern – etwa dadurch, dass keine serielle, sondern eine zufällige Nummer in den Barcode Eingang findet, den der Laser mit seinem Licht in das Glas einschreibt.

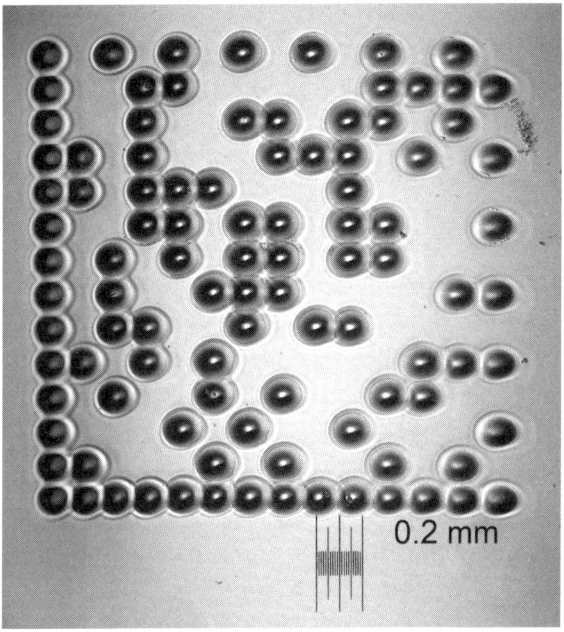

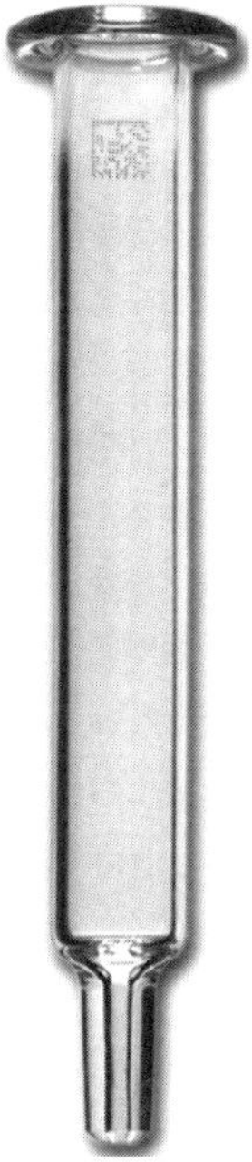

Abb. 27 (links): Die sichtbaren Punkte sind mithilfe langwelliger CO_2-Laser auf erwärmtes Glas angebracht worden. Die Temperatur wird dabei so gewählt, dass keine Risse auftreten.

Abb. 28 (rechts): Der vom Laser generierte Data-Matrix Code ist unterhalb Fingerauflage zu erkennen.

Mit Laser kann man aber nicht nur beschriften, sondern auch einprägen (englisch »engraving«), wie es bei Jeans der Fall ist. Diese populären Kleidungsstücke bestehen aus einem robusten Baumwollstoff, dem Denim (benannt nach seinem Ursprungsort, der französischen Stadt Nîmes), der mit Indigo gefärbt wird. Wer nun einen geeigneten Laserstrahl auf eine Denim Jeans richtet, zerstört das Indigo, was den betroffenen Stellen den ausgebleichten Look gibt, der in einigen Kreisen als schick gilt. Die Steuerbarkeit der Laser erlaubt es jetzt nicht nur, den teuren Jeans ein abgerissenes und verwaschenes Aussehen zu geben. Sie macht darüber hinaus möglich, Namen oder Symbole auf den Hosenboden anzubringen.

Die Wirkungen von Lasern finden sich in Ausweisen und Pässen (Beschriftungen), Verpackungen (zum leichteren Öffnen), in Batterien, Autotüren, Plastikfolien (in den Perforationen), Schmuckstücken, Küchengeräten und vielem anderen, und das Spektrum soll immer noch erweitert werden. Dazu gründet die Fachwelt neue Forschungsverbände und -einrichtungen, zum Beispiel das im September 2009 begonnene und mit einem Budget von 16 Millionen Euro ausgestattete Projekt LIFT, dessen Abkürzung für »Leadership in Fiber Laser Technology« steht und das unter der Leitung des in Dresden angesiedelten Fraunhofer-Instituts für Werkstoff- und Strahltechnik steht. Es geht darum, Faserlaser zu verbessern, und zwar so, dass sie noch schonender, als es Laser bisher tun, Materialien bearbeiten und zum Beispiel auch mit Keramikwerkstoffen zurechtkommen. Als besondere Herausforderung hat man sich vorgenommen, einen kontinuierlich arbeitenden Drei-Farben-Laser zu entwickeln, dessen Licht Akne, Netzhauterkrankungen sowie bestimmte Krebsarten mithilfe der minimalinvasiven Photodynamischen Therapie behandeln kann.

In Stuttgart hat sich im Herbst 2009 ein neues Zentrum namens SCoPE etabliert, das als Stuttgart Research Center of Photonic Engineering die Zusammenarbeit zwischen der Universität und der Industrie stärken und dabei unter anderem photonische Chips – statt der üblichen elektronischen Schaltelemente – entwickeln soll. Weitere anvisierte Themen stellen zum einen die komplexen Systeme dar, die inzwischen unsere Kommunikation ermöglichen, und finden sich zum anderen in den Fragen nach einer nachhaltigen Versorgung mit Energie.

Im Land der Dichter und Denker

Man könnte diese Aufzählung endlos fortsetzen und immer wieder die unbestreitbaren zivilen, medizinischen und wissenschaftlichen Qualitäten von Lasern vorstellen und ihre ökonomische Bedeutung erläutern. Es wird trotzdem immer noch sehr viele Menschen geben, die zuerst an Waffen und Krieg denken, wenn sie das Wort Laser hören. Irgendwie scheint das Militär nicht weit zu sein, wenn das kohärente Licht eingesetzt wird, und die Star-Wars-Politik des amerikanischen Präsidenten Reagan und das Protzen des Pentagon mit lasergesteuerten Raketenangriffen haben zu diesem schlechten Image beigetragen. Es wäre besser und nützlicher, in dem Laser mehr ein Werkzeug und weniger eine Waffe zu sehen und die Gedanken an Laserschwerter oder Todesstrahlen im Bereich der Unterhaltung und der Sciencefiction zu belassen.

Deutschland hat sich um Naturwissenschaft und Technik verdient gemacht, zählt zu den Pionieren der modernen Wissenschaft, als beispielsweise Johannes Kepler vor rund vierhundert Jahren eine neue Astronomie begründete, und ist an vielen modernen Ausprägungen der Wissenschaft beteiligt wie etwa der Biochemie, Quantenphysik und Molekularbiologie. Dennoch meinen viele Intellektuelle immer noch, dass Deutschland vor allem ein Land der Dichter und Denker ist. Darum haben es viele öffentliche Meinungsmacher – in Politik und Medien – leicht, sich mit kritischen Äußerungen über die Entwicklungen von Naturwissenschaft und Technik zu profilieren, ohne dass jemand an- oder bemerkt, dass sie sich damit ins Abseits begeben. Wie wurde zum Beispiel auf die Einführung der genetischen Analyse Mitte der 1980er Jahre geschimpft, die als DNA-Fingerabdruck bekannt wurde und von der man einfach mal behauptete, sie gefährde Persönlichkeitsrechte. Die damaligen Kritiker aus den einschlägigen Parteien und Journalen haben vermutlich noch nicht gemerkt, dass es heute fast keinen Kriminalfall oder -film mehr gibt, in dem nicht ganz selbstverständlich ein DNA-Test durchgeführt wird. Und noch weniger wird von ihnen zur Kenntnis genommen, dass die Zahl der Menschen, die mit diesem wissenschaftlichen Fortschritt ihre Unschuld beweisen – und zum Beispiel aus einer Todeszelle entlassen werden – konnten, beträchtlich ist und weiterwächst. Wissenschaft ist und ermöglicht Handeln aus humaner Verpflichtung, auch wenn diese Einsicht manchen schwerfällt.

Es bleibt leider in Deutschland Mode, der Wissenschaft skeptisch gegenüberzutreten und nach ihrer Verantwortung zu fragen, wobei damit die Verantwortung für ein Versagen gemeint ist. Für ihre Hervorbringungen macht niemand die Wissenschaft verantwortlich, obwohl dies eher angemessen wäre. Wer anders als die Technik kann denn – etwa mit LIDAR-Systemen der geschilderten Art – Verschmutzungen nicht nur der Atmosphäre, sondern auch des Meerwassers nachweisen? Und wer anders als Laserexperten kann einem Kriminalisten helfen, Fingerabdrücke direkt am Ort des Geschehens zu untersuchen? Tragbare Nd:YAG-Laser sorgen durch die Anregung von Substanzen im Fingerabdruck für ein fluoreszierendes Licht, mit dem sich das gesuchte Muster zeigt. Wir brauchen ja nicht direkt wieder eine »Wunderwelt der Strahlen« zu bejubeln, wie es in den 1960er Jahren oftmals leichtfertig geschah. Aber wer die Menschen, die Laser entwickeln und einsetzen, aus dem großen Bereich der Kultur ausschließen möchte, liefert selbst nur den Beweis für seine Unbildung und Ahnungslosigkeit. Als Denker hat er sich gründlich disqualifiziert.

Der Laser und der gebildete Mensch

Die Frage, was der gebildete Mensch vom Laser und seinen Anwendungen verstehen sollte, setzt eine Klärung des Begriffs der Bildung voraus. Der Konstanzer Philologe Manfred Fuhrmann hat Bildung als die Form bezeichnet, die eine Kultur in einem Individuum annimmt. Da die Kultur, in der wir leben, durch Naturwissenschaft und Technik beeinflusst wird, gehören beide dazu – aber auf welche Weise?

Da mit dem Wort Bildung das Ergebnis sowie der Weg dorthin gemeint ist, kann das mit diesem Begriff Bezeichnete am besten in einem Dialog erreicht werden. Ein gebildeter Mensch wird also Interesse haben, über Laser und ihre Anwendungen in ein Gespräch zu treten, und diese Unterhaltung kann beispielsweise sowohl von der Natur des Lichts als auch von der berührungslosen Übertragung der

Energie durch den Laserstrahl handeln. In beiden Fällen liefern die experimentellen und theoretischen Einsichten und Ansichten von Wissenschaft und Technik glänzende Vorgaben, ohne die eigentlichen Rätsel zu lösen. Die Natur des Lichts – sie steht in keinem Lehrbuch als endgültiges Wissen und stellt vielmehr ein Geheimnis dar, für das man aber in Gesprächen ein Gefühl entwickeln kann. Man muss nur damit beginnen.

Und was für die Natur des Lichts gilt, trifft erst recht auf seine Energie zu. Da liefert der Laserstrahl eine Wirklichkeit, die unserem Geist auch dann noch Herausforderungen bietet, wenn alle technischen Anwendungen wie gewünscht funktionieren. Tatsächlich liefern die Laser und ihr wunderbares Licht unendlich viel Stoff für das Nachsinnen über die Natur, der wir entstammen: Wie kann Energie überhaupt zu Licht werden? Wie kann man Lichtteilchen in Gleichklang versetzen? Wie und was wissen Photonen von den anderen Lichtteilchen, die sich zu einem Strahl zusammenfinden? Könnte es sein, dass im Licht selbst Informationen in dem Sinn stecken, dass die einzelnen Photonen etwas über ihre Mitreisenden wissen müssen? Immerhin schwingen sie räumlich und zeitlich kohärent.

Es zeigt sich ganz allgemein, dass Laser alte (philosophische) Fragen der Physik mit neuen Varianten wieder aufgreifen, und wenn die deutschen Dichter und Denker etwas an der philosophischen Tradition der europäischen Kultur schätzen, dann doch genau dies: alten Themen immer wieder neue Dimensionen zu verleihen, um sie weiter »im schönen Gespräch« (Thomas Mann) erörtern zu können. Die Laser und ihre Strahlen sind dazu imstande – neben ihrem technischen Vermögen. Sie bieten uns und unserem Fassungsvermögen stets neue Herausforderungen, die grundlegende Themen betreffen und auch Platz im öffentlichen Raum finden sollten: Was ist Zeit? Woher stammt ihre Richtung? Und kann man sie beeinflussen – wie die Geschwindigkeit des Lichts, mit der die Laser auch ihren Spaß haben? Laser lohnen, auch und gerade für diejenigen, die nach Bildung verlangen.

AUSKLANG

Alte Wünsche

»Wir haben auch optische Werkstätten, wo wir Versuche mit sämtlichen Strahlen und Lichtarten sowie mit allen Farben anstellen. Aus durchsichtigen und farblosen Körpern erzeugen wir die einzelnen Farben, nicht nur in Form eines Regenbogens schillernd, wie es in Brillanten und Prismen geschieht, sondern durch sich selbst, einfach und selbständig. Außerdem bringen wir jede Vielfalt von Strahlen hervor, so dass wir Licht auf große Entfernungen aussenden und ihm solche Kraft und Stärke verleihen, dass man bei dieser Art Licht die zartesten Linien und Punkte erkennen kann ...«[1]

Dieser Satz stammt aus dem utopischen Werk *Nova Atlantis* des britischen Philosophen und Staatsmanns Francis Bacon (1561 – 1626), dem das berühmte Diktum zugeschrieben wird, das am Anfang der modernen Naturwissenschaft steht: »Wissen ist Macht«. Damit ist der Gedanke gemeint, dass derjenige, der die Gesetze und Regeln der Natur kennt, in der Lage sein sollte, sein diesbezügliches Wissen in den Dienst seiner Mitmenschen zu stellen, um ihre Lebensbedingungen zu erleichtern. Wer zum Beispiel Lebensmittel länger haltbar machen will, sollte die Bedingungen verstehen, unter denen sie ungenießbar werden. Wer Kopfschmerzen bekämpfen will, sollte wissen, wodurch sie zustande kommen. Und wer mit Licht mehr und besser sehen will, sollte seine Herkunft kennen und beeinflussen können. Wissen ist Macht für Menschen – dies ist der Gedanke, der die Geburt der modernen Wissenschaft in Europa ermöglicht, und er findet sich am deutlichsten formuliert bei Bacon.

In seinem wirkungsvollen Werk entwirft Bacon eine Gesellschaft der Zukunft, der es gelungen ist, die Bedingungen der menschlichen Existenz durch den Einsatz der wissenschaftlichen Methode und das Vertrauen in den eigenen Verstand zu verbessern. In diesem neuen Atlantis stellte sich der Philosoph, der die Umgestaltung der Welt durch die Technik besonders betonte und Erfindungen antizipierte – modern und gewagt ausgedrückt –, vor, dass es das Licht von Lasern gibt. Mit anderen Worten, der Wunsch nach dem, was Laser liefern, gehört zu den Menschen, seit sie entdeckt haben, dass die Zukunft besser werden kann, als die Vergangenheit war, wenn sie nur ihr Schicksal in die eigenen Hände nehmen und sich der Wissenschaft zuwenden.

Es ist schön, dass dieser Wunsch vor fünfzig Jahren in Erfüllung gegangen ist. Es ist gut, dass wir dabei nicht stehengeblieben sind. Es gibt noch viele alte Wünsche – und noch mehr neue Wünsche. Das Licht des Lasers zeigt jede Menge Möglichkeiten. Wir können sie nutzen.

ANHANG

Anmerkungen

Einführung: Neue Worte

1 Der Ausdruck Terahertz ist in jüngster Zeit (Ende 2009) durch Meldungen über sogenannte Nacktscanner populär geworden. Mit Terahertzstrahlung meinen die Wissenschaftler elektromagnetische Strahlung im fernen Infrarotbereich, die auch von (menschlichen) Körpern ausgeht. Mit Terahertzstrahlung, die heute von geeigneten Lasern erzeugt wird, kann man Menschen unter die Kleidung schauen.

2 Gegen Ende der Niederschrift dieses Buches war im Mannheimer Kunstverein eine Einzelausstellung des aus Peking stammenden Künstlers Li Hiu zu sehen, bei der rotes Laserlicht aus 13 000 Quellen von der Decke her einen verformten Geländewagen beleuchtete, aus dem Dampf aufstieg. »Transition« – so der Titel der Ausstellung, die jeden Besucher beeindruckt hat.

Kapitel 2: Radio- und Mikrowellen

1 Charles Townes: *How the Laser Happened*. Oxford 1999, S. 51

Kapitel 3: Rotes Laserlicht

1 Helium-Neon-Gaslaser können heute auch rotes Licht mit einer Wellenlänge von rund 633 nm aussenden. Die Realisierung des entsprechenden Übergangs ist aber erst 1963 gelungen. Zunächst gab es nur den infraroten Strahl.

Kapitel 4: Eine erstaunliche Vielfalt

1 Arthur L. Schawlow: »Twenty-five Years of Laser«, in: *Yearbook of Science and Future*, 1987. Übersetzung: Ernst Peter Fischer.

2 Alle genannten Laser können sowohl im Pulsmodus als auch kontinuierlich operieren, und bei den Halbleiterlasern gibt es verschiedene Ausführungen. Hier geht es nur um eine grobe Orientierung über die Lasermedien. Einen genaueren Überblick über die Laservielfalt findet man im Anhang.

3 Das Wort »rekombinieren« ist auch aus der Biologie bekannt; dort ist damit die Umgruppierung beziehungsweise Neuzusammensetzung von Erbmaterial (DNA) gemeint. Die Gentechnik basiert auf der Rekombination von Genmolekülen.

Kapitel 5: Die ersten Laser in Deutschland

1 Helmuth Albrecht: *Laserforschung in Deutschland 1960 – 1970*. Habilitationsschrift Universität Stuttgart 1997.
2 Zitiert ebenda, S. 47.
3 Ebenda, S. 40.
4 Ebenda, S. 52.
5 Ebenda, S. 82.
6 Ebenda, S. 82.
7 Ebenda, S. 66.
8 Ebenda, S. 70.
9 Ebenda, S. 78.
10 Ebenda, S. 116.

Kapitel 6: Flexibel sein

1 Hartwig Müßiggang: *Die Entwicklung der Lasertherapie in der Urologie*. München 1983, S. 9.
2 Ebenda, S. 19.
3 Hans Koebner: *Laser – vom tödlichen zum heilenden Strahl*. Aachen 1988.
4 Hartwig Müßiggang: *Die Entwicklung der Lasertherapie in der Urologie*, a.a.O., S. 37.
5 Ebenda, S. 62.
6 Ebenda, S. 63.
7 Ebenda, S. 65.
8 Zitiert ebenda, S. 72

Kapitel 7: Arbeit mit Licht

1 www.z-laser.com/zlaser-de/allgemein/lasergeschichte-
2 Zitiert bei Helmuth Albrecht: *Laserforschung in Deutschland 1960 – 1970*, a.a.O., S. 125.
3 Zitiert ebenda, S. 127.
4 Ebenda, S. 182.
5 Ebenda, S. 259.
6 Mehr dazu bei Dieter Bäuerle: *Grundlagen und Anwendungen in Photonik, Technik, Medizin und Kunst*. Weinheim 2009, S. 189.
7 Details dazu im Laser-Magazin *Laser Community* der Firma Trumpf, Ausgabe 02/2009, S. 16ff.

8 Siehe z.B. den Beitrag »Die Tochter Haas-Laser« in der Sonderausgabe der Zeitschrift *Produktion*, die im Dezember 1998 unter der Überschrift »Das neue Werk« erschienen ist.

9 Ebenda, S. 150.

Kapitel 8: Das Strahlwerkzeug

1 Berthold Leibinger: *Es sind geistige Kräfte, die die Welt verändern*. Gerlingen 2002, S. 152f.

2 Siehe z.B. ebenda, S. 147ff. und 156ff.

3 *Der Spiegel* Nr. 5 vom 26.01.1987, S. 84f.

4 Ebenda.

Kapitel 9: Informationen im Alltag

1 Friedrich Christian Delius: *die frau, für die ich den computer erfand*. Berlin 2009, S. 217f.

2 Wir gehen von Scheiben aus, die auf einer Seite Informationen tragen. Es gibt heute die Möglichkeit, die beiden Seiten einer Scheibe zu füllen. Dann verdoppeln sich die in der Tabelle angeführten Zahlen.

Kapitel 10: Ein Gewinn für die Medizin

1 Geschichte der DGLM: ‹http://www.dglm.org/index.php?id=883›

2 Ebenda.

3 *medizin & technik* Nr. 3/2009, S. 12.

Ausklang

1 Zitiert nach Horst Weber: *Laser*. München 1998, S. 7.

Glossar

Ablation
: Abtragen von Material und Körpergewebe.

Atto
: Vorsilben, die 10^{-18} meinen, Attosekunde; vom skandinavischem Wort »atten«.

Bandlücke
: Die energetische Lücke zwischen dem Valenzband und dem Leitungsband in einem Festkörper.

Bit
: Zusammenziehung von »binary digit«; ein Zweierschritt, 0 oder 1, an oder aus.

Brechungsindex
: Ein Maß für die Änderung der Richtung und der Wellenlänge, die Licht erfährt, wenn es die Grenze zwischen zwei Medien passiert.

Byte
: Die Zusammenfassung von acht Bits; acht Bits erlauben 256 Kombinationen, mit denen z. B. Buchstaben erfasst werden – 00110011 steht für Z.

CO_2
: Kohlendioxid.

CW
: Dauerstrichbetrieb eines Lasers, cw steht für »continuous wave«.

Diode
: Ein elektronisches Bauelement, das Strom nur in eine Richtung passieren lässt.

Diodenlaser
: Ein aus Laserdioden bestehender Halbleiterlaser, der mit elektrischem Strom gepumpt wird.

Dotierung
: Einbau von Fremdatomen in ein Material (z. B. Halbleiter), um dessen Eigenschaften zu ändern.

Elektron
Ein elementarer Baustein der Natur, Träger der negativen Ladung.

Emission
Aussendung von Licht.

Energie
Die Energie von Licht ist proportional zu seiner Frequenz.

Femto
Vorsilben, die 10^{-15} meinen – Femtoskunde; abgeleitet vom skandinavischen Wort »femten« (fünfzehn).

Frequenz
Die Zahl der Schwingungen, die eine Welle in einer Sekunde ausführt.

Frequenzkamm
Laserlicht mit speziellen Eigenschaften, mit dessen Hilfe Schwingungsfrequenzen und (indirekt) Entfernungen mit nie da gewesener Genauigkeit bestimmt werden können.

Giga
Vorsilbe, die 10^{12} meinen (Billionen); abgeleitet vom griechischen Wort für »Riese«.

Glasfaser
Konstruktionen zur Übertragung von Laserlicht, bestehend aus einem Kern und einem Mantel.

Güteschaltung
Ein optisches Verfahren in einem Laser, der Pulse mit hoher Energie ermöglicht.

Halbleiter
Ein Festkörper, der sowohl als Leiter als auch als Isolator wirken kann; diese Steuerbarkeit hat Halbleitern ihre große Bedeutung für die Mikroelektronik gegeben.

Hertz
Zahl von Schwingungen pro Sekunde.

Heteroverbindung
Eine Grenzschicht zwischen Halbleitern, die sich in ihrer Zusammensetzung unterscheiden – etwa zwischen Galliumarsenid und Gallium-Aluminium-Arsenid.

Hologramm
Eine fotografische Platte, die mit Laserlicht belichtet wurde und die vollständige dreidimensionale Information über das Objekt enthält.

Infrarot
Strahlung mit Wellenlängen, die größer als die von rotem Licht sind (und als wärmend empfunden werden).

Interferenz
Erscheinung, die bei der Überlagerung von kohärenten Wellen zustande kommt; Wellen können sich verstärken oder aufheben, was im Muster der Interferenz erkennbar wird.

Ion
Ein Atom, das durch Abgabe oder Aufnahme von Elektronen elektrisch geladen ist.

Joule
Einheit für Energie, entspricht einer Wattsekunde.

Keratose
Verhornung der Haut.

Koagulation
Verklumpung von organischen Materialien (Zellen, Molekülen).

Kohärenz
Die Ausrichtung der Phase und der Wellenlänge von Licht; wenn gleich lange Lichtwellen im Takt schwingen, sind sie kohärent; in der technischen Praxis werden räumliche und zeitliche Kohärenz unterschieden (Ganglänge, Laufzeitunterschied).

L.A.S.E.R.
Abkürzung für »Light Amplification by Stimulated Emission of Radiation«.

Lasik
Ein operativer Eingriff am Auge, Laser-in-situ-keratomileusis.

Lidar
»Light Detection and Ranging«, eine dem Radar verwandte Methode für optische Messungen (Abstand, Geschwindigkeit), vor allem der Atmosphäre.

Maser
Der Vorgänger des Lasers, sendet Strahlen im Mikrowellenbereich aus.

Modenkopplung
Die Synchronisation der in dem Resonator eines Lasers schwingenden Eigenzustände.

Modus
Der Schwingungszustand des Laserlichts; Wissenschaftler unterscheiden den longitudinalen vom transversalen Modus.

Nano
Vorsilben, die 10^{-9} meinen – Nanometer, Nanosekunde; abgeleitet vom griechischen »nannos« – der Zwerg.

Nanometer
Die Maßeinheit, in der üblicherweise die Wellenlängen von sichtbarem Licht angegeben werden.

N-Dotierung
Die Dotierung eines Halbleiters mit Atomen, die Elektronen abgeben und dadurch negative Ladungen erzeugen.

Neodym
Chemisches Element mit der Ordnungszahl 60; gehört zu den Metallen der seltenen Erden.

Oszillator
Ein Hohlraum mit Spiegeln, in dem das durch stimulierte Emission erzeugte Licht oszillieren kann, bis es ausreichende Intensität hat.

P-Dotierung
Die Dotierung eines Halbleiters mit Atomen, die Elektronen aufnehmen und dadurch positiv geladene Löcher erzeugen.

Phase
Die Position einer Welle in ihrem Schwingungszyklus.

Photodynamische Therapie
Ein Verfahren zur Behandlung von Gewebestörungen (Tumoren) mit Hilfe von Laserlicht und photosensitiven Substanzen (unter Mithilfe von Sauerstoff).

Photon
Ein Lichtteilchen, ein Quantum Licht.

Photonischer Kristall
Transparente Festkörper, deren Brechungsindex sich periodisch ändert.

Piko
Vorsilben, die 10^{-12} bedeuten – Pikosekunde; abgeleitet vom italienischen »piccolo«, klein.

Plasma
Eine Art Gas, das aus freien Ladungsträgern (Ionen, Elektronen) besteht.

Plasmon
Das Quantum der Schwankungen, die bei der Dichte von Ladungsträgern in Metallen und Halbleitern vorkommen.

Pumpen
Die Lieferung von Energie für einen Laser, um die Umkehrung der Besetzungszahlen zu erreichen, die Voraussetzung für den Lasereffekt ist.

Quantensprung
Der Übergang zwischen Zuständen von Atomen und Molekülen, die in der Natur erlaubt sind.

Quantum
Die Unstetigkeit in der Natur, die zu verbotenen Zuständen von Atomen oder Molekülen führt.

Rubin
: Aluminiumoxid mit Beimischungen von Chrom.

Selektive Photothermolyse
: Die mit Hilfe von Lasern gelingende Zerstörung oder Entfernung von genau umschriebenen Bereichen der Haut, wie sie etwa in Form von störenden Pigmentablagerungen beobachtet werden.

Spektrum
: Ein Bereich von Möglichkeiten; das Lichtspektrum umfasst die Wellenlängen des sichtbaren Lichts; das elektromagnetische Spektrum umfasst alle Wellenlängen.

Urologie
: Der Bereich der Medizin, der sich mit harnbildenden und harnableitenden Organen befasst.

UV
: Ultraviolettes Licht.

Watt
: Die Einheit für das, was in der Physik Leistung heißt (Energie pro Zeit); eine Kilowattstunde ist daher ein Maß für Energie (die wir verbraucht haben).

YAG
: Yttrium-Aluminium-Granat, ein künstlich hergestellter Kristall ($Y_3Al_5O_{12}$).

Zustand
: Atome und Moleküle können sich nicht beliebig verändern, sie müssen stets einen definierten Zustand einnehmen, der durch Zahlen charakterisiert werden kann.

Zytoskop
: Optisches Untersuchungsinstrument, das in der Urologie eingesetzt wird.

Literaturhinweise

Bücher

Albrecht, Helmuth: *Laserforschung in Deutschland 1960–1970*. Habilitationsschrift Universität Stuttgart 1997.

Anders-von Ahlften, Angelika, und Altheide, Hans-Jürgen: *Laser – das andere Licht*. Reinbek 1995.

Ascher, Peter W.: *Der CO_2-Laser in der Neurochirurgie*. Wien 1977.

Bäuerle, Dieter: *Laser – Grundlagen und Anwendungen in Photonik, Technik, Medizin und Kunst*. Weinheim 2009.

Bertolotti, Mario: *The History of the Laser*. Bristol 1999.

Dinstl, Karl, und Fischer, P. Leander (Hg.): *Der Laser*. Berlin 1981.

Eichler, Hans Joachim, und Eichler, Jürgen: *Laser – High-Tech mit Licht*. Berlin 1995.

Fischer, Ernst Peter: *Das Atom der Biologen*. München 1987.

Goldman, Leon: *The Biomedical Laser*. Heidelberg 1981.

Haken, Hermann: *Licht und Materie – Laser*. Mannheim 1985.

Harbison, James P., und Nahory, Robert E.: *Lasers – Harnessing the Atom's Light*. New York 1998.

Hecht, Jeff: *Beam – The Race to Make a Laser*. Oxford 2005.

– *Understanding Lasers*. Hoboken ^{3}2008.

Hofstetter, Alfons (Hg.): *Laser in der Urologie*. Heidelberg1995.

Hofstetter, Alfons, und Frank, Frank: *Der Neodym-YAG-Laser in der Urologie*. Basel 1979.

Hofstetter, Alfons, und Baugartner, Reinhold (Hg.): *Laser in der Urologie – Eine Operationslehre*. Berlin 1995.

Huber, J. Robert: *Das Licht mit den wunderbaren Eigenschaften – Eine kurze Geschichte des Lasers*. Zürich 2007 (zu beziehen über den Autor).

Hügel, Helmut, und Graf, Thomas: *Laser in der Fertigung*. Wiesbaden ^{2}2009.

Kneubühl, Fritz Kurt, und Sigrist, Markus Werner: *Laser*. Stuttgart 1991.

Koebner, Hans (Hg.): *Industrial Applications of Lasers*, New York 1984.

Koebner, Hans: *Laser – vom tödlichen zum heilenden Strahl.* Aachen 1988.

Landthaler, Michael, und Hohenleutner, Ulrich (Hg.): *Lasertherapie in der Dermatologie.* Heidelberg ^{2}2006.

Leibinger, Berthold: *Es sind geistige Kräfte, die die Welt verändern.* Gerlingen 2002.

Lemmerich, Jost: *Zur Geschichte der Entwicklung des Lasers.* Berlin 1987.

Maiman, Theodore H.: *The Laser Odyssey.* Blaine 2000.

Müßiggang, Hartwig: *Die Entwicklung der Lasertherapie in der Urologie.* München 1983.

Röss, Dieter: *Laser – Lichtverstärker und Oszillatoren.* Frankfurt a. M. 1966.

Schäfer, Fritz P. (Hg.): *Dye Lasers.* New York 1973.

Schäfer, Fritz P., und Müller, Alexander: *Anwendungen des Lasers.* Heidelberg 1988.

Townes, Charles H.: *How the Laser Happened.* Oxford 1999.

Townes, Charles H., und Schawlow, Arthur L.: *Microwave Spectroscopy.* New York 1955.

Walther, Thomas und Walther, Herbert: *Was ist Licht?*, München 1999.

Weber, Horst und Herziger, Gerd: *Laser – Grundlagen und Anwendungen.* Weinheim 1972.

Weber , Horst: *Laser.* München 1998.

Wirth, Peter: *Einführung in die industrielle Lasermaterialbearbeitung, Rofin-Sinar Laser GmbH.* Hamburg 2004.

Industrie-Editionen

Rofin-Sinar

Wirth, Peter: *Einführung in die industrielle Lasermaterialbearbeitung.* Hamburg 2004.

Trumpf Laser

Faszination Blech. Stuttgart 1996.

Werkzeug Laser. Würzburg 2006.

Aufsätze

In medizinischen Fachzeitschriften ist es üblich, die Vornamen der Autoren mit dem Anfangsbuchstaben abzukürzen. In einigen Fällen ist es trotz intensiver Bemühungen nicht gelungen, den vollen Vornamen herauszufinden.

Böwering, Reinold u. a.: »Irradiation of prostate cancer by Neodyn-YAG-Laser, Optics and Photonics Appl. To Med.«, in: *SPIE Proceedings* 211 (1979), S.16 – 20.

Boyd, Robert W., und Gauthier, Daniel J.: »Controlling the Velocity of Light Pulses«, in: *Science* 326 (2009), S. 1074 – 1077.

Collins, Robert John, u. a.: »Coherence, Narrowing, Directionality, and Relaxation Oscillations in the Light Emission from Ruby«, in: *Physical Review Letters* 5 (1960), S. 303 – 305.

Gabor, Dennis: »Microscopy by Reconstructed Wavefront«, in: *Proceedings of the Royal Society A.*, 197 (1949), S. 454 – 486.

Garcia-Vidal, Francisco J., und Moreno, Esteban: »Lasers go nano«, in: *Nature* 461 (2009), S. 604f.

Giesen, A., Hügel, H., Voss, A., Wittig, K., Brauch, U., und Opower, H.: »Scalable concept for diode-pumped high-power solid state lasers«, in: *Applied Physics* B 58 (1994), Nr. 5, S. 365 – 372.

Goldman, Leon: (1967), »Fortschritte der Laser-Strahlenforschung in der Biomedizin«, in: *Fortschritte der Medizin* 85, 6 (1967), S. 250ff.

Goldman, Leon, u. a.: »Effect of the laser beam on the skin«, in: *Investigative Dermatology* 40 (1963): S. 121f.

Heppner, Fritz: (1981), »Der Laser in der Neurochirurgie«, in: Dinstl, Karl, und Fischer, P. Leander (Hg.): *Der Laser*. Berlin 1981.

Hofstetter, A., Rotheberger, K., u. a.: »The efficiency of the Nd:YAG Laser in urinary Bladder treatment«, in: *Proceedings of the* 4th *Congress of International Society for Laser Surgery*, Laser Tokyo 10 (1981), S. 18ff.

Hofstetter, A.: »Laser induced interstitial thermotherapy (LITT) von Prostatakarzinomen«, in: *Lasermedizin* 7 (1991), S. 179.

Kaplan, I.: »Der Sharplan-CO_2-Chirurgielaser in der klinischen Chirurgie« in: Dinstl, Karl, und Fischer, P.Leander (Hg.): *Der Laser*. Berlin 1981.

Kiefhaber, P., Nath, Günther, und Moritz, K.: »Endoscopic control of massive gastrointestinal hemorrhage by irradiation with a high power neodymium: YAG laser«, in: *Progress in Surgery* 15 (1977), S. 140 – 145.

Kick, Gerold, Messer, Gerald, und Plewig, Gerd: »Historische Entwicklung der Photodynamischen Therapie«, in: *Der Hautarzt* 47 (1996), S. 644 – 649.

Leith, Emmett, und Upatniek, I. (1965), »Photography by Laser«, in: *Scientific American* 212 (1965), S. 6 und 24.

Maiman, Theodore H.: »Optical and microwave-optical experiments in ruby«, in: *Physical Review Letters* 4 (1960), S.564ff.

– »Stimulated optical radiation in ruby«, in: *Nature* 187 (1960), S. 493f.

Marks, Peter: »Pentagon's pain weapon may end up in police hands«, in: *New Scientist*, 3. Oktober 2009, S. 24.

Mester, E. u. a.: »Experimentelle Untersuchungen über die Wirkung von Laserstrahlung auf Wundheilung«, in: *Zeitschrift für experimentelle Chirurgie* 2 (1969), S. 94 – 101.

Meyer-Schwickerath, Gerd: »Lichtkoagulation: Eine Methode zur Behandlung und Verhütung von Netzhautablösung«, in: *Graefes Archiv der Ophthalmologie* 156 (1954), S. 2.

– »Lichtkoagulation«, in: *Bücher für den Augenarzt* 33 (1959).

Müßiggang, Hartwig: »Chirurgie mit Laserlicht«, in: *Laser* 2 (1971), S. 39.

– »Wundbehandlung durch Laserlicht«, in: *Laser* 4 (1973), S. 35.

– »Laseranwendungen in der Urologie«, in: *Zeitschrift für Urologie* 66 (1973), S. 759 – 763.

Müßiggang, Hartwig, und Katsaros, A. (1971), »Laser in der operativen Medizin mit Möglichkeiten der Transmission über flexible Lichtleiter«, Sonderdruck *Beiträge zur Klinischen Chirurgie* 218, 8 (1971), S. 746 – 763.

Nath, Günther, u. a.: »First laser endoscopy via a fiberoptic transmission system«, in: *Endoscopy* 5 (1973), S. 208.

Nelson, Donald F., Collins, Robert J., und Kaiser, Wolfgang: »Bell Labs and the ruby laser«, in: *Physics Today*, Januar 2010, S. 40 – 45

Noginow, Michail: »Demonstration of a spaser-baser nanolaser«, in: *Nature* 460 (2009), S. 1110f.

Oulton, Rupert Francis, u. a.: »Plasmon lasers at deep subwavelength scale«, in: *Nature* 461 (2009), S. 629 – 632.

Schawlow, Arthur L., und Townes, Charles H.: »Infrared and optical masers«, in: *Physical Review* 112 (1958), S. 1940 – 1949.

Schawlow, Arthur L.: »Twenty-Five Years of Lasers«, in: Encyclopaedia Britannica's *Yearbook of Science and the Future* (1987); zu finden unter ‹www.britannica.com/nobelpriz›.

Walther, Herbert: »25 Jahre Laser«, in: *Naturwissenschaftliche Rundschau*, 38. Jg. (1985), Heft 11, S. 447 – 451.

Wohland, Albert, u. a.: »Codieren und Lesen der Codierung von Behältnisse aus Glas für pharmazeutische und diagnostische Produkte«, in: *Pharmaceutical Industry* 71, Nr. 10 und 11 (2009), S. 1 – 8.

Zeittafel

Besonders wichtige Daten sind durch Fettdruck hervorgehoben.

1865 James C. Maxwell stellt eine Theorie elektromagnetischer Felder auf (Maxwell-Gleichungen) und identifiziert Licht als elektromagnetische Welle.

1888 Heinrich Hertz erzeugt elektromagnetische Wellen (Radiowellen) und konstruiert Sender und Empfänger (Antenne).

1900 Max Planck führt das Quantum der Wirkung ein; $E = h\nu$ (Nobelpreis 1918).

1905 Albert Einsteins Hypothese von den Lichtquanten (Photonen) und seine berühmte Formel $E = mc^2$ (Nobelpreis 1922).

1912 Niels Bohrs Modell des Atoms mit Quantenübergängen; $\Delta E = h\nu$ (Nobelpreis 1922).

1917 Albert Einsteins Vorschlag einer stimulierten Emission. »Zur Quantentheorie der Strahlung«.

1925 Werner Heisenbergs Quantenmechanik mit imaginären Größen, $[p,q] = ih/2\pi$ (Nobelpreis 1933).

1926 Erwin Schrödingers Wellenmechanik ($H\psi = E\psi$) und die Äquivalenz der beiden Atomtheorien (Nobelpreis 1933).

1927 Heisenbergs Unbestimmtheit ($\Delta E\ \Delta t > h/2\pi$) und Bohrs Idee der Komplementarität (Welle und Teilchen).

1928 Rudolf Ladenburg weist stimulierte Emission in Gasentladungen nach; Felix Bloch wendet die neue Quantenmechanik auf Festkörper an (Bandenstruktur).

Es folgen Jahre, die politisch dramatisch waren (Nationalsozialismus und der Zweite Weltkrieg), die aber wenig zum Laser beitrugen. Darum springen wir an den Anfang der 1950er Jahre.

1951 Valentin Alexandrowitsch Fabrikant schlägt einen Mechanismus zur Verstärkung von Strahlung vor, der von einer Inversion bei den Besetzungszahlen ausgeht (stimulierte Emission).

1951 Charles H. Townes denkt über die Realisierung eines solchen Verstärkers nach.

1952 Erste numerisch gesteuerte Maschinen (NC-Technik) am Massachusetts Institute of Technology (MIT) in Boston.

1954 Charles H. Townes und seine Mitarbeiter stellen einen MASER (Microwave Amplification by Stimulated Emission of Radiation) vor, der mit Ammoniak operiert; Nikolai G. Bassow und Alexander M. Prochorow schlagen einen Mikrowellenoszillator vor.

1956 Der Begriff »fiber optics« (Arbeit mit flexiblen optischen Fasern) kommt auf.

1958 Arthur L. Schawlow und Charles H. Townes stellen einen »optischen Maser« vor (Nobelpreise 1964 und 1981).

1959 Gordon Gould schlägt für eine solche Lichtquelle den Namen LASER (Light Amplification by Stimulated Emission of Radiation) vor.

1960 Theodore H. Maiman gelingt es am 16. Mai 1960 in den Hughes-Forschungslaboratorien in Culver City, Kalifornien, den ersten funktionierenden Laser zu entwickeln. Der Laser ist jetzt eine Lichtmaschine; die erste besteht aus einem rosaroten Rubinedelstein und pulsiert rot (Wellenlänge 694 Nanometer).

Ali Javan baut im Dezember den ersten Gaslaser aus einem Helium-Neon-Gasgemisch (Wellenlänge 1,15 µm; Infrarot, kontinuierlicher Strahl); ein dunkler Rubinlaser und ein mit Uran dotierter Kalziumfluoridlaser werden entwickelt.

Erste Festkörperlaser und viele weitere Vorschläge – unter anderem für Halbleiterlaser (Basow) und Excimere als Lasermedium (F.G. Houtermann) angeregte Dimere.

1960 In Deutschland: Bericht über »die erste Verstärkerwirkung einer Maser-Anordnung«.

1961 Erste Beobachtung von Frequenzverdopplung: Ein Quarzkristall wandelt den roten Strahl eines Rubinlasers ins Ultraviolette um (Second Harmonic Generation); Entwicklung der Güteschaltung (Q-Switch) in den Hughes Research Laboratories; Konzept des Faserlasers (Elias Snitzer).

1961 Im Institut für Optik und Spektroskopie (IOS) der Akademie der Wissenschaften der DDR wird die Parole ausgegeben: »Laser sollt ihr machen!«

1961 Elias Snitzer kombiniert Laser und optische Fasern und schafft neue Möglichkeiten für die Telekommunikation. Erster Einsatz von Rubinlasern zur Lichtkoagulation (zur Verhinderung von Netzhautablösung). Im Oktober wird in der BRD ein erster »optischer Molekularverstärker (LASER)« vorgeführt (Horst Rothe).

1962 Ein Helium-Neon-Laser mit der Wellenlänge von 632,8 Nanometern (rot); ein erster Halbleiterlaser mit Galliumarsenid-Dioden (GaAs) und p-n-Übergängen (bei tiefen Temperaturen). Der erste kommerzielle Laser wird verfügbar. Am 7. August funktioniert der erste Laser in der DDR (durch den Außenseiter Kurt Lenz). Im Herbst nimmt der erste kontinuierlich strahlende Helium-Neon-Laser bei Siemens in München seinen Betrieb auf. Erste Anwendung eines Lasers (Rubin) zur Fotokoagulation der Netzhaut.

1963 Kontinuierlich stimulierte 840-Nanometer-Emission von Galliumarsenid-Dioden (dotiert mit Zn und Te). Erster abstimmbarer Festkörperlaser (mit Übergangsmetallionen wie $Ni^{2+}:MgF_2$); erste Untersuchungen von Laserwirkungen im medizinischen Bereich (Leon Goldman) und Verwendung von Laserstrahlen in der Zahnbehandlung (Bohrungen).

1964 Ein erster CO_2-Laser und stimulierte Emission von Nd:YAG (mit Neodym dotiertes Yttrium-Aluminium-Granat (ein Kristall aus $Y_3Al_5O_{12}$); Neodym als Nd^{3+}; erster Gaslaser (HCN) zwischen Infrarot und Mikrowellen. Mode-Locking wird in den USA vorgestellt. Ein erstes deutsches Unternehmen produziert einen Laser. In den USA gibt es erste Laserschweißer.

1965 Erste Umsetzung eines chemischen Lasers (Inversion durch chemische Reaktionen) auf der Basis von HCl; erste regelmäßige Anwendungen von Argonlasern in der Augenheilkunde (Netzhautkoagulation); erster Einsatz von CO_2-Lasern in der Chirurgie.

1966 Erste Farbstofflaser – abstimmbar durch Wahl des Lösungsmittels; der erste CO_2-Laser mit Güteschaltung; erster Einsatz von Lasern für spektroskopische Untersuchungen in Geweben; Gründung von Coherent Inc. in Kalifornien (übernimmt später die Lambda Physik).

1967 Laser in der Blitzlichtfotolyse erlauben Analyse von Reaktionen im Nanosekundenbereich; erste Anwendung von Rubinlasern zur Behandlung von Hautkrebs; erste Tierversuche zur Hornhautablation mit CO_2-Lasern.

1969 Beschleunigung der Wundheilung bei geringen Intensitäten (Emre Mester); holographische Interferenzmessung in der diagnostischen Medizin; erste Vorschläge, CO_2-Laser als »Skalpelle« zu nutzen (ab 1975 erfolgreiche »Lasermesser«). Laserimpulse vom Mond zur Entfernungsbestimmung auf Zentimeter genau; erste Konstruktion eines Laserdruckers durch die Firma Xerox; kontinuierlich strahlende chemische Laser. Die erste deutschsprachige Fachzeitschrift LASER für angewandte Laser- und Strahlentechnik erscheint in der Schweiz, in Aarau (der Herausgeber, Hans K. Koebner, ist aus München).

1970 Kontinuierliche stimulierte Emission von Rhodamin 6G in Wasser (Farbstofflaser); Hermann Haken verfasst eine *Laser-Theorie*; erste Untersuchungen zum Strahlungsdruck mit Laserlicht (Arthur Ashkin) (erste »optische Pinzette« 1972); Heterostruktur-Halbleiter-Laserdioden werden vorgestellt (Nobelpreis 2000).

1971 Entwicklung eines flexiblen Laserlichtleiters durch Günther Nath und Hartwig Müßiggang und Konzeption eines Laserzystokops zur Anwendung in der Urologie (Harnblase); Gründung von Lambda Physik in Göttingen (Hochleistungs-Stickstofflaser)

1971 Bundesministerium für Bildung und Forschung (BMBF): Projekt »Untersuchungen über neue operative Behandlungsmethoden mit Laserstrahlen in der Urologie« (Stiftung Volkswagenwerk); Entwicklung flexibler Lichtleiter durch Günther Nath.

1972 Entwicklung eines 60-Watt-Neodym-YAG-Lasers als Koagulationsgerät für organisches Gewebe (Hartwig Müßiggang); Beginn der Fertigung von Lasergeräten zum Schweißen durch Haas Laser GmbH (heute: Trumpf) in Schramberg; erste Entwicklungsarbeiten an einer Audio-CD (Phillips, Bosch).

1973 Das Bundesministerium für Forschung und Technologie (BMFT) genehmigt Einrichtung und Betrieb eines zentralen Laserlabors bei der Gesellschaft für Strahlenforschung (GSF), Inbetriebnahme 1974; die Messe Laser73 in München; MBB-Medizintechnik (Messerschmitt-Bölkow-Blohm) bringt ersten kommerziellen und kontinuierlichen Nd:YAG Laser (100 Watt) auf den Markt; erste Laserendoskopie durch Faseroptik (Günther Nath), von Hartwig Müßiggang zur Behandlung von Blasengeschwülsten eingesetzt.

1974 Erste endoskopische Laserkoagulation im Magen-Darm-Trakt (Peter Frühmorgen).

1975 Gründung von Rofin-Sinar (erster CO_2-Laser aus Eigenproduktion 1982); Laserblitze von Pikosekundendauer werden möglich; erstes Internationales Symposium für Laserchirurgie in Tel Aviv (1986 fand der Kongress in München statt).

1976 Endoskopische Zerstörung von Blasentumoren mit Nd:YAG-Laser; erste Entfernung eines Hirntumors *in toto* mit einem CO_2-Laser in Graz. Mit einem Laserstrahl gelingt es, ein Caesiumatom unter 10^{19} Fremdatomen nachzuweisen.

1977 Lambda Physik produziert den ersten kommerziellen Excimerlaser; Peter Kiefhaber und seinem Team gelingt die erste signifikante

Anwendung von Nd:YAGLasern in der Chirurgie (endoskopische Kontrolle von inneren Blutungen).

1978 Routinebehandlung von Harnröhrenerkrankungen mit Argonlasern; es gelingt die Laserkühlung mit eingefangenen positiven Ionen; Koagulation von Blasentumoren mit Nd:YAG-Lasern (Alfons Hofstetter und Karlheinz Rotheberger).

1979 Trumpf steigt in die Lasertechnik ein – eine Laserstanzmaschine mit einem Laser aus den USA (500-Watt-Laser bei Stanz-Nibbel-Maschinen); Beseitigung von Harnleitertumoren mit Nd:YAG-Lasern.

1980 Ein Nd:YAG-Stablaser, der von einem Diodenlaser gepumpt wird ; Einsatz bei Netzhautablösung; Einführung der laserinduzierten Mikrochirurgie (Nd:YAG mit Q-Switch) in die Klinik.

1981 Gründung der Deutschen Gesellschaft für Lasermedizin; erste öffentliche Vorstellung einer Audio-CD (Compact Disk); Gründung des Max-Planck-Instituts für Quantenoptik mit einer Abteilung für Laserphysik (Prof. Herbert Walther).

1982 Im November erste Tagung der Deutschen Gesellschaft für Lasermedizin (in München); Schweißen maßgeschneiderter Bleche (»tailored blanks«), Titan:Saphir-Laser mit Pulsen im Femtosekundenbereich.

1983 Trumpf plant eine eigene CO_2-Laserproduktion; Einsatz von Lasern zur experimentellen Laserchirurgie an der Hornhaut; auf der Messe Laser83 wird der »Förderkreis Lasertechnik« gegründet.

1984 Die USA geben 1,3 Milliarden Dollar für die Entwicklung von Lasern aus; Saphirspitzen für Quarzglasfasern, um Laser mit Gewebekontakt einzusetzen.

1985 Trumpf stellt den ersten selbst entwickelten Laser vor – den CO_2-Laser TLF 1000 mit 1 kW Strahlleistung – mit Hochfrequenzanregung – und konzipiert eine erste Anlage zur dreidimensionalen Materialbearbeitung; Haas-Laser führt Strahlführung über ein flexibles Kabel in die industrielle Fertigung ein (Laserfügen). In der Medizin werden Laser zur Säuberung von Arterien eingesetzt.

1986 Sämtliche Strahlquellen werden von nun an von Trumpf selbst gefertigt; die Gerag Getriebe- und Zahnradfabrik (Rosenheim) setzt eine CO_2-Mehrachsen-Laserschweißanlage zur Fertigung von Kupplungen ein. Gründung des Instituts für Strahlwerkzeuge (IFSW) in Stuttgart; zum ersten Mal wird ein Laser zum Abtragen von Hornhaut eingesetzt (fotorefraktive Keratektomie).

1987 Im Oktober stellt das Bundesministerium für Bildung und Forschung das »Förderkonzept Laserforschung und Lasertechnik« vor.

1988 Ein Röntgenlaser (248 Nanometer) produziert Femtosekundenpulse; Elias Snitzer beschreibt den ersten mantelgepumpten Faserverstärker, aus dem der Faserlaser wird; Pumpen mit Diodenlasern.

1989 Gründung der Trumpf Lasertechnik GmbH und der erste »gefaltete« Laser; geströmte CO_2-Laser mit hoher Leistung (Schneiden von 12 Millimeter starken Blechen; (2005 gelang es, Stahlbleche einer Stärke von 30 Millimetern zu schneiden); mit einem Excimerlaser wird die erste Laser-in-situ-Keratomileusis (Hornhautabtragung) vorgenommen (LASIK).

1990 Erste kommerzielle Faserlaser mit Leistung im Wattbereich.

1992 Entwicklung eines IC-Lasermarkierers durch Rofin-Sinar; Trumpf kauft Haas-Laser in Schramberg, der Nd:YAG-Dauerstrichlaser im Kilowattbereich hatte.

1993 Verkauf von 76 Millionen Lasern weltweit; Umsatz von 1,7 Milliarden DM.

1994 Entwicklungsarbeit an der Idee eines Scheibenlasers.

1998 Trumpf weiht eine neue Laserfabrik in Ditzingen ein, in der zweihundert Mitarbeiter CO_2-Laser und andere Lasermaschinen für die industrielle Fertigung produzieren.

2005 BMBF-Verbund Projekt PROMPTUS.

2006 Berthold Leibinger: »Als Produkt betrachtet befindet sich der Laser in einer ganz frühen Entwicklungsphase.«

2007 *Nature Photonics* erscheint seit Januar 2007.

2008 Forscher berichten von Lasern, die Pulse im Attosekundenbereich liefern; Femtosekundenlaser werden zur Behandlung von Sehschwäche angeboten.

2009 Nanolaser werden im Laboratorium realisiert; das Verbundprojekt LIFT – »Leadership in Fiber Technology« – wird gestartet zur Entwicklung von Faserlasern.

2010 Laser erlauben es, die Bahn eines einzelnen Atoms in Echtzeit zu verfolgen. Die Zeitschrift *Nature* (Ausgabe vom 7. Januar 2010, S. 32) veröffentlicht folgende Prognose: »Im Jahr 2020 werden Laser wahrscheinlich Strahlen mit einem Durchmesser in der Größenordnung von einem Nanometer liefern – das ist die Größe eines kleinen Moleküls. (...) Laserbasierte Uhren werden messen, wie sich die fundamentalen Konstanten der Natur verschoben haben, wodurch unsere Theorien herausgefordert werden, die den Ursprung und die Evolution des Kosmos beschreiben. (...) Die Laser der nächsten Generation werden die Herstellung neuer Zustände der Materie erlauben, wir werden Temperaturen erreichen, wie sie sonst nur im Inneren von massiven Sternen bestehen. (...) Worin bestehen die Herausforderungen um diese (und andere) Ziele zu erreichen? In der Entwicklung neuer Lasermaterialien, Quellen und Optiken, die den enorm hohen Intensitäten standhalten, und in neuen Techniken im Nanobereich. Wie die Erfinder des Lasers im Jahr 1960 unterschätzen wir wahrscheinlich immer noch die gesamten Möglichkeiten und Auswirkungen des Lasers.«

Nobelpreiträger für Physik oder Chemie mit Schwerpunkt Laser

1964 Charles Townes, Nikolai G. Basow und Alexander M. Prochorow – grundlegende Arbeiten auf dem Gebiet der Quantenelektronik.

1966 Alfred Kastler – optisches Pumpen.

1971 Dennis Gábor – Holographie.

1981 Arthur L. Schawlow, Nicolaas Bloembergen – Laserspektroskopie und nichtlineare Optik.

1989 Norman F. Ramsay – Präzisionsmessungen und Atomuhren.

1997 Steven Chu, Claude Cohen-Tannoudji, William D. Phillips – Kühlen mit Laserlicht und Einfangen von Atomen.

1999 Ahmed H. Zewail (Nobelpreis für Chemie) – Femtosekundenspektroskopie für chemische Reaktionen.

2000 Schores Alfjorow, Herbert Kroemer – Halbleiterheterostrukturen für Optoelektronik.

2001 Wolfgang Ketterle, Eric A. Cornell, Carl E. Wieman – Bose-Einstein-Kondensation in Gasen aus Alkaliatomen.

2002 John B. Fenn, Koichi Tanaka (Nobelpreis für Chemie) – Massenspektrometrische Analyse von Biomolekülen (Laserdesorption).

2005 Roy J. Glauber, Theodor Hänsch, John L. Hall – Laser-Präzisionsspektroskopie, Frequenzkammtechnik.

Dank

Ich danke Sven Ederer und Brigitte Diefenbacher von der Berthold-Leibinger-Stiftung zum einen für ihren Vorschlag, zum fünfzigjährigen Jubiläum des Lasers ein Buch zu schreiben, das sowohl die Geschichte dieser wundervollen Erfindung erzählt, als auch die Wissenschaft insgesamt populär darstellt, und zum anderen für ihr Vertrauen und ihre Ermutigung bei der Arbeit.

Ich danke Andreas Ehrhardt von Photonics BW für finanztechnische und inhaltliche Hilfestellungen und sein nie nachlassendes Interesse an dem Projekt.

Ich danke dem Siedler Verlag – Thomas Rathnow und Tobias Winstel – für ihre Einwilligung, das Laserbuch vorziehen zu dürfen, und ich hoffe, ihre Geduld belohnen zu können.

Ich danke Annalisa Viviani für ihr kompetentes und zugleich umsichtiges Lektorat und freue mich auf weitere Zusammenarbeit mit ihr.

Ich danke den vielen Laserexperten, die sich für Gespräche zur Verfügung gestellt und Nachsicht mit meinen mangelnden Kenntnissen gezeigt haben – Helmuth Albrecht, Dieter Bäuerle, Hans-Peter Berlien, Sven Ederer, Hans-Josef Haepp, Robert Huber, Berthold Leibinger, Wilhelm Waidelich, Herbert Welling, Horst Weber und Peter Wirth.

Bildnachweis

Bäuerle, Dieter: *Laser*. Weinheim 2009: Abb. 16

Haken, Hermann: *Licht und Materie II*. B.I. Mannheim/Wien/Zürich 1981, 1985: Abb. 4.

Hecht, Jeff: *Understanding Lasers*. Hoboken, New Jersey [3]2008: Abb. 1, 7, 25

Huber, J. Robert: *Das Licht mit den wunderbaren Eigenschaften*. Physikalisch-Chemisches Institut der Universität Zürich 2007: Abb. 2, 24, 26

Hügel, Helmut und Graf, Thomas: *Laser in der Fertigung*. Wiesbaden [2]2009: Abb. 21, 23

Koebner, Hans K.: *Laser. Vom tödlichen zum heilenden Strahl*. Aachen 1988: Abb. 11

Müßiggang, Hartwig: *Die Entwicklung der Lasertherapie in der Urologie*. München 1983: Abb. 17

© Roche Diagnostics GmbH, Mannheim: Abb. 27, 28

© Trumpf GmbH + Co. KG, Ditzingen: Abb. 19

Trumpf Gmbh + Co.KG (Hg.): *Werkzeug Laser*. Ditzingen 2006: Abb. 3, 5 a + b, 6, 8, 9, 10, 12 a + b + c, 13, 14, 15, 18, 20, 22 (© Trumpf GmbH + Co. KG)

Personen- und Sachregister